Alfred Leder

Abgelöste Strömungen
Physikalische Grundlagen

Grundlagen und Fortschritte der Ingenieurwissenschaften

Fundamentals and Advances in the Engineering Sciences

herausgegeben von
Prof. Dr.-Ing. Wilfried B. Krätzig, Ruhruniversität Bochum
Prof. Dr.-Ing. em. Theodor Lehmann, Ruhruniversität Bochum
Prof. Dr.-Ing. Oskar Mahrenholtz, TU Hamburg

Konvektiver Impuls-, Wärme- und Stoffaustausch,
von Michael Jischa

Einführung in Theorie und Praxis der Zeitreihen- und Modalanalyse,
von Hans G. Natke

Mechanik der Flächentragwerke,
von Yavuz Basar und Wilfried B. Krätzig

Introductory Orbit Dynamics,
von Fred P. J. Rimrott

Festigkeitsanalyse dynamisch beanspruchter Offshore-Konstruktionen,
von Karl-Heinz Hapel

Abgelöste Strömungen,
von Alfred Leder

Manuskripte oder Buchentwürfe werden gerne im Herausgeberkreis beraten
und werden erbeten unter der Adresse der Herausgeber
oder an den Verlag Vieweg, Faulbrunnenstr. 13, D-6200 Wiesbaden.

Alfred Leder

Abgelöste Strömungen Physikalische Grundlagen

Mit 116 Bildern und 4 Farbtafeln

Privatdozent Dr.-Ing. Alfred Leder
Institut für Fluid- und Thermodynamik
Fachbereich 11 Machinentechnik
Universität - Gesamthochschule - Siegen
Paul-Bonatz-Straße 9-11
D-5900 Siegen

Die Deutsche Bibliothek - CIP-Einheitsaufnahme

Leder, Alfred:
Abgelöste Strömungen: physikalische Grundlagen / Alfred Leder. - Braunschweig; Wiesbaden: Vieweg, 1992
(Grundlagen und Fortschritte der Ingenieurwissenschaften)
ISBN 978-3-528-06436-5 ISBN 978-3-322-91109-4 (eBook)
DOI 10.1007/978-3-322-91109-4

Softcover reprint of the hardcover 1st edition 1992

Der Verlag Vieweg ist ein Unternehmen der Verlagsgruppe Bertelsmann International.

Gedruckt auf säurefreiem Papier

ISBN 978-3-528-06436-5

Geleitwort

Auf vielen technischen Gebieten, insbesondere der Luft- und Raumfahrt, der Verkehrs- und Schiffstechnik, aber auch der Energie- und Wärmetechnik muß sich der Ingenieur sehr häufig mit dem physikalischen Phänomen der Strömungsablösung auseinandersetzen. Als Folge der Ablösung entwickeln sich lokal stark dissipative, mit großräumigen Wirbeln durchsetzte, turbulente Strömungsgebiete. Sie werden je nach ihrer Struktur und Größe als Ablöseblase, Totwasser oder Nachlauf bezeichnet. Diese lokalen Strömungsgebiete haben einen großen Einfluß auf das gesamte Strömungsfeld und können die Kräfte-, die Energie-, aber auch die Wärme- und Stoffübertragungsverhältnisse an den beströmten Berandungen zum Teil dramatisch verändern. Sie können bekanntlich Ursache u. a. für eine starke Zunahme des Strömungswiderstandes an umströmten Körpern oder des Druckverlustes bei Innenströmungen sein oder zur Abnahme des Wirkungsgrades einer Strömungsmaschine führen.

Die genaue Kenntnis dieser z. T. sehr komplexen Ablösephänomene, ihre Vorausbestimmung und die möglichen Maßnahmen zu ihrer Vermeidung sind daher von großem Interesse für den planenden Ingenieur.

Trotz der großen Bedeutung für die Technik ist es überraschend, daß in den Lehrbüchern der klassischen Strömungsmechanik bis heute nur wenig detaillierte Angaben zu dieser Thematik zu finden sind. Zwar ist vor allem in den letzten zehn Jahren aufgrund der Entwicklung der Meßtechnik und der Numerik sowie zahlreicher Forschungsprogramme in den Universitäten, Forschungsinstituten und in der Industrie die Zahl der Publikationen über Spezialprobleme der Strömungsablösung sehr stark angewachsen. Jedoch sind die bisher vorliegenden zusammenfassenden Darstellungen sehr lückenhaft und gelegentlich auch widersprüchlich. Insbesondere fehlen Darstellungen übergreifender, universeller Gesetzmäßigkeiten zu den Ablösestrukturen und ihren Ordnungsprinzipien sowie ihren Einflußparametern.

Ich habe es daher sehr begrüßt und rechne es Herrn Priv. Doz. Dr.-Ing. Leder als großes Verdienst an, daß er mit seiner vorgelegten Monographie diese wichtige Informations- und Wissenslücke geschlossen hat. Zugleich freue ich mich, daß damit die seit 14 Jahren an meinem Lehrstuhl betriebenen Forschungsarbeiten einem größeren Leserkreis zugänglich gemacht werden.

Herr Dr.-Ing. Leder ist es in beeindruckender Weise gelungen, die vielfältigen Erscheinungsformen abgelöster Strömungen, die isoliert voneinander z. T. bereits recht genau bekannt waren, unter Hinzunahme seiner eigenen, sehr bemerkenswerten experimentellen Untersuchungen auf einige gemeinsame physikalische Grundprinzipien zurückzuführen und in einem übersichtlichen Ordnungsschema einzufügen. Die Beschränkung auf Sachverhalte inkompressibler, isothermer, zweidimensionaler und rotationssymmetrischer Strömungsfelder ist in Anbetracht der Komplexität der Strömungsablösung konsequent und schmälert nicht den Aussagewert der Ergebnisse. Interessant für den Praktiker sind u. a. auch einige bemerkenswerte Ausführungen und Hinweise zur Beeinflussung von Totwasserströmungen, die in Verbindung mit der Reduktion des Stömungswiderstandes von großer Aktualität sind.

Ich bin überzeugt, daß das Buch viel Neues und Wissenswertes enthält und von Ingenieuren und Wissenschaftlern, die Ablöseprobleme bearbeiten, dankbar begrüßt wird.

Siegen, im Juli 1991

D. Geropp

Dank

Die vorliegende Arbeit basiert auf Erfahrungen, die ich in den Jahren 1977 bis 1990 als Mitarbeiter am Institut für Fluid- und Thermodynamik der Universität-GH-Siegen auf dem Gebiet der Strömungs- und Meßtechnik sammeln konnte. Während dieser Zeit wurde ich von Herrn Professor Dr.-Ing. D. Geropp wissenschaftlich betreut. Herrn Professor Geropp gilt mein besonderer Dank für die anregenden Diskussionen, seine wertvollen Ratschläge und Hinweise.

Herrn Professor Dr.-Ing. K. Bauckhage danke ich herzlich für das Interesse, das er dieser Arbeit entgegenbrachte und für seine zahlreichen Verbesserungsvorschläge bei der Anfertigung des Manuskripts.

Ferner danke ich den Mitarbeitern der Werkstatt des Fachbereichs Maschinentechnik, insbesondere Herrn F. Nemitz, Herrn G. Breitenbach und Herrn A. Jünger, für die Mithilfe beim Aufbau der Versuchseinrichtungen.

Gleichfalls bedanke ich mich bei Herrn Dipl.-Ing. H. Geppert und Herrn Dipl.-Ing. B. Homrighausen sowie bei allen Angehörigen des Instituts für Fluid- und Thermodynamik, die zum Gelingen der experimentellen Untersuchungen beigetragen haben.

Der Deutschen Forschungsgemeinschaft gebührt Dank für die Bereitstellung zahlreicher Sachmittel, wodurch die Fortführung der Arbeiten sichergestellt wurde.

Dem Vieweg-Verlag danke ich für die Ratschläge und vertrauensvolle Zusammenarbeit bei der Herstellung der druckreifen Vorlagen.

Bei meiner Frau Cornelia und meinen Kindern bedanke ich mich für die Geduld und das große Verständnis, das sie in den zurückliegenden Jahren meiner Arbeit entgegengebracht haben. Ohne diese Basis wären viele Dinge für mich nicht durchführbar gewesen.

Inhaltsverzeichnis

Symbolverzeichnis

Lateinische Bezeichnungen

A	Modellfläche
c	Lichtgeschwindigkeit, Strömungsgeschwindigkeit (Def. 6.1)
D	Profildicke, Modellabmessung, Durchmesser
d	Modellabmessung senkrecht zu Anströmung, Partikeldurchmesser
F_a	Auftriebskraft
F_w	Widerstandskraft
f	Frequenz
f_s	Signalfrequenz
G	Geometriefaktor
H	Stufenhöhe, Hindernishöhe
k	Turbulenzenergie
L	Profiltiefe, Hindernislänge
n	Richtung der Wandnormalen, Brechungsindex
p	Druck
P	Produktion von Turbulenzenergie
r	Koordinatenrichtung im zylindrischen System, Korrelationskoeffizient
S	Ablösestelle
t	Zeit
T	Periodendauer
Tu	Turbulenzgrad
U	Geschwindigkeitsvektor
u	Komponente der Strömungsgeschwindigkeit in x–Richtung
u_iu_j	(ij)–Komponente der Reynoldsspannung
v	Komponente der Strömungsgeschwindigkeit in y– oder r–Richtung
w	Komponente der Strömungsgeschwindigkeit in z– oder φ–Richtung
x	Koordinate in Hauptströmrichtung
y	kartesische Koordinate
z	kartesische Koordinate

Griechische Bezeichnungen

α Anstellwinkel, Diffusorwinkel
β Umfangswinkel, Beobachtungswinkel
γ Wandtangente
δ Grenzschichtdicke, Phasenverschiebung
δ_1 Verdrängungsdicke
ϵ Dissipationsrate
θ Schnittwinkel der Laserstrahlen
λ Wellenlänge
μ dynamische Zähigkeit des Fluids
ν kinematische Zähigkeit des Fluids, Streulichtfrequenz
ν_t turbulente Viskosität, Wirbelviskosität
π_{ij} Druck-Scher-Korrelation
ρ Fluiddichte
τ Schubspannung
φ Koordinatenrichtung im zylindrischen System
Ψ Stromfunktion (Def. 3.2 und 3.3)
ω Drehung des Strömungsfeldes (Def. 6.2)

Dimensionslose Kennzahlen

c_a Auftriebsbeiwert (Def. 2.3)
c_f Wandreibungsbeiwert (Def. 2.6)
c_p Druckbeiwert (Def. 2.5)
c_w Widerstandsbeiwert (Def. 2.2)
Re Reynolds-Zahl (Def. 2.4)
Str Strouhal-Zahl (Def. 2.1)

Mathematische Operatoren

$\bar{g}$ zeitlicher Mittelwert von g
$\langle g \rangle$ Mittelwert von g bei konstanter Phase
$\tilde{g}$ periodischer Anteil von g
g' stochastischer Schwankungsanteil von g
g^* periodische und stochastische Schwankung von g

Indizes

abl	Ablösung
f	Fluid
i,j	Zählindex
k	Korrelation
max	Maximalwert
min	Minimalwert
n	in Normalenrichtung
o	normierter Funktionswert
r	Funktionswert am Ende des Ablösegebiets
s	Funktionswert auf der Berandung des Ablösegebiets
w	Funktionswert an der Wand
∞	Funktionswert in der ungestörten Anströmung

1 Einleitende Bemerkungen

Reale Fluide wie Wasser oder Luft sind in der Lage, mittels eines molekularen Impulsaustausch-Vorgangs Tangentialkräfte zu übertragen. Die viskosen Eigenschaften treten insbesondere bei der Umströmung von Körpern oder bei der Durchströmung von Kanälen markant in Erscheinung: in Wandungsnähe bildet sich eine Grenzschichtströmung aus. Unter gewissen physikalischen Randbedingungen, z.B. einem in Strömungsrichtung ansteigenden Druck, löst die Grenzschicht von der Wandung ab. In Bereichen mit Strömungsablösungen ändern sich in der Regel die Geschwindigkeit, der Druck und die Temperatur gegenüber den Gebieten mit anliegender Strömung drastisch. Ablösungen verursachen in diesen Fällen einschneidende Veränderungen in dem Betriebsverhalten technischer Anlagen.

In zahlreichen Fällen der Ingenieurpraxis begrenzen Strömungsablösungen den Arbeitsbereich von Maschinen. Grenzen ergeben sich sowohl unter wirtschaftlichen wie auch unter sicherheitstechnischen Aspekten. Die Auswirkungen von Ablösungen sind in energie- und verfahrenstechnischen Anlagen, bei Vorgängen zum Stoffaustausch und zur Wärmeübertragung, der Medizintechnik oder beispielsweise bei der Entwicklung von Luft-, Land- und Wasserfahrzeugen zu berücksichtigen.

Für die Steuerung des Arbeitsprozesses von Strömungsmaschinen und für die konstruktive Auslegung um- oder durchströmter Bauteile sind detaillierte Kenntnisse über die komplexen physikalischen Vorgänge bei Strömungsablösungen von fundamentaler Bedeutung. Die günstigsten Wirkungsgrade werden im allgemeinen in Betriebspunkten erzielt, die in der Nähe der Belastungsgrenze liegen, oberhalb der Ablöseerscheinungen auftreten.

Das Interesse an abgelösten Strömungen läßt sich bis ins Mittelalter zurückverfolgen. Schon Leonardo da Vinci beschäftigte sich Anfang des 16. Jahrhunderts im Rahmen von Bewässerungsstudien mit hydrodynamischen Problemstellungen. Seine Beobachtungen faßte er in Skizzen zusammen, die der Wirklichkeit bezüglich der Wirbelausbildung in Ablösebereichen recht nahe kommen. Der Artikel von Flachsbart (1932) kommentiert einige Erkenntnisse Leonardo da Vincis. Bild 1.1 zeigt fünf Beispiele von Studien an Kanalströmungen und Körperumströmungen.

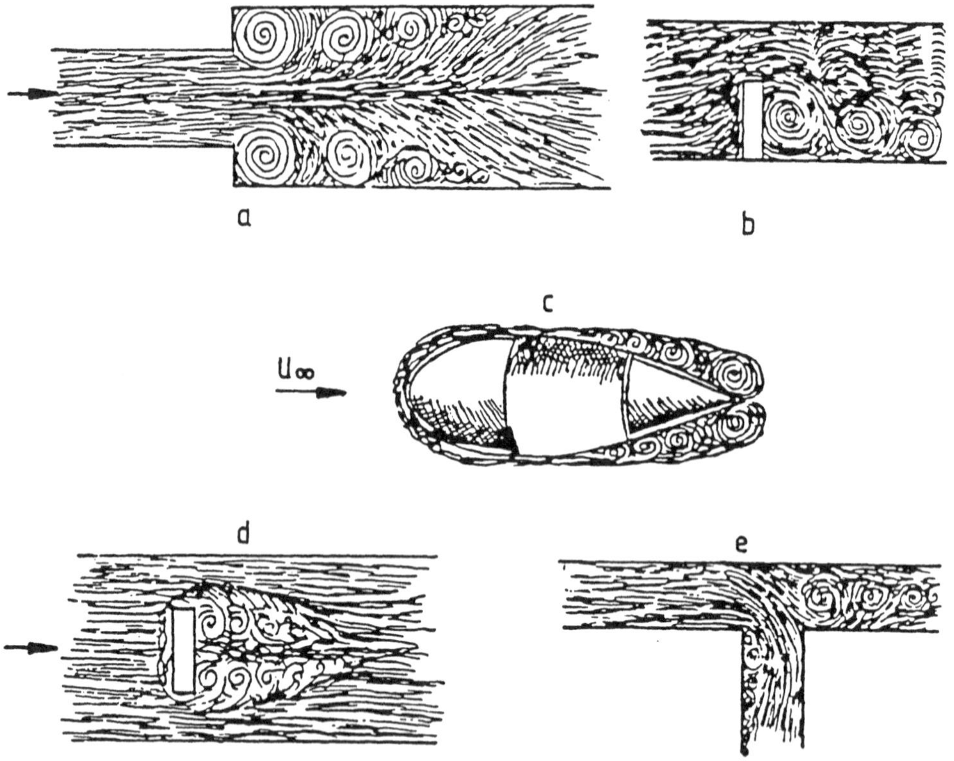

Bild 1.1: Skizzen Leonardo da Vincis zu Strömungen mit Ablösungen. Durchströmung a) einer unstetigen Querschnittserweiterung und e) einer Verzweigung; Umströmung b) eines Hindernisses, c) eines axialsymmetrischen Körpers und d) einer senkrecht angestellten Platte.

Der turbulente Charakter und das in vielen Fällen instationäre Verhalten abgelöster Strömungen stellt hohe Anforderungen an theoretische und experimentelle Untersuchungsverfahren. Bis heute ist es nicht gelungen, sämtliche Gesetzmäßigkeiten, insbesondere dreidimensionaler Strömungen, zu erfassen. Trotz großer Fortschritte bei der Entwicklung numerischer Verfahren liefern theoretische Methoden für technische Anwendungen häufig noch zu ungenaue Ergebnisse.

Die Bemühungen in der Neuzeit sind wesentlich von der Entwicklung neuer Meßtechniken geprägt, die bis heute immer tiefere und zuverlässigere Einblicke in die Strömungsmechanik gestatten. Die Versuchsanlagen werden hierbei zunehmend aufwendiger, wodurch sich die Kosten experimenteller Untersuchungen kontinuierlich erhöhen.

Noch Anfang dieses Jahrhunderts gelangte man hauptsächlich mit mechanischen

Meßgeräten zu quantitativen Aussagen. Aufgrund der hohen Aufnehmer-Trägheit konnten nur zeitlich gemittelte Informationen über die Strömungsfelder gewonnen werden. Schon einige Jahrzehnte später waren elektrische Meßverfahren weitverbreitet. Mit Hilfe der Hitzdraht-Anemometrie gelangen erstmals Untersuchungen dynamischer Strömungsvorgänge mit hoher räumlicher und zeitlicher Auflösung. Doch erst mit der Entdeckung des Laserprinzips in den sechziger Jahren und den darauf aufbauenden Entwicklungen optoelektronischer Verfahren, wie der Laser-Doppler-Anemometrie, waren auch Strömungsfeldmessungen in turbulenten Ablösegebieten mit befriedigender Genauigkeit möglich.

Der heutige Erkenntnisstand von Strömungsvorgängen in Ablösebereichen ist wesentlich auf den stetigen Fortschritt in diesem Bereich der Meßtechnik zurückzuführen. Es bleibt zu hoffen, daß durch die Entwicklung einer rein mathematisch fundierten Theorie, langfristig gesehen, die vielfältigen Aufgabenstellungen der technischen Praxis mit geringerem Aufwand bearbeitbar werden, oder, mittelfristig gesehen, durch Anwendung halbempirischer Berechnungsverfahren künftig zuverlässigere Ergebnisse abgeleitet werden können. Zur Realisierung der Vorstellungen ist es notwendig, die Gesetzmäßigkeiten und systematischen Verhaltensweisen abgelöster Strömungen mit genauen und rückwirkungsfreien Meßverfahren zu analysieren.

Die Bedeutung, die der Erforschung von Strömungsablösungen auf nationaler Ebene beigemessen wird, manifestiert sich u.a. in der Einrichtung eines Schwerpunktprogramms der Deutschen Forschungsgemeinschaft (DFG) mit dem Titel "Physik abgelöster Strömungen" und der Bildung der Arbeitsgemeinschaft "Strömungen mit Ablösung" (AG STAB), die auf Initiative der Deutschen Gesellschaft für Luft- und Raumfahrt (DGLR) 1979 gegründet wurde. Allein der Jahresbericht der AG STAB (1991) beinhaltet mehr als einhundert Einzelvorhaben, mit denen Forschungseinrichtungen der Industrie, DLR und der Hochschulen in der BRD im Jahre 1990 befaßt waren.

1.1 Zielsetzung

Im Vordergrund der Arbeit steht das Anliegen, die vielfältigen phänomenologischen Erscheinungsformen abgelöster Strömungen auf wenige allgemeingültige physikalische Prinzipien zurückzuführen. Darauf aufbauend soll ein Ordnungsschema abgeleitet werden, mit dem in möglichst umfassender Weise verschiedenartige Ablösebereiche erfaßt werden.

Ein wesentlicher Gesichtspunkt dieser Betrachtungen ist der vielfach instationäre Charakter des Strömungsfeldes, da sich hierin die dynamischen Vorgänge im abgelösten Gebiet widerspiegeln. In diesem Zusammenhang sollen die komplexen Wechselwirkungen bei der Strukturbildung im Ablösebereich ausführlich dargestellt und diskutiert werden. Um einen vollständigen Überblick zu erhalten, mußten die notwendigen Laser-Doppler-Messungen auf einem dichten Meßpunktraster ausgeführt werden.

Das Hauptaugenmerk der Untersuchungen richtet sich auf die Darstellung experimentell gewonnener Ergebnisse zweidimensionaler Strömungen, wobei sowohl ebene wie rotationssymmetrische Anordnungen betrachtet werden. Die Ausführungen beschränken sich in der Regel auf inkompressible und isotherme Strömungsfelder.

1.2 Literaturüberblick und Inhaltsübersicht

In der Literatur findet man ein breites Spektrum von Veröffentlichungen zum Thema "Strömungsablösung". Der weitaus größte Anteil der Arbeiten beschäftigt sich mit speziellen Detailaspekten dieses Strömungstyps, wobei jeweils sehr unterschiedliche Gesichtspunkte im Vordergrund stehen. Die Kapitel 2 und 7 gehen näher auf diese Ansätze ein. In Kapitel 2 wird ein Teil dieser Arbeiten nach den vielfältigen phänomenologischen Erscheinungsformen abgelöster Strömungen geordnet, während in Kapitel 7 die physikalischen Einflußgrößen diskutiert werden, die für Strukturbildungen in Ablösebereichen bedeutsam sind.

Die wohl älteste Unterteilung abgelöster Strömungen stammt aus dem Gebiet der Tragflügelaerodynamik. Nach Jones (1933) sind drei Ablösearten zu unterscheiden: eine Ablösung nahe der Hinterkante des Profils und zwei Formen von Strömungsablösungen im Bereich der Vorderkante. Millikan und Klein (1933) führten die unterschiedlichen Positionen der Ablösestellen, in Analogie zu den klassischen Erkenntnissen von Prandtl (1914) bei der Kugelumströmung, auf den Grenzschichtzustand zurück: bei der Hinterkanten-Ablösung ist die Grenzschicht vor der Ablösung turbulent, bei der Vorderkanten-Ablösung dagegen laminar. Im letzteren Fall tritt die Ablösung abrupt auf, wobei sich die Grenzschicht im weiteren Verlauf nicht wieder an die Profilwandung anlegt.

Die umfangreichen Messungen von McCullough und Gault (1951) gestatteten die Einordnung der dritten Ablöseart. Sie stellten fest, daß bei dünnen Profilen auch der Fall auftreten kann, daß nach der laminaren Ablösung im Bereich der Vorderkante die

Grenzschicht sich wieder an die Profilwandung anlegt. Sie schlägt dabei in der Regel in den turbulenten Zustand um.

Berechnungsverfahren zur Vorhersage der Strömungsverhältnisse im laminaren Teil der Ablöseblasen stammen von van Ingen (1975) und Geropp (1977).

Erste Ansätze zur Typisierung von Ablösegebieten, die auf eine einseitig ausgebildete Scherschicht mit nachfolgendem Wiederanlegen zurückführbar sind, gehen auf Chapman, Kuehn und Larson (1958) zurück. Sie beobachteten, daß die Druckverläufe innerhalb der Ablösegebiete von der Lage des Umschlagpunktes der Grenzschicht relativ zum Ablöse- und Wiederanlegepunkt abhängen. Ihre Unterteilung sieht drei Typen abgelöster Strömungen vor:

- beim "laminaren" Typ erfolgt der Grenzschichtumschlag stromab des Wiederanlegebereichs,
- im "transitionalen" Fall zwischen Ablösestelle und Wiederanlegepunkt und
- für den "turbulenten" Typ stromauf der Ablösung.

Mit dieser Typisierung gelang ihnen die Einordnung ihrer Meßergebnisse sowohl bei Unterschall-Anströmung wie Überschall-Anstömungen.

Die Arbeiten von Eaton und Johnston (1981) sowie Kottke (1983) beschäftigten sich ebenfalls mit der Klasse von Ablösungen, die auf einer einzelnen, sich wieder anlegenden Scherschicht beruht. Im Unterschied zu Chapman erfolgt die Typisierung nun nach dem Zustand der freien Scherschicht und nicht mehr nach den Grenzschichteigenschaften. Bereits Schiller und Linke (1933) sowie Roshko (1976) hatten erkannt, daß der Scherschichtzustand die Bildung großräumiger Strömungsstrukturen maßgeblich beeinflußt.

Kapitel 3 führt eine universelle Klassifizierung abgelöster Strömungen ein, die der Typisierung nach dem Scherschichtzustand übergeordnet ist. Sie bezieht auch die Fälle ein, bei denen sich die Scherschichten nicht wieder an Wandungen anlegen oder bei denen sich mehrere Scherschichten ausbilden, die untereinander in Wechselwirkung treten.

Simpson (1981) kommt in seinem Übersichtsartikel zu dem Schluß, daß über turbulente Ablösegebiete nur wenige gesicherte Erkenntnisse zur Verfügung stehen, wodurch insbesondere die Entwicklung zuverlässiger Rechenverfahren in Mitleidenschaft gezogen wird. Kapitel 4 stellt theoretische Ansätze zur Beschreibung von turbulenten Ablöse–

gebieten vor und weist auf einige Unzulänglichkeiten aktueller Turbulenzmodelle hin. In Kapitel 5 werden geeignete experimentelle Techniken zur Untersuchung hochturbulenter Strömungsvorgänge erläutert.

Von Dean (1961) sowie Chang (1970) und (1976) stammen Beiträge, die das Thema "Strömungsablösung" ausführlich darstellen. Die Erkenntnisse stützen sich im wesentlichen auf Ergebnisse von Visualisierungs-Experimenten, Druckmessungen und auf integrale Meßgrößen wie den Widerstandsbeiwerten. Zuverlässige Meßergebnisse aus dem Inneren der turbulenten Strömungsfelder standen den Autoren nicht zur Verfügung. Diese Arbeiten liefern daher keine Aussagen über die in Ablösebereichen entstehenden Strukturen, wodurch physikalische Ursachen für die vielfältigen Erscheinungsformen häufig im Verborgenen bleiben. In dieser Arbeit sollen die charakteristischen Strömungsstrukturen von Ablösegebieten diskutiert werden. Kapitel 6 befaßt sich in diesem Zusammenhang mit den zeitlich gemittelten Geschwindigkeits- und Turbulenzstrukturen innerhalb von Ablösegebieten. Darauf aufbauend stellt Kapitel 7 die Parameter heraus, die maßgebliche Einflüsse bei der Strukturbildung ausüben.

Eine besondere Eigenschaft abgelöster Strömungen äußert sich in der Instationarität des Strömungsfeldes. Durch Wechselwirkungen zwischen den sich ablösenden Scherschichten entstehen großräumige kohärente Strukturen, die in periodischer Weise aus dem Ablösebereich hervortreten und durch konvektiven Transport in den Nachlauf gelangen. Dem instationären Verhalten wurde in der Literatur bisher wenig Aufmerksamkeit gewidmet, da für diese Untersuchungen sehr hohe Anforderungen an die experimentellen Einrichtungen gestellt werden müssen. Veröffentlichungen auf diesem Gebiet stammen von Cantwell und Coles (1983) sowie Kiya und Matsumura (1988). Beide Arbeiten stützen sich auf die Hitzdraht-Meßtechnik. Strunck (1987), Lehmann und Mante (1988) sowie Leder und Geropp (1988a) wendeten das für experimentelle Untersuchungen in turbulenten Ablösegebieten besser geeignete Laser-Doppler-Meßverfahren an. Kapitel 8 beschreibt in diesem Zusammenhang die statistische Auswertung periodischer und stochastischer Strömungsanteile, Kapitel 9 diskutiert die dynamischen Vorgänge bei der Bildung kohärenter Wirbelstrukturen in Ablösegebieten.

Kapitel 10 stellt einen Bezug zu technischen Anwendungen her. Auf der Grundlage der gewonnenen Erkenntnisse läßt sich eine Methodik zur Beeinflussung von Totwasserströmungen ableiten.

2 Phänomenologische Erscheinungen bei Strömungsablösungen

Die bei Ablösevorgängen entstehenden Strömungsstrukturen hängen entscheidend von den jeweiligen Randbedingungen ab. Die Randbedingungen ergeben sich aus den geometrischen Anordnungen und den strömungsphysikalischen Parametern, wie beispielsweise der Reynolds-Zahl, der Mach-Zahl und dem Turbulenzgrad der Anströmung. Es ist offensichtlich, daß durch die große Bandbreite möglicher geometrischer Anordnungen und die vielfältigen Parameterkombinationen sehr unterschiedliche Ablöseerscheinungen auftreten können.

Innerhalb der Strömungslehre ordnete man die Vielfalt der Erscheinungsformen mittels einer geometrieorientierten Betrachtungsweise. Neben der Tragflügelaerodynamik formierte sich so die Bauwerksaerodynamik, die Aerodynamik bodengebundener Fahrzeuge, die Fluiddynamik für Schiffe, die Strömungstechnik im medizinischen Bereich, um nur einige aufzuzählen.

Die folgenden Abschnitte stellen einige ausgewählte Beispiele aus unterschiedlichen Fachgebieten vor, in denen Strömungsablösungen für besondere Erscheinungen verantwortlich sind. Sie verdeutlichen die zentrale Rolle, die diesem Strömungstyp innerhalb der Fluiddynamik zukommt.

Bei einer von der Körpergeometrie ausgehenden Betrachtungsweise treten physikalische Zusammenhänge vielfach in den Hintergrund. Gemeinsamkeiten und übergeordnete Prinzipien werden in den anschließenden Kapiteln diskutiert.

2.1 Strömungsablösungen an Tragflügeln und in Strömungsmaschinen

Bereits die Pioniere der Luftfahrtforschung Anfang des Jahrhunderts erkannten die Grenzen, die sich bei der Auftriebsgewinnung mittels Tragflügelprofilen ergeben: oberhalb eines kritischen Anstellwinkels fällt die Auftriebskraft drastisch ab, gleichzeitg nimmt der Luftwiderstand deutlich zu. Die Ursache dieses Verhaltens ist auf die Ablösung der Strömung an der Saugseite des Profils zurückzuführen.

Bild 2.1 stellt zwei typische Konfigurationen aus dem Bereich der Tragflügel-

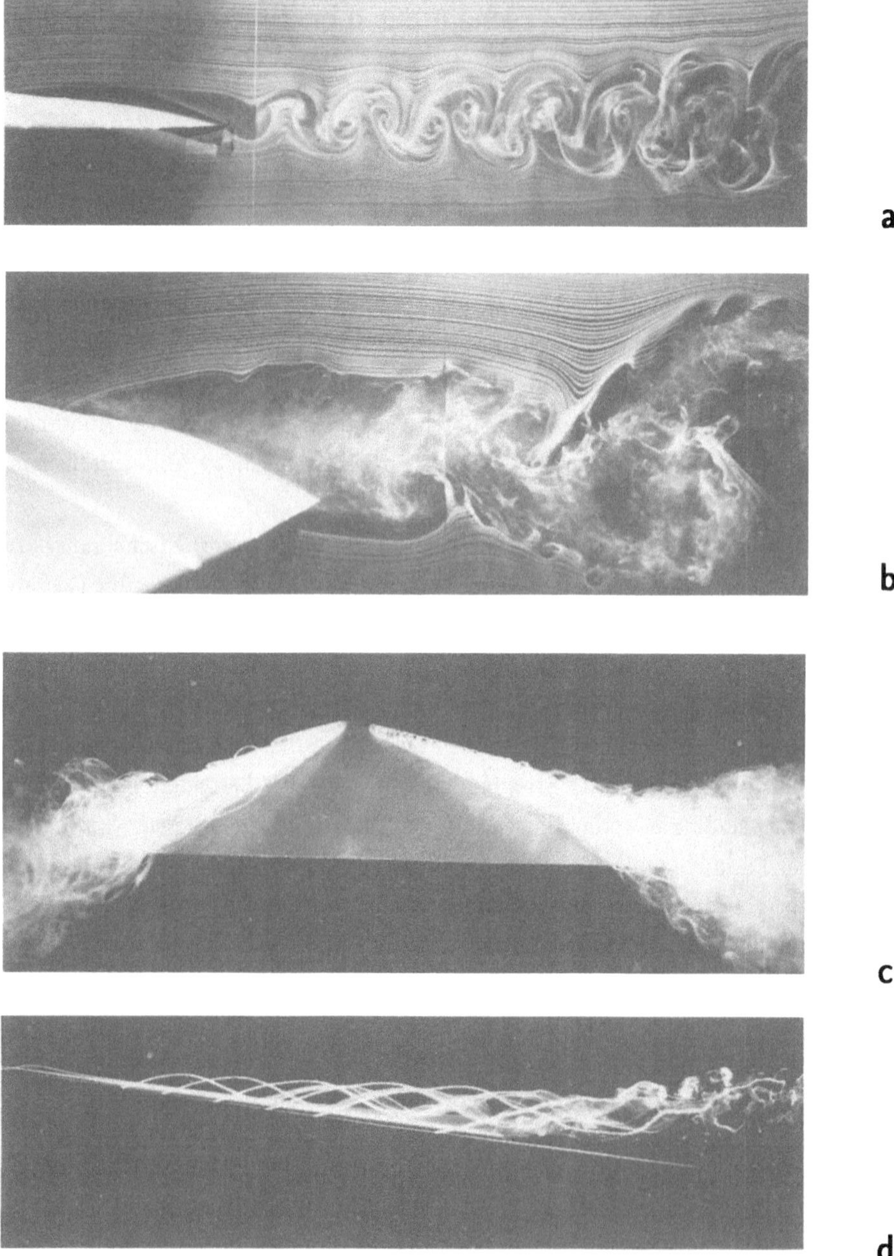

Bild 2.1: Visualisierung von Strömungsablösungen an Tragflügeln (s. Farbtafel 1 im Anhang). Umströmung eines NACA 2412-Profils bei a) $\alpha = 2°$ und b) $\alpha = 18{,}5°$ sowie eines Deltaprofils, c) Ansicht der Oberseite des Deltaprofils und d) Seitenansicht.

aerodynamik dar. Insbesondere in den farbigen Abbildungen der Tafel 1 im Anhang treten die Strömungsstrukturen deutlich in Erscheinung. Die Detailbilder a und b zeigen die ebene Umströmung eines NACA 2412-Profils, die Fotografien c und d verdeutlichen den dreidimensionalen Strömungsverlauf um eine deltaförmige Tragfläche. Die Anströmung verläuft von links nach rechts, bei der Darstellung c ist die Strömung auf den Betrachter gerichtet.

Die Visualisierungen erfolgten mit der "Rauchdraht"-Technik. Die Anführungsstriche sollen darauf hinweisen, daß die in der Literatur häufig anzutreffende Bezeichnung "Rauch" nicht einwandfrei ist. Korrekter ist in diesem Zusammenhang die Verwendung des Begriffs "Nebeldraht-Technik".

Bei dieser Technik trägt man auf einem vorgespannten Wolframdraht mit einem typischen Durchmesser von etwa 200 μm einen dünnen Ölfilm auf. Bei der elektrischen Aufheizung des Drahtes verdampft das Ölmittel. Unmittelbar stromab des Drahtes kondensiert des Öl zu einem feinen Nebel und hinterläßt dabei im Strömungsfeld dünne Streichlinien, die dem Betrachter qualitative Vorstellungen von den Fluidbewegungen liefern. Nähere Einzelheiten des Verfahrens sind in der Publikation von Leder und Geropp (1988b) beschrieben.

Bei der zweidimensionalen Umströmung des NACA-Profils in den Abbildungen a und b erscheint die turbulenzarme Außenströmung in Form paralleler weißer Streichlinien. Der Tragflügel ist, in einer schrägen Sicht auf die Hinterkante, am linken Bildrand als grauer Körper zu erkennen. Bei geringen Anstellwinkeln α, beispielsweise bei $\alpha = 2°$ in Detailbild a, liegt die Strömung bis zum Abriß von der Hinterkante an der Profilwandung an. Im Nachlauf treten die von der Ober- und Unterseite ausgehenden freien Scherschichten in Wechselwirkung. Hierdurch entstehen in alternierender Weise links- und rechtsdrehende Wirbel. Zaman, McKinzie und Rumsey (1989) stellten für den Vorgang der periodischen Wirbelbildung eine Frequenz f fest, die in Verbindung mit der Profildicke D und der Anströmgeschwindigkeit U_∞ eine Strouhal-Zahl Str in der Größenordnung von 0,2 liefert. Die als eine dimensionslose Frequenz aufzufassende Strouhal-Zahl ist definiert als:

$$\mathrm{Str} = \frac{f \cdot D}{U_\infty} \,. \tag{2.1}$$

Liegt der Anstellwinkel oberhalb eines von der Profilform abhängigen kritischen

Werts, löst die Strömung bereits an der Profiloberseite ab. Es entsteht ein mit wachsendem Winkel α sich rasch ausdehnendes Ablösegebiet.

In Bild 2.1b ist die abgelöste Strömung des NACA-Profils bei $\alpha = 18{,}5°$ mit gelbem Nebelmittel gekennzeichnet, siehe Tafel 1 im Anhang. Die Markierung erfolgte mit einem zweiten, in der Bildmitte erkennbaren Wolframdraht. Die Fotografie 2.1b verdeutlicht zum einen den turbulenten Charakter der abgelösten Strömung, zum anderen die intensive Rückströmung innerhalb dieses Bereichs: die gelben Partikel strömten u.a. von ihrem Entstehungsort in der Bildmitte zur Vorderkante des Modells.

Die von der Profiloberseite ausgehende freie Scherschicht zeigt schon kurz nach der Ablösung instabiles Verhalten. Ähnlich wie in Bild 2.1a tritt auch bei Anstellwinkeln oberhalb des kritischen Werts eine periodische Wirbelbildung mit der Strouhal-Zahl von ca. 0,2 auf, wenn in Gleichung (2.1) nicht mehr die Profildicke D, sondern die senkrecht zur Anströmung projizierte Profiltiefe d eingeht. Offensichtlich liefert der normal zur Anströmrichtung auftretende Abstand der freien Scherschichten das in Gleichung (2.1) eingehende universelle Längenmaß zur Charakterisierung der dynamischen Vorgänge. Die Wirbeldurchmesser sind im Vergleich zum Fall der anliegenden Strömung wesentlich größer. Die Wirbelstrukturen bilden sich nicht unmittelbar nach der Ablösung, sondern entstehen im hinteren Bereich des Ablösegebiets.

In der unteren Bildhälfte des Bildes 2.2 sind die Abhängigkeiten des Widerstandsbeiwerts c_w und Auftriebsbeiwerts c_a für das NACA 2412-Profil als Funktion des Anstellwinkels α dargestellt. Die Definitionen der den entsprechenden Kräften proportionalen Beiwerte sind gemäß Gleichungen (2.2) und (2.3):

$$c_w = \frac{2\ F_w}{\rho\ U_\infty^2\ A}\ ; \tag{2.2}$$

$$c_a = \frac{2\ F_a}{\rho\ U_\infty^2\ A}\ . \tag{2.3}$$

F_w und F_a stellen die Kraftkomponenten in Strömungsrichtung bzw. senkrecht zur Anströmung dar, ρ kennzeichnet die Fluiddichte und A die Fläche des Tragflügels.

Der Graphik ist zu entnehmen, daß der Auftriebsbeiwert c_a anfänglich linear mit dem Anstellwinkel zunimmt. Oberhalb des kritischen Anstellwinkels von $\alpha \approx 15°$ fällt c_a stark ab, während c_w in zunehmendem Maße ansteigt.

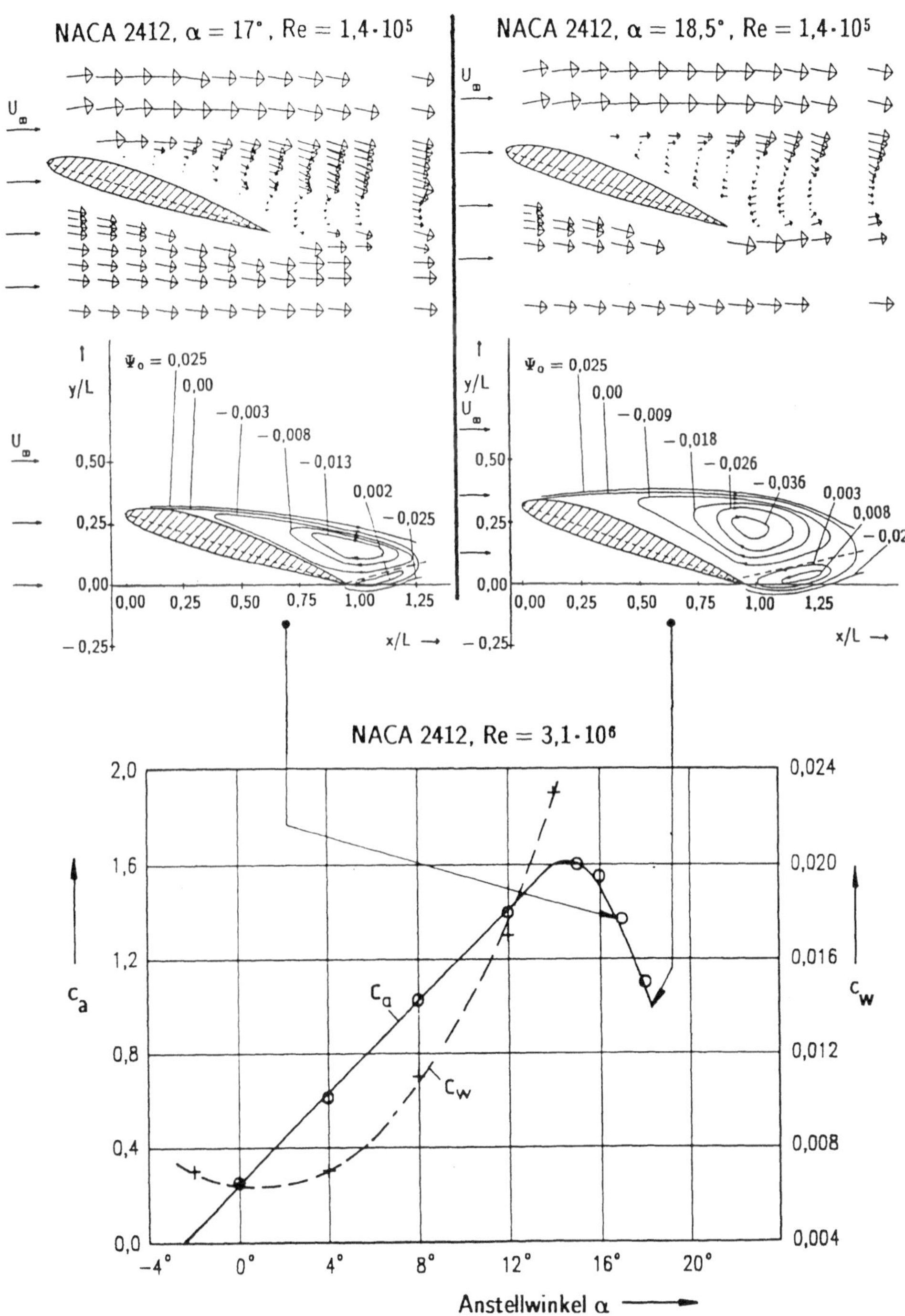

Bild 2.2: Strömungsablösung am NACA 2412-Profil und Verläufe des c_a- und c_w-Werts.

Der Abfall des Auftriebsbeiwerts korreliert mit dem Beginn der Strömungsablösung im Bereich der Profilvorderkante. Die Detailbilder in der oberen Hälfte des Bildes 2.2 stellen die zeitlich gemittelten Strömungsvektor-Felder und die zugehörigen Stomlinienverläufe für $\alpha = 17°$ und $18{,}5°$ dar. Die Ergebnisse der Laser-Doppler-Messungen von Leder (1983) zeigen den bemerkenswerten Flächenzuwachs des Ablösebereichs bei der Änderung des Anstellwinkels um nur $1{,}5°$.

In der Nähe des kritischen Anstellwinkels können niederfrequente Oszillationen mit einer Strouhal-Zahl von etwa 0,02 auftreten, wobei die dimensionslose Frequenz ebenfalls mit dem Längenmaß d zu bilden ist. Sie führen zu starken mechanischen Beanspruchungen der Flügelstrukturen. Zaman, McKinzie und Rumsey (1989) stellten fest, daß die Schwingungen von abwechselnd anliegenden und abgelösten Strömungszuständen hervorgerufen werden. Die instationären Belastungen in dem Übergangsbereich von anliegender zu abgelöster Strömung sind stärker als die im überzogenen Zustand auftretenden Schwingungskräfte.

Bei der Umströmung von Tragflügeln und rotierenden Axialschaufeln in Strömungsmaschinen treten prinzipielle Ähnlichkeiten auf: oberhalb eines kritischen Anströmwinkels löst die Strömung von den Profilen ab. Hierdurch entstehen auch in Strömungsmaschinen instationäre Zustände, die sich in Schwingungen und Geräuschemissionen äußern.

Messungen an Turbomaschinen zeigen, daß die Oszillationen vielfach durch instationäre aerodynamische Kräfte ausgelöst werden, die ihre Ursachen in Strömungsablösungen an den Schaufeln haben. Der von Naudascher und Rockwell (1980) publizierte Tagungsband berichtet von den vielfältigen Problemstellungen strömungsinduzierter Schwingungen.

So untersuchten Jenny und Bolleter (1980) Schaufelschwingungen in Axialverdichtern. In Abhängigkeit von der Bauart und dem Betriebspunkt der Strömungsmaschinen stellten sie als Ursache eine "rotierende Ablösung" fest. Bei dieser Erscheinung löst die Strömung kurzzeitig an einer Schaufel ab und verursacht im Schaufelkanal einen Staubereich. Die nachfolgende Schaufel gerät hierdurch in eine Zuströmung oberhalb des kritischen Anströmwinkels, so daß die Ablösung nun auch hier einsetzt. In der Folge verlagert sich der Staubereich kontinuierlich von Schaufelkanal zu Schaufelkanal. Messungen zeigten, daß der Ablösebereich in Umfangsrichtung mit etwa der Hälfte der Geschwindigkeit der rotierenden Schaufeln wandert. Die mit diesem Vorgang einhergehenden periodischen Druckänderungen bewirken Schwingungen, die zu schwerwiegenden Schäden führen können.

An einem Deltaprofil ist eine weitere Form von Strömungsablösung zu beobachten. Bei der Umströmung der Seitenkanten rollen sich sog. Wirbelschichten zu "Tütenwirbeln" auf. Der dreidimensionale Vorgang ist in Bild 2.1c dargestellt. Die Fotografie in Tafel 1 des Anhangs zeigt das rote Modell bei einem Anstellwinkel von $\alpha = 15°$ mit den entlang den linken und rechten Seitenkanten visualisierten Tütenwirbeln. In Bild 2.1d ist dieselbe Strömungsstruktur in einer Seitenansicht zu betrachten.

Im Gegensatz zum Ablösevorgang der ebenen Profilumströmung zeigen die Wirbelschichten ein dominantes stationäres Verhalten. Die Tütenwirbel sind an den Seitenkanten des Deltaflügels fixiert. Im Nachlauf erfolgt mit dem Aufplatzen der Wirbel ein laminar-turbulenter Umschlag, s. Bild 2.1d.

Mit einer Vergrößerung des Anstellwinkels am Deltaflügel macht sich ein über den linearen Zuwachs hinausgehender Anstieg des Auftriebsbeiwerts c_a bemerkbar. In diesem Fall wirken sich Strömungsablösungen an den Seitenkanten positiv auf die aerodynamischen Eigenschaften aus. Bei Anstellwinkeln in der Nähe des kritischen Wertes treten allerdings auch am Deltaprofil in der Regel unerwünschte instationäre Erscheinungen auf, die ihre Ursachen im Aufplatzen der Wirbeltüten an der Flügeloberseite haben.

Sowohl in der Übergangszone von dem Flügel zum Flugkörperrumpf als auch im Bereich des Flügelendes bei Tragflächen großer Streckung entstehen dreidimensionale Strömungszustände, die einen induzierten Widerstand hervorrufen. Für ein besseres Verständnis dieser komplexen Strömungsvorgänge sind noch umfangreiche Forschungsarbeiten notwendig. Erste Laser-Doppler-Messungen in dem dreidimensionalen Strömungsfeld der Konfiguration Tragfläche-Rumpf stammen von Devenport und Simpson (1988).

2.2 Strömungsablösungen in der Automobilaerodynamik

Ein Fahrzeug hat auf ebener Straße und bei konstanter Geschwindigkeit zwei Kräfte zu überwinden: den Rollwiderstand und den aerodynamischen Widerstand. Die Relation zwischen beiden Anteilen hängt in erster Linie von der Fahrtgeschwindigkeit ab. Mit wachsender Geschwindigkeit steigt der aerodynamische Beitrag. Bewegt sich das Fahrzeug mit 100 km/h, entfallen etwa 80% der erforderlichen Motorleistung auf die Überwindung aerodynamischer Kräfte. Sie setzen sich aus Druck- und Reibungsanteilen zusammen, wobei der auf die Stömungsablösung zurückgehende Druckwiderstand maßgeblich in Erscheinung tritt. Der von der anliegenden Strömung hervorgerufene Reibungswiderstand ist dagegen vernachlässigbar klein.

Mit Blick auf die hohen Energiekosten ist für Fahrzeuge ein geringer Treibstoffverbrauch anzustreben, wodurch auch die für die Umwelt bedeutsamen Schadstoffemissionen sinken. Kraftfahrzeuge besitzen auf dem aerodynamischen Sektor noch ein großes Entwicklungspotential. In dem Memorandum über zukünftige Zusammenarbeit von Forschungseinrichtungen und Industrie in der Strömungsforschung auf dem Gebiet der Strömungen mit Ablösung, herausgegeben von Jordan, Knoche, Krenz, Laschka und Max (1979), ist eine unter volkswirtschaftlichen Gesichtspunkten erstellte Abschätzung enthalten. Danach bewirkt ein Absenken des Widerstands von dem Durchschnittswert $c_w \approx 0{,}40$ auf $c_w = 0{,}30$, unter Berücksichtigung eines den europäischen Verhältnissen angepaßten Fahrprogramms, eine Verbrauchsminderung von 12% bis 15%. In der BRD ließen sich nach dem Stand der Personenkraftwagen von 1977 allein durch aerodynamische Maßnahmen jährlich rund 2,5 Milliarden Liter Kraftstoff einsparen.

Bei der Umströmung eines Kraftfahrzeugs entstehen turbulente dreidimensionale Wirbelstrukturen. Sie bestimmen die aerodynamischen Eigenschaften des Fahrzeugs. Bild 2.3a stellt die durch Ablösungen hervorgerufenen Wirbelanordnungen schematisch dar. Durch den Fahrbahneinfluß und die viskose Umströmung der Fahrzeugseiten bilden sich längs der linken und rechten Karosseriewände Wirbelkonfigurationen mit in Längsrichtung verlaufenden Achsen. Im Mittelschnitt des Fahrzeugs liefert das Zusammenwirken von Unterbodenströmung und Dachüberströmung einen Ablösebereich, in dem sich die Wirbelachsen quer zur Fahrtrichtung einstellen. Je nach Neigung der Heckwand kann dieser Bereich unterschiedliche Größen annehmen.

Ist die Heckneigung gering, enstehen ähnlich wie bei einem Deltaprofil tütenförmige Randwirbel. Im Mittelschnitt induzieren sie eine abwärts gerichtete Strömungskomponente, wodurch längs des Rückfensters eine anliegende Strömung entsteht. Bei einem Steilheck löst die Strömung bereits am Dach ab, da sich bei dem großen Neigungswinkel der Rückseite keine entsprechenden Randwirbel ausbilden können. Die stark ausgeprägte Rückströmung aus dem Unterbodenbereich verursacht in diesem Fall u.a. die Verschmutzung des Heckfensters. Die Skizzen in Abb. 2.3b verdeutlichen die beiden Strömungstypen im Mittelschnitt des Fahrzeugs.

Hucho (1978) wies den Einfluß der Heckneigung auf den Widerstandsbeiwert c_w meßtechnisch nach, s. Bild 2.3b. Bei einem Neigungswinkel von 15° stellte sich für das Fahrzeug ein c_w-Wert von 0,34 ein. Mit wachsendem Winkel steigt der Fahrzeugwiderstand anfänglich, um nach dem Durchlaufen eines Maximums dann oberhalb von 35° einen nahezu konstanten c_w-Wert von 0,40 anzunehmen.

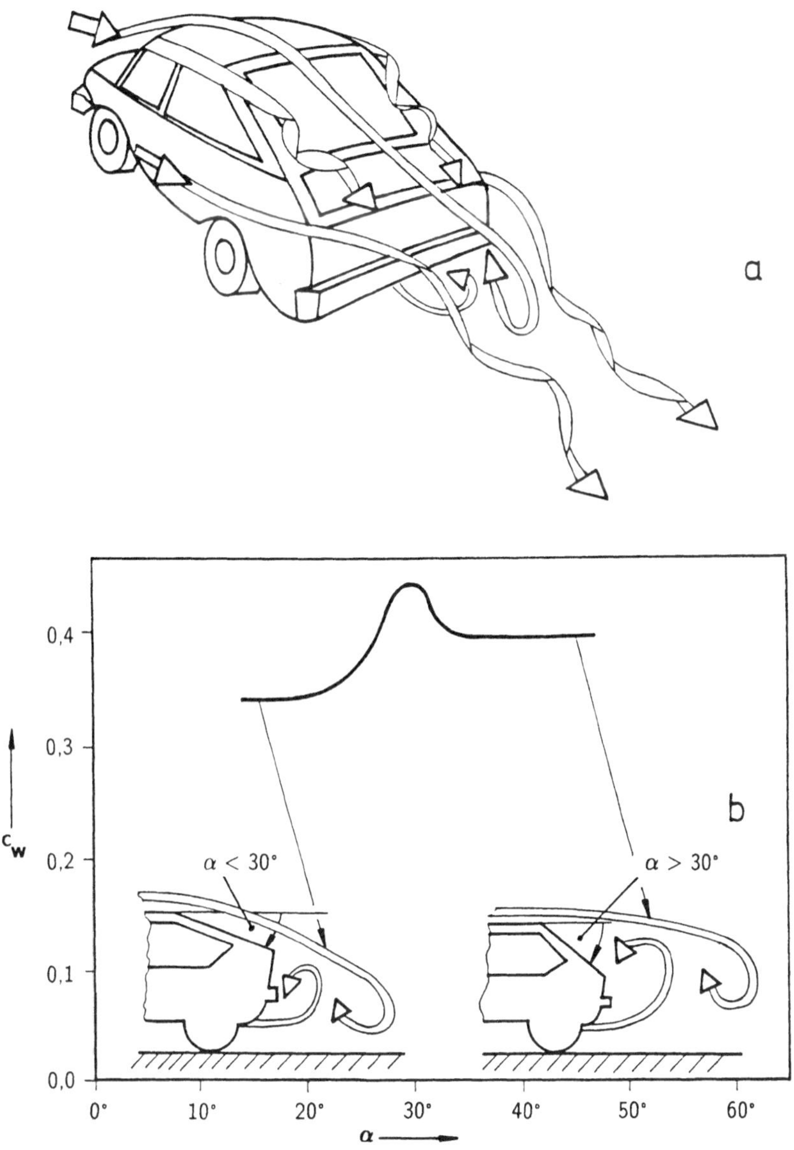

Bild 2.3: Strömungsablösungen am PKW. a) Wirbelkonfiguration, b) Einfluß der Heckneigung auf den c_W–Wert nach Hucho (1978).

Bei dem Neigungswinkel von etwa 30°, in der Umgebung des maximalen Widerstandsbeiwerts, treten instationäre Vorgänge auf. Sie rühren von im oberen Heckbereich abwechselnd anliegenden und abgelösten Strömungszuständen her. Die Strömung befindet sich bei dieser Konfiguration in einem labilen Zustand. Schon geringfügige Änderungen in den Anströmbedingungen können den Übergang zu der anderen Umströmungsform bewirken. Ähnliche Verhaltensweisen beobachtete Bearman (1980) bei Windkanaluntersuchungen an zylindrischen Körpern mit abgeschrägten Basisseiten. Diese Erscheinungen treten nach Untersuchungen von Zaman, McKinzie und Rumsey (1989) auch bei Tragfügel-Profilen auf, s. Abschnitt 2.1.

Neben der Heckneigung sind zahlreiche weitere Parameter für die resultierenden aerodynamischen Kräfte verantwortlich. Leder, Geropp und Wahl (1990) untersuchten an einer ebenen Modellanordnung in diesem Zusammenhang den Einfluß des Fahrbahnabstands auf die Ausdehnung des Ablösebereichs. Die Ergebnisse zeigten, daß mit geringer werdendem Spalt zwischen Modell und Boden die Länge des Ablösegebiets wächst und die Frequenz der dynamischen Wirbelbildung im Nachlauf abnimmt. Gleichzeitig sinkt der c_w-Wert.

Wesentliche Verbesserungen sind für die Zukunft nur dann zu erwarten, wenn die fundamentalen physikalischen Vorgänge in den Ablösegebieten, insbesondere die komplexen Wechselwirkungen zwischen den Wirbelstrukturen, besser verstanden werden. Neben experimentellen Untersuchungen können numerische Verfahren hierbei wichtige Unterstützungen liefern. Von vielversprechenden Ansätzen zur Berechnung dreidimensionaler Fahrzeugumströmungen berichtete Han (1989). Sie beruhen auf Lösungen der mittels eines Turbulenzmodells vereinfachten Reynoldsschen-Gleichungen, s. Kapitel 4.

2.3 Strömungsablösungen in der Bauwerksaerodynamik

Mit gewisser Regelmäßigkeit treten im Herbst und Frühjahr Sturmschäden auf. Bei starken Windbelastungen können Gebäudedächer abgedeckt werden, Bauwerksfassaden abreißen sowie Masten und Bäume umknicken. Die Zerstörungen gehen auf Kräfte zurück, die bei Strömungsablösungen entstehen. So löst bei der Überströmung von Häusern die Strömung am Dachfirst ab. Im Ablösebereich auf der windabgewandten Seite entsteht ein Unterdruck, der Dachpfannen aus ihren Verankerungen heben kann.

Neben diesen, bei extrem hohen Windgeschwindigkeiten auftretenden Ereignissen, gibt es auch Erscheinungen, die sich schon bei relativ geringen Anströmgeschwindigkeiten bemerkbar machen: Bauwerke mit geringer Strukturdämpfung neigen schon bei kleinen Erregerkräften zu großen Schwingungsamplituden. Insbesondere sind schlanke Gebilde in Leichtbauweise, wie Stahlkamine, Fernmeldetürme oder Brücken schwingungsanfällig. Erzwungene Schwingungen entstehen durch periodische Erregerkräfte, die von alternierenden Ablösevorgängen am Umfang der Bauwerke oder von zeitlich variierenden Windbelastungen durch instationäre Nachläufe leeseitig angeordneter Körper ausgehen können. Über einen Schadensfall an einem 140 m hohen Kamin infolge winderregter Schwingungen berichteten Hirsch, Ruscheweyh und Zutt (1975).

Aerodynamische Maßnahmen zur Schwingungsdämpfung zielen darauf ab, inhomogene Ablöselinien in Erstreckungsrichtung der Bauwerke zu erzeugen. Ruscheweyh (1978) stellte verschiedene Methoden bewertend gegenüber. Für Kamine erreicht man nach Scruton (1981) eine wirkungsvolle Dämpfung durch die Anbringung einer Wendel an der Außenseite im oberen Kaminbereich.

Ein spektakuläres Ereignis stellt der Einsturz der Tacoma-Hängebrücke dar. Sie wurde über den gleichnamigen Sund an der Westküste der USA erbaut und war bei der Einweihung im Juli 1940 mit einer Länge von fast 2 km die drittlängste Brücke der Welt. Kurz nach der Fertigstellung beobachtete man schon bei geringen Windgeschwindigkeiten von 3 m/s, daß die Fahrbahnränder Torsionsschwingungen mit einer Amplitude von mehr als einem Meter ausführten. Bild 2.4 stellt diesen Schwingungsmode der Tacoma-Brücke dar.

Im November 1940 stürzte die Brücke bei einer Windgeschwindigkeit von ca. 19 m/s ein. Die Ursache der Katastrophe erkannte v.Kármán noch am gleichen Tage: durch Strömungsablösungen am oberen und unteren Rand der Brückenfahrbahn bildeten sich im Nachlauf periodische Wirbelanordnungen, die die Brückenkonstruktion zu Resonanzschwingungen anregten. In dem Buch von Eck (1981) ist eine detaillierte Schilderung der Vorgänge enthalten, die zum Einsturz des Bauwerks führten. Die Beiträge von Wille (1961) sowie Berger und Wille (1972) gehen ausführlich auf periodische Strömungserscheinungen ein.

Strömungsinduzierte Schwingungen treten auch an Unterwasserkabeln auf. Peltzer und Rooney (1985) untersuchten den Ablösebereich schwingender Kabel, Griffin und Ramberg (1975) den Widerstand vibrierender Zylinder. Sie stellten fest, daß der c_W-Wert schwingender Körper größer als von ruhenden ist, während gleichzeitig die Ausdehnungen der Ablösebereiche bei oszillierenden Bewegungen abnehmen. Zdravkovich (1982) beobachtete mit Hilfe von Strömungsvisualisierungen, daß die Ablösevorgänge regelmäßiger verlaufen und die Wirbel sich stärker ausprägen, wenn die Wirbel- und Zylinderbewegungen synchron erfolgen.

Bild 2.4: Strömungsinduzierte Torsionsschwingungen der Tacoma-Brücke.

2.4 Strömungsablösungen in der Meteorologie

Bei meteorologischen Erscheinungen treten Ablösevorgänge mit einem weitaus größeren Längenmaßstab als in technischen Bereichen auf. Chopra und Hubert (1965) werteten Satellitenaufnahmen aus, auf denen regelmäßige Wirbelanordnungen im Nachlauf von Inseln zu beobachten sind.

Eine Inversionsschicht 800 m oberhalb der Meeresoberfläche verursachte am 19.5.1963 eine nahezu zweidimensionale Umströmung der Insel Madeira. Die Strömungsvorgänge konnten auf den Satellitenfotografien anhand von Mustern innerhalb der Stratokumulus-Wolkenfelder und durch lokale Messungen von Wetterstationen nachvollzogen werden. Ein konstanter Südwest-Wind mit einer Stärke von 10 m/s rief im

Inselnachlauf eine an die Kármánsche Wirbelstraße erinnernde Wolkenformation mit einer Ausdehnung von 540 km hervor.

Legt man bei dem Höhenniveau von 300 m eine Inselausdehnung D = 40 km senkrecht zur Anströmung zugrunde, so ergibt sich mit der kinematischen Zähigkeit ν von Luft unter Standardbedingungen und der Anströmgeschwindigkeit U_∞ = 10 m/s eine Reynolds-Zahl Re von:

$$\mathrm{Re} = \frac{U_\infty \, D}{\nu} \approx 10^{10} \ . \tag{2.4}$$

Der Vorgang der Wirbelablösung von jeder Inselseite wiederholte sich alle sieben Stunden, was einer Frequenz f = 0,00004 Hz entspricht. Für die nach Gleichung (2.1) definierte Strouhal-Zahl ergibt sich in diesem Fall ein Wert von Str = 0,16. Er stimmt erstaunlich gut mit Ergebnissen von Tragflügeluntersuchungen überein, s. Abschnitt 2.1.

Diese für meteorologische Verhältnisse im Mesoskalen-Bereich liegende Wirbelanordnung stellt keinen Einzelfall dar. Auch im Nachlauf von Jan Mayen beobachtete man auf Satellitenfotografien ähnliche Ablösewirbel, siehe Bild 2.5. Die Insel liegt im Nordmeer, nordöstlich von Island.

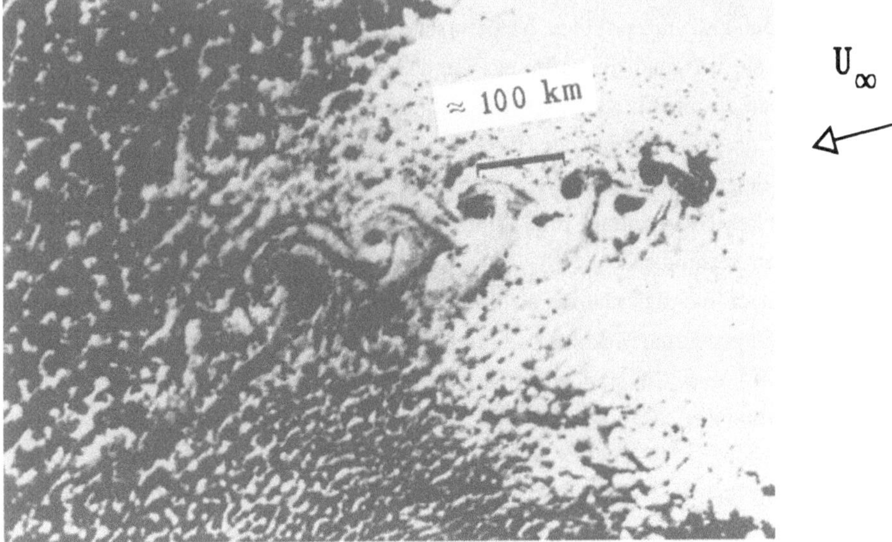

Bild 2.5: Satellitenaufnahme von Ablösewirbeln im Nachlauf der Insel Jan Mayen.

2.5 Strömungsablösungen im medizinischen Bereich

Die Ausführungen von Abschnitt 2.4 zeigen, daß bei meteorologischen Ablöseerscheinungen der Längenmaßstab im Kilometer-Bereich liegt. Auch am anderen Ende der Größenskala sind bedeutsame Vorgänge zu beobachten. So treten beispielsweise in biologischen Systemen Ablösestrukturen mit Abmessungen im Millimeter-Bereich auf.

Betrachtet man den Blutkreislauf des menschlichen Organismus, so können sowohl im Leitungs- als auch im Pumpensystem Ablösegebiete entstehen, die ganz unterschiedliche Wirkungen hervorrufen.

Blutdurchströmte Gefäße stellen ein weitverzweigtes Leitungssystem dar. An Verzweigungen und insbesondere bei krankhaften Querschnittsveränderungen, beispielsweise infolge einer Arteriosklerose, kann es zur Ausbildung von Ablösegebieten kommen. Da die Strömung in diesen Bereichen nicht an der Gefäßwandung anliegt, lagern sich aufgrund der geringen Wandschubspannungen in den Ablösegebieten bevorzugt Teilchen an. Hier sind es besonders die Thrombozyten (Blutplättchen), die als gerinnungsaktive zelluläre Bestandteile des Blutes zu Verklumpungen neigen und dadurch Einengungen und Verstopfungen der Gefäße verursachen. Dies kann beispielsweise zu Herzinfarkten oder Schlaganfällen führen.

In ganz anderer Weise äußert sich die Strömungsablösung an der Aortenklappe des Herzens. In diesem Fall unterstützen Ablöseerscheinungen die Funktionen des Klappenapparats, indem sie während der Öffnungs- und Schließphasen den Vorder- und Rückseiten der Klappen stabile Druckdifferenzen aufprägen. Das Ventil hat die Aufgabe, mit Sauerstoff angereichertes Blut bei der Herzkontraktion (Systole) mit möglichst geringem Druckverlust in den Körperkreislauf einzuleiten. In der darauf folgenden Füllungsphase (Diastole) der linken Herzkammer muß es dicht schließen, um ein Rückströmen aus dem Körperkreislauf zu verhindern.

Durch Evolution hat sich ein den strömungsphysikalischen Vorgängen ausgezeichnet angepaßtes Ventilsystem entwickelt. Es besteht aus drei nicht-muskulären Klappen mit einer Dicke von 0,1 mm. Sie sind am inneren Umfang der Aorta befestigt, s. Bild 2.6. Unmittelbar hinter den Klappen befindet sich die Erweiterung des Aortenstammes (Bulbus aortae).

Bellhouse und Talbot (1969) untersuchten die Strömungsvorgänge an einem Modell des Aortenventils. Zu Beginn der Systole setzt die Öffnung der Klappentaschen infolge des Druckgradienten zwischen linker Herzkammer und Aorta ein. Bellhouse und Talbot (1969) stellten fest, daß während der daraufhin einsetzenden Ventildurchströmung an den drei Klappen Ablösewirbel entstehen. Der Unterdruck im Ablösegebiet auf den Klappenrückseiten bewirkt die Fortsetzung des Öffnungsvorgangs. Mit wachsender Durchströmgeschwindigkeit steigt der Unterdruck, bis die Klappen gänzlich geöffnet sind. Sie ordnen sich dann, gesteuert von dem Kräftegleichgewicht auf Klappenvorder- und Rückseite, parallel zur Gefäßwandung an. Bei geöffnetem Ventil legen sich die Ablösewirbel in die Erweiterungen des Aortenstammes. Das Blut kann nun ungehindert in die Aorta einströmen, s. Bild 2.6.

Gegen Ende der Systole nimmt die Strömungsgeschwindigkeit ab. Da dabei gleichzeitig der Druck auf die Klappenvorderseite sinkt, setzt noch während des Ausströmvorgangs die Schließphase ein, s. Bild 2.6. Bellhouse und Talbot (1969) beobachteten an den Klappen keinerlei Flatterbewegungen, woraus zu schließen ist, daß der fluiddynamische Regelvorgang sehr stabil ist und die mechanischen Belastungen für Klappenapparat und Blutkörperchen gering bleiben. Mit Beginn der Diastole ist das

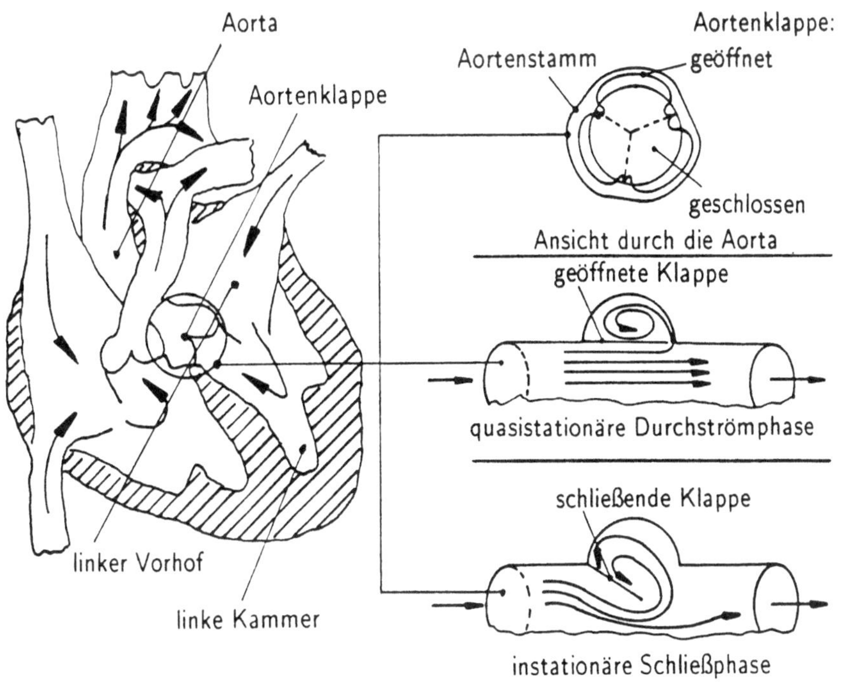

Bild 2.6: Strömungsablösung an der Aortenklappe des Herzens.

Aortenventil nahezu geschlossen, so daß ein gesundes Herz nur ein minimales Schließvolumen benötigt. Die Volumenbelastung des Herzens gestaltet sich in diesem Fall optimal.

Künstliche Herzklappen existieren in verschiedensten Ausführungen. Die kinematischen Prinzipien lassen sich nach Köhler (1978) entweder auf Pendel- oder Hubbewegungen der Schließkörper zurückführen.

Störungen an Klappenprothesen gehen häufig auf Thrombenbildungen zurück. Dies weist auf ungünstige Strömungsverhältnisse in den Ersatzventilen hin. Patienten mit mechanischen Kunstklappen müsse daher lebenslang mit gerinnungshemmenden Medikamenten behandelt werden. Nahezu jeder Träger einer künstlichen Herzklappe ist zudem von einer mechanischen Schädigung des Blutes (Hämolyse) betroffen. Sie wird durch erhöhte Schubspannungen in den künstlichen Klappen verursacht. Bei biologischen Modellen stellen sich die Verhältnisse günstiger dar.

Köhler (1978) berichtete, daß mit Hilfe verbesserter Grundwerkstoffe und genauerer Funktionsanalysen neue Entwicklungen für künstliche Herzklappen angestrebt werden. Die Gestaltung der Prothesen soll den natürlichen Funktionseinheiten künftig ähnlicher sein. Die Berücksichtigung strömungsmechanischer Vorgänge in Ablösebereichen spielt bei der Realisierung der Konzepte eine wichtige Rolle.

2.6 Ablösungen bei Innenströmungen

Ist das strömende Fluid, ausgenommen in Strömungsrichtung, allseitig von festen Wänden umgeben, liegt eine sogenannte "Innenströmung" vor. Sie bildet sich bei der Durchströmung von Rohren und ebenen Kanälen aus. Druckverluste entstehen hierbei durch Wandreibungen und Strömungsablösungen in Verzweigungen, Krümmern, unstetigen Querschnittsveränderungen und beispielsweise an Einbauten, siehe Bild 1.1.

Ablösevorgänge bei Innenströmungen wurden in der Literatur relativ häufig untersucht. Die einfachste Geometrie zur Erforschung von Gesetzmäßigkeiten abgelöster Strömungen stellt eine rückwärtige Stufe dar, siehe unteres Detailbild in Bild 2.7: die Strömung reißt entlang einer geraden Linie ab. Auch bei Änderung der Reynolds-Zahl bleibt die Abrißlinie an der Stufenkante fixiert. Nach dem Abriß legt sich die freie Scherschicht an der Stelle x_r wieder an die Kanalwandung an.

Obwohl die geometrischen Verhältnisse recht einfach sind, verlaufen die Strömungsvorgänge hinter der Stufe äußerst komplex. Zwischen der sich wieder anlegenden

Scherschicht und der Kanalwandung bildet sich in der Regel ein turbulentes Rückströmgebiet aus. Durch das instabile Verhalten der Scherschichtströmung setzen Austauschvorgänge ein. Sie bewirken ein Eindringen von Fluidmaterial der Außenströmung in den Ablösebereich, während turbulentes Fluid des Rückströmbereichs in den Nachlauf austritt.

Die Ausdehnung des Ablösebereichs ist eine wichtige Größe zur Charakterisierung von Strömungsablösungen. Eaton und Johnston (1981) stellten fest, daß die Wiederanlegelänge x_r bei einer Kanalströmung mit rückwärtiger Stufe von vielen Parametern abhängt, so unter anderem von:

- der Reynolds-Zahl,
- dem Turbulenzgrad der Anströmung,
- dem Druckgradienten im Wiederanlegebereich und
- dem Verhältnis von Kanal- zu Stufenhöhe.

Kap. 7 geht näher auf die Parametervielfalt ein, die Einfluß auf die Strömungsstruktur von Ablösegebieten nimmt. Bei Innenströmungen lassen sich Gemeinsamkeiten bei einer Gegenüberstellung unterschiedlicher geometrischer Anordnungen erkennen.

In Bild 2.7 ist über der mit der Wiederanlegelänge x_r normierten Koordinate x der von Roshko und Lau (1965) eingeführte dimensionslose Quotient für den Druckbeiwert $(c_p - c_{pmin})/(1 - c_{pmin})$ aufgetragen. Er wird aus dem zum lokalen Druck p proportionalen Druckbeiwert c_p und dem mit dem minimalen Druck p_{min} in Beziehung stehenden Druckbeiwert c_{pmin} gebildet:

$$c_p = 2 \cdot \frac{p - p_\infty}{\rho \cdot U_\infty^2}; \qquad c_{pmin} = 2 \cdot \frac{p_{min} - p_\infty}{\rho \cdot U_\infty^2}. \tag{2.5}$$

p_∞ ist der ungestörte statische Druck, U_∞ die Referenzgeschwindigkeit weit vor dem Strömungshindernis.

Verfolgt man den Verlauf des statischen Druckes p längs der Kanalwandung in Hauptströmungsrichtung x, s. Bild 2.7, so erkennt man stromab der Abrißstelle bei der Koordinate x = 0,0 erst einen Abfall zu einem Druckminimum p_{min}. Anschließend steigt der Druck kontinuierlich auf einen Pegel an, der unterhalb des theoretischen Werts nach

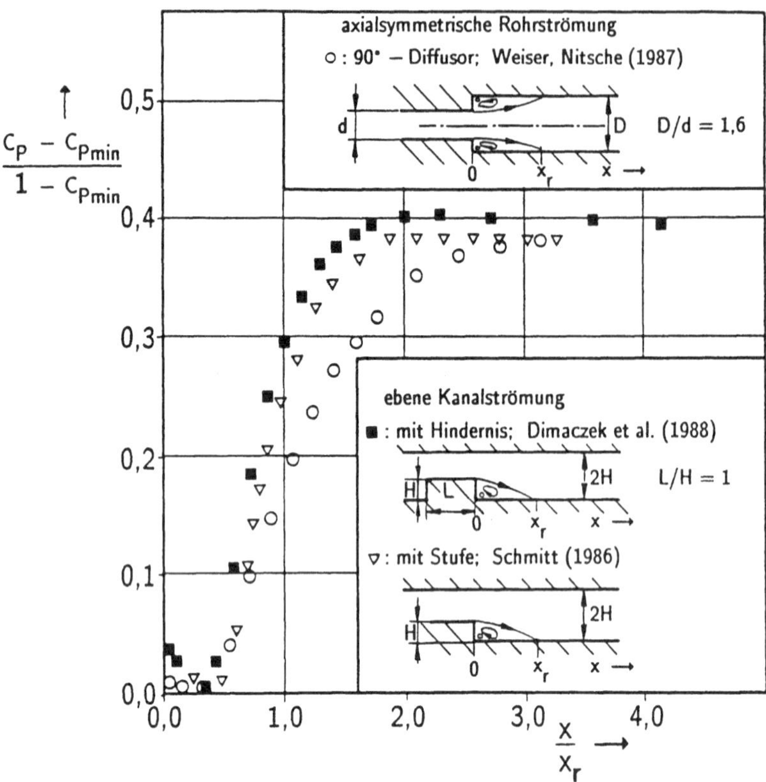

Bild 2.7: Druckverlauf in Ablösegebieten von Innenströmungen.

Borda–Carnot liegt. Der theoretische Druckrückgewinn hängt maßgeblich von dem Erweiterungsverhältnis des Kanals an der Ablösestelle ab.

Der Vergleich der Druckverläufe dreier unterschiedlicher Anordnungen zeigt recht gute Übereinstimmung: die Messungen im axialsymmetrischen Fall stammen von Weiser und Nitsche (1987). Sie ermittelten den Druckverlauf im Ablösegebiet eines 90°-Diffusors bei der auf den Rohrdurchmesser D bezogenen Reynolds-Zahl von Re = $6 \cdot 10^4$, s. obere Hälfte von Bild 2.7. Der Leitungsdurchmesser erweitert sich an der Abrißstelle unstetig von d = 50 mm auf D = 80 mm. Druckverläufe in Ablösegebieten hinter Hindernissen oder Stufen innerhalb ebener Kanalströmungen zeigen ein ähnliches Verhalten: Meßergebnisse von Dimaczek, Tropea und Wang (1988) bei einer mit der Hindernishöhe H gebildeten Reynolds-Zahl von Re = $4 \cdot 10^4$ stimmen recht gut mit Daten von Schmitt (1986) überein, die bei einer auf die Stufenhöhe H bezogenen Reynolds-Zahl von $2{,}1 \cdot 10^5$ ermittelt wurden.

Auch der Verlauf der normierten Wandschubspannung c_f gestaltet sich bei normierter Auftragung nahezu geometrieunabhängig. Die Kennzahl ist definiert als:

$$c_f = 2 \cdot \frac{\tau_w}{\rho \cdot U_\infty^2} \tag{2.6}$$

c_f ist proportional zur Wandschubspannung τ_w und stellt ein Maß für die von dem Fluid auf die Wandung übertragene Tangentialkraft dar, s. die Ausführungen im ersten Abschnitt des Kapitels 3.

Dem Bild 2.8 ist zu entnehmen, daß der c_f-Wert in der Umgebung der Mitte des Ablösebereichs aufgrund der hier stark ausgeprägten Rückströmung maximale negative Werte annimmt. Am Wiederanlegepunkt x_r der Strömung gleichen sich die vorwärts und rückwärts gerichteten Strömungsanteile aus, so daß im zeitlichen Mittel die Wandschubspannung verschwindet.

Meßergebnisse von Weiser und Nitsche (1988) an Diffusoren mit unterschiedlichen Öffnungswinkeln α und bei verschiedenen Reynolds-Zahlen weisen in normierter Darstellung einen einheitlichen c_f-Verlauf auf, siehe Bild 2.8. Die in axialsymmetrischen Anordnungen beobachteten Verhaltensweisen stellt man auch bei ebenen Kanalströmungen fest: Driver und Seegmiller (1985) ermittelten die Wandschubspannung τ_w im Ablösegebiet einer rückwärtigen Stufe. Der Vergleich in Bild 2.8 zeigt erstaunlich gute Übereinstimmung mit den Ergebnissen von Rohrströmungen. Aus Gründen der Übersichtlichkeit wurden die Daten von Adams und Eaton (1988), sie stammen gleichfalls von einer ebenen Stufe bei einer auf die Querausdehnung des erweiterten Kanals bezogenen Reynolds-Zahl von $Re = 1{,}9 \cdot 10^5$, nicht in die Graphik übernommen. Die Ergebnisse sind nahezu identisch mit den Meßwerten von Driver und Seegmiller (1985).

Die graphischen Darstellungen belegen die physikalische Bedeutung der Wiederanlegelänge x_r für die Strömungsstruktur von Ablösegebieten. Sie stellt das Längenmaß der physikalischen Vorgänge in Rezirkulationsströmungen dar. In normierter Auftragung erweisen sich die Druck- und Wandschubspannungsverläufe in Ablösegebieten von Innenströmungen als universell. Bei den vorgestellten Daten variiert die Länge x_r deutlich: während für den 90°-Diffusor $x_r \approx 2$ D beträgt, was in etwa der fünffachen Länge der Diffusorerweiterung entspricht, ermittelten Driver und Seegmiller (1985) eine Ablöselänge von 6 Stufenhöhen, Adams und Eaton (1988) 6,6 Stufenhöhen, Dimaczek, Tropea und Wang (1988) 7 H und Schmitt (1986) einen Wert von etwa 8,5 Hindernishöhen. Die Differenzen in den Absolutbeträgen sind eine Folge unterschiedlicher Randbedingungen, die sich neben Unterschieden in der Geometrie beispielsweise auch durch verschieden lange Anlaufstrecken im Anströmbereich einstellen. Dies bedingt, daß die Geschwindigkeitsprofile an den Ablösestellen unterschiedliche Ausbildungsgrade aufweisen. Der Entwicklungsprozeß der freien Scherschichten wird hiervon beeinflußt.

Auch die Ergebnisse von Ruck und Makiola (1989) deuten auf systematische Verhaltensweisen abgelöster Strömungen hin. Sie untersuchten in einer ebenen Kanalströmung unterschiedliche Stufengeometrien in dem Reynolds-Zahl-Bereich von Re = $1{,}5 \cdot 10^4$ bis $6{,}4 \cdot 10^4$.

Die Reynolds-Zahl ist mit der Stufenhöhe H gebildet, die Querabmessung des erweiterten Kanals ist 2 H. Während Schmitt (1986) Messungen hinter einer bezüglich der Anströmrichtung um 90° geneigten Stufenwand ausführte, siehe unteres Detailbild in Bild 2.7, variierten Ruck und Makiola (1989) die Neigungswinkel der Stufen zwischen 10° und 90°.

Ruck und Makiola (1989) stellten fest, daß die Ablösegebiete für Stufenwinkel α oberhalb von 30° im untersuchten Reynolds-Zahl-Bereich nahezu konstante Längen von $x_r/H = 8{,}0 \pm 0{,}5$ besitzen. Neben Ähnlichkeiten in den Geschwindigkeitsverteilungen beobachtet man in den Rezirkulationsströmungen auch ähnliche Turbulenzstrukturen.

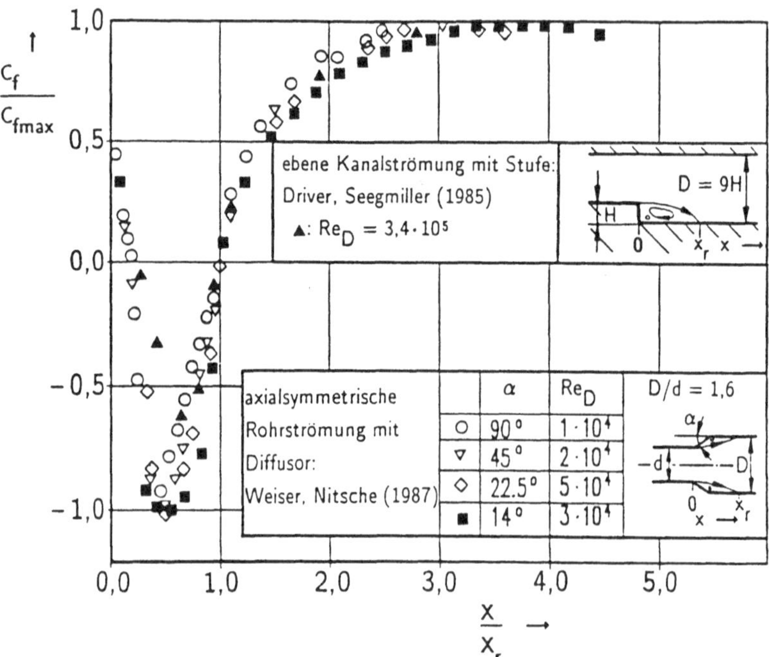

Bild 2.8: Verlauf der normierten Wandschubspannung in Ablösegebieten von Innenströmungen.

Bei geringen Stufenwinkeln $\alpha < 20°$ sind die Abmessungen der Ablösegebiete nicht mehr konstant. In diesen Fällen erfolgt die Strömungsablösung stromab der Stufenkante. Da die Scherschicht bei der Ablösung von der Stufenwandung in diesen Fällen bereits einen größeren Neigungswinkel in Richtung der Wiederanlegestelle x_r aufweist, ergeben sich kürzere Rezirkulationsgebiete.

In dem Winkelbereich $20° < \alpha < 30°$ entstehen, ähnlich wie in der Tragflügel- und Automobilaerodynamik, siehe Abschnitte 2.1 und 2.2, stark ausgeprägte instationäre Zustände. Sie gehen auf abwechselnd anliegende und abgelöste Strömungszustände im oberen Bereich der Stufenwandung zurück. Die niederfrequente Instationarität äußert sich in den zeitlich gemittelten Ergebnissen der Laser-Doppler-Messungen von Ruck und Makiola (1989) durch erhöhte Turbulenzintensitäten unmittelbar nach der Ablösung. Bei Stufenwinkeln zwischen 20° und 30° erreichen die Turbulenzintensitäten Maximalwerte.

Zu den noch nicht abschließend beurteilbaren Eigenschaften der sich wieder anlegenden freien Scherschichten zählt das dynamische Verhalten. Sirieix (1975) berichtete von einem schwach ausgeprägten Maximum in einem breiten Frequenzband für Druckschwankungen an dem Wiederanlegepunkt, Eaton und Johnston (1981) sowie Adams und Johnston (1988) beobachteten niederfrequente Bewegungen der Scherschichten bei einer 90°-Stufenanordnung. Die Oszillationen werden von Wirbelstrukturen verursacht, deren Ausdehnungen in der Größenordnung des Ablösebereichs liegen. Dimaczek, Tropea und Wang (1988) konnten bei ihren Experimenten in der ebenen Kanalströmung dagegen keine dominanten Frequenzen ermitteln.

Ein interessanter Aspekt ergibt sich bei der Durchströmung ebener Diffusoren nach Bild 1.1a. Der bei geringen Reynolds-Zahlen anfangs symmetrische Strömungsverlauf kann bei Erhöhung der Reynolds-Zahl in zwei asymmetrische Zustände übergehen. Es entsteht dann entweder ober- oder unterhalb der Symmetrieachse ein größeres Rezirkulationsgebiet als auf der gegenüberliegenden Seite. Beide Durchströmungsformen stellen sich anfänglich mit gleicher Wahrscheinlichkeit ein. Mittels einer Störquelle kann zwischen beiden stabilen Zuständen beliebig hin und her "geschaltet" werden. Fearn (1988) untersuchte die Bifurkation in einer ebenen Kanalströmung mit einer plötzlichen Erweiterung experimentell und theoretisch. Die Ergebnisse zeigten, daß im laminaren Bereich gemessene Strömungsverläufe mit Lösungen der Navier-Stokes-Gleichungen gut übereinstimmen.

Experimentelle Untersuchungen in Ablösegebieten symmetrischer Diffusoren mit turbulenten Wandgrenzschichten führten Gersten, Härtel und Pagendarm (1987) aus.

Laser-Doppler-Messungen an einer Geometrie mit dem Erweiterungsverhältnis $D/d = 4$ verdeutlichten, daß selbst bei nominell symmetrischen Zuströmbedingungen eine asymmetrische Ablösung auftritt. Dabei bildet sich entlang einer Diffusorwand ein sehr viel größeres Ablösegebiet als auf der gegenüberliegenden Wandung aus.

Zusammenfassend bleibt festzustellen, daß Strömungsablösungen in zahlreichen natürlichen und technischen Systemen auftreten. Ablösevorgänge verursachen in der Regel komplexe Strömungsvorgänge, die vielfältige Auswirkungen induzieren. Bei den vorgestellten Beispielen wurde vorwiegend von einphasigen Fluiden ausgegangen. Bei mehrphasigen Strömungen können weitere Effekte hinzutreten. So kann es in Ablösegebieten zu Ablagerungen der dispersen Phase kommen. Dies trifft sowohl für die in Abschnitt 2.5 erwähnten Blutströmungen zu, mit in diesen Fällen lebensgefährlichen Thromben–Bildungen, als auch für Strömungen in technischen Bereichen. Bei der Herstellung von Metallpulvern können in den zum Zyklon und zu den Filtern führenden Abgasleitungen Ablösegebiete auftreten, in denen es zur Anreicherung hochexplosiver Stäube kommt.

Im weiteren sollen nun Grundlagen besprochen werden, die zu einem tieferen Verständnis der vielfältigen physikalischen Vorgänge in Ablösegebieten beitragen. Die Ausführungen beschränken sich auf einphasige Strömungen, da die wesentlichen physikalischen Abläufe hier in fundamentaler Weise in Erscheinung treten.

3 Definitionen und Klassifizierung von Strömungsablösungen

Die voranstehenden Beispiele vermittelten einen Einblick in die Vielfalt der Erscheinungsformen und Auswirkungen von Strömungen mit Ablösungen. Es bildeten sich Strömungsstrukturen aus, die mit zwei, teilweise auch mit drei Raumkoordinaten zu beschreiben sind. Insbesondere in der Mittelebene von Automobilen, bei Tragflächen und Bauwerken großer Erstreckung, bei speziellen meteorologischen Vorgängen und bei Innenströmungen entstehen näherungsweise zweidimensionale Wirbelanordnungen.

Die folgenden Ausführungen gehen nun ausführlich auf derartige zweidimensionale Strömungsfelder ein, wobei zwischen ebenen und axialsymmetrischen Fällen unterschieden wird.

Die bei Ablösungen entstehenden Strömungsstrukturen lassen sich auf wenige fundamentale Prinzipien zurückführen. Kapitel 3 erläutert Grundlagen zur Beschreibung gemeinsamer physikalischer Verhaltensweisen.

Nach der Definition zentraler Bezeichnungen wie "Ablösung", "Strömungsabriß", "Ablösegebiet" und "Nachlauf" werden einheitliche Mechanismen in Scherschichtströmungen diskutiert. Darauf aufbauend erfolgt die Klassifizierung verschiedener Ablöseformen. Sie beruht auf der im Strömungsfeld vorhandenen Scherschichtgeometrie und dem Zustand der abgelösten Grenzschicht.

3.1 Definitionen

Der Begriff "Ablösung" (engl.: "detachment" oder "separation") wird in der Literatur nicht einheitlich verwendet. Um Mißverständnissen vorzubeugen, ist es notwendig, die wesentlichen Bezeichnungen näher zu erläutern.

– **Strömungsablösung**

Prandtl (1924) entwickelte sein klassisches Konzept für zweidimensionale stationäre Strömungen. Er erkannte, daß bei $Re >> 1$ die Strömungsablösung von einer Wandung erst dann einsetzt, wenn zwei Voraussetzungen erfüllt sind. Dies gilt sowohl für kompressible wie inkompressible Strömungen:

- in Strömungsrichtung muß ein positiver Druckgradient $\partial p/\partial x$ vorhanden sein und
- in dem Fluid treten viskose Erscheinungen auf,

die sich beispielsweise in der Ausbildung einer Grenzschicht äußern. Wenn eine der beiden Bedingungen nicht erfüllt ist, bleiben Strömungen entlang von Wandungen anliegend. Prandtl konnte nachweisen, daß reale Fluide Druckanstiege ohne Ablösungen überwinden können, wenn die durch viskose Materialeigenschaften verursachten Auswirkungen eliminiert werden. Dies ist beispielsweise durch Absaugung des Grenzschichtmaterials möglich.

Bild 3.1a zeigt eine Grenzschichtströmung längs einer ruhenden Wand. In Strömungsrichtung x steige der Druck p an. Positive Druckgradienten $\partial p/\partial x > 0$ bilden sich u.a. in Kanälen mit stetigen Querschnittserweiterungen aus. Vor der Ablösestelle S hat das Geschwindigkeitsprofil u(y) eine völlige Kontur.

Der Winkel γ zwischen normal zur Wandung ausgerichteter y-Achse und der Tangente an an das Grenzschichtprofil bei $y = 0$ ist ein Maß für die vom Fluid auf die feste Berandung ausgeübte Schubspannung τ_w. Stromauf der Ablösestelle S ist $\tau_w > 0$. An der Ablösestelle mündet das Profil nach einem Wendepunkt WP senkrecht zur Wand ein. Der Winkel γ und somit auch τ_w sind an dieser Stelle Null. Stromab der Stelle S nimmt die vektorielle Größe τ_w negative Werte an.

Die Wandschubspannung strebt bei zweidimensionalen Strömungen mit Annäherung an die Ablösestelle gegen Null. Bei dreidimensionalen Verhältnissen tritt, mit Ausnahme von singulären Punkten, zusätzlich eine Strömungskomponente senkrecht zur Zeichenebene auf. Die Ablösung gestaltet sich hierbei durch tangentiale Einmündungen von Wandstromlinien in eine den Beginn der Ablösung definierende "Grenzstromlinie". Bild 3.1b zeigt den Vorgang in räumlicher Darstellung. Die Wandschubspannung τ_w verschwindet nicht entlang der Grenzstromlinie. Bei dem dreidimensionalen Vorgang löst sich, ähnlich wie im Falle des Deltaprofils, siehe Bildteile 2.1c und 2.1d, eine mit Drehung behaftete Fluidschicht ab. Man bezeichnet sie als "Wirbelschicht". Nähere Ausführungen zu dreidimensionalen Ablösungen sind in der Arbeit von Dean (1961) enthalten.

Für zweidimensionale Strömungen definierte Prandtl die Ablösestelle als den Ort S an der Wandung, in dem die Ableitung der Geschwindigkeit normal zur Wand verschwindet:

$$\frac{\partial u}{\partial y} = 0 \qquad \text{bei } y = 0 \ . \tag{3.1}$$

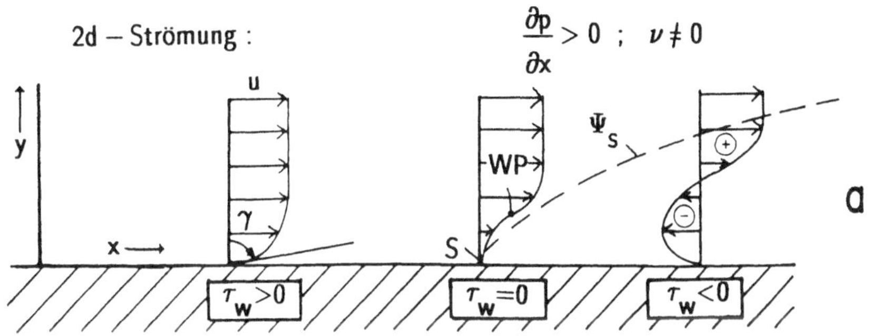

Prandtl : $\frac{\partial u}{\partial y} = 0$ bei $y = 0$

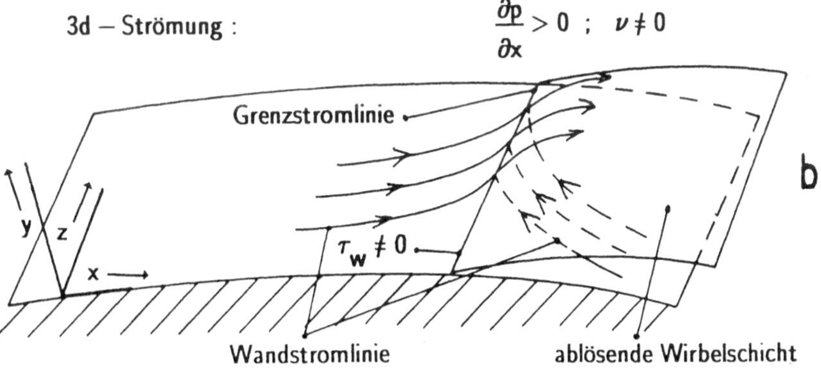

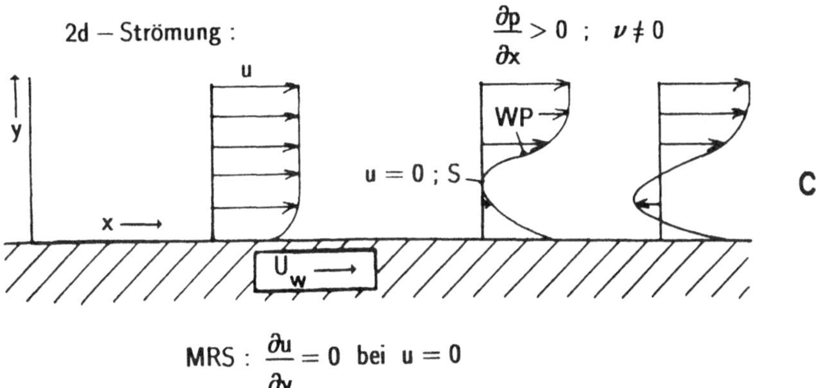

MRS : $\frac{\partial u}{\partial y} = 0$ bei $u = 0$

Bild 3.1: Definitionen bei Strömungsablösungen. a) Geschwindigkeitsprofile in einer 2d-Strömung, b) ablösende Wirbelschicht in einer 3d–Strömung, c) Strömungsablösung bei mitbewegter Wand.

– **Ablösegebiet**

Stromab von S ergeben sich im Geschwindigkeitsprofil nahe der Wandung negative Werte, s. hierzu auch Bild 3.1a.

Der Bereich mit negativer Geschwindigkeitskomponente u heißt "Rückströmgebiet" (engl.: "recirculating zone"). Das Ablösegebiet (engl.: "separation region") enthält neben der Rückströmung noch die zwischen ihr und der Hauptströmung entstehende freie Scherschicht. Die Ausdehnung des Ablösegebietes kann durch das Integral über das Geschwindigkeitsprofil definiert werden. In kartesischen Koordinaten lautet es:

$$\Psi = \int u(y) \cdot dy \ , \tag{3.2}$$

in Zylinderkoordinaten bei axialsymmetrischen Umströmungen:

$$\Psi = \int u(r) \cdot r \cdot dr \ , \tag{3.3}$$

wobei r die Koordinate in radialer Richtung ist.

Die Linien Ψ = const. stellen Stromlinien dar. Die Berandung des Ablösegebiets ergibt sich aus dem Kurvenverlauf des Funktionswerts Ψ_S an der Ablösestelle S, s. Bild 3.1a. Bei einer zeitlichen Mittelung sind die Stromlinien innerhalb zweidimensionaler Ablösegebiete geschlossen. Dies ist eine Folge der endlichen Ausdehnung des durch die Ablösung hervorgerufenen Rückströmgebiets. Die geschlossenen Stromlinien kennzeichnen den im Ablösebereich zirkulierenden zeitlich gemittelten Volumenstrom oder, bei Berücksichtigung der Fluiddichte ρ, den entsprechenden Massenstrom. Ein Beispiel aus der Tragflügelaerodynamik ist in Bild 2.2 dargestellt. In diesem Fall wurde der mit der Anströmgeschwindigkeit und der Profiltiefe L dimensionslos gemachte Stromfunktionswert Ψ_0 aufgetragen. Die untere Grenze bei der Integration befindet sich auf der Profilberandung und der gestrichelt dargestellten Trennlinie der beiden Ablösewirbel. In Bild 2.2 kennzeichnet die Stromlinie $\Psi_0 = 0{,}0$ die Berandung des Ablösegebiets. Die in der Literatur für diese Ablöseform häufig anzutreffende Bezeichnung "offene Ablösung" ist unter diesem Gesichtspunkt nicht korrekt. Experimentell ermittelte Stromlinienverläufe in Ablösebereichen ebener Zylindermodelle unterschiedlicher Geometrie werden in der Arbeit von Leder (1983) ausführlich diskutiert.

Neben der Bezeichnung "Ablösegebiet" können die Begriffe "Ablösebereich" und "Totwasser" gleichwertig verwendet werden. Der letztgenannte Begriff birgt in sich allerdings die Gefahr von Fehlinterpretationen. Ablösebereiche enthalten kein ruhiges oder "totes" Fluid, in ihnen treten in der Regel vielmehr turbulente Strömungsstrukturen auf, die mit der Außenströmung in Wechselwirkung treten. Das Wort "tot" bezieht sich auf den Sachverhalt, daß von der "gesunden" Hauptströmung sich ein Bereich mit erhöhter Energiedissipation abtrennt.

– **Strömungsablösung bei mitbewegter Wandung**

Die klassischen Vorstellungen versagen bei der Beschreibung von Ablösungen, die unter Mitwirkung bewegter Wände entstehen. In diesen Fällen sind Ablösestellen nicht an Wandungen fixiert, sie können auch im Strömungsfeld liegen, s. Bild 3.1c. Nach der von Telionis (1981) erläuterten Definition, sie geht auf Moore, Rott und Sears (MRS) zurück, beginnt die Ablösung an Strömungsstellen mit:

$$\frac{\partial u}{\partial y} = 0 \quad \text{bei } u = 0 \ . \tag{3.4}$$

– **Strömungsabriß**

Wendet man die Definitionen zur Festlegung der Ablösestelle bei der Umströmung von Körpern strikt an, so gerät man bei scharfkantigen Modellen in Verlegenheit.

In Bild 3.2 sind die Verhältnisse für Körper mit stetiger und mit scharfkantiger Oberflächenkrümmung dargestellt. Betrachtet man zunächst links im Bild die Umströmung der Kugel oder des Kreiszylinders, so tritt für Re-Zahlen im Bereich von 10^3 bis 10^5 bei dem Umfangswinkel $\beta \approx 82°$ eine Ablösung auf. An der Stelle S in Bild 3.2a mündet die Wandtangente des Geschwindigkeitsprofils in Normalenrichtung n ein. In diesem Fall kann nach Gleichung (3.4) der Beginn des Ablösebereichs definiert werden. In Übereinstimmung mit den von Prandtl formulierten Ablösebedingungen liegt die Ablösestelle in einem Gebiet mit positivem Druckgradienten. Die Skizzen in Bild 3.2b verdeutlichen die Druckverläufe entlang den Modellkonturen und den Symmetrieachsen der Strömungsfelder hinter den Körpern. Der dimensionslose Druckbeiwert c_p ist in Ordinatenrichtung aufgetragen. Im Staupunkt ist der Druck maximal, der Druckbeiwert erreicht an dieser Stelle den Wert $c_p = 1{,}0$. Längs der Wandung fällt der Druck ab. Im Totwasser ist ein Unterdruck vorhanden, c_p ist somit negativ. Stromab der Ablösung bzw. der Abrißstelle erreicht der Druck innerhalb des Totwassers ein absolutes Minimum.

Bei der Umströmung von Keilzylindern und Kegeln nach Bild 3.2a, rechts im Bild, bleibt dagegen die Wandschubspannung τ_w und entsprechend die Ableitung des Geschwindigkeitsprofils an der Wand immer größer als Null. Weiterhin ist nach Abb. 3.2b

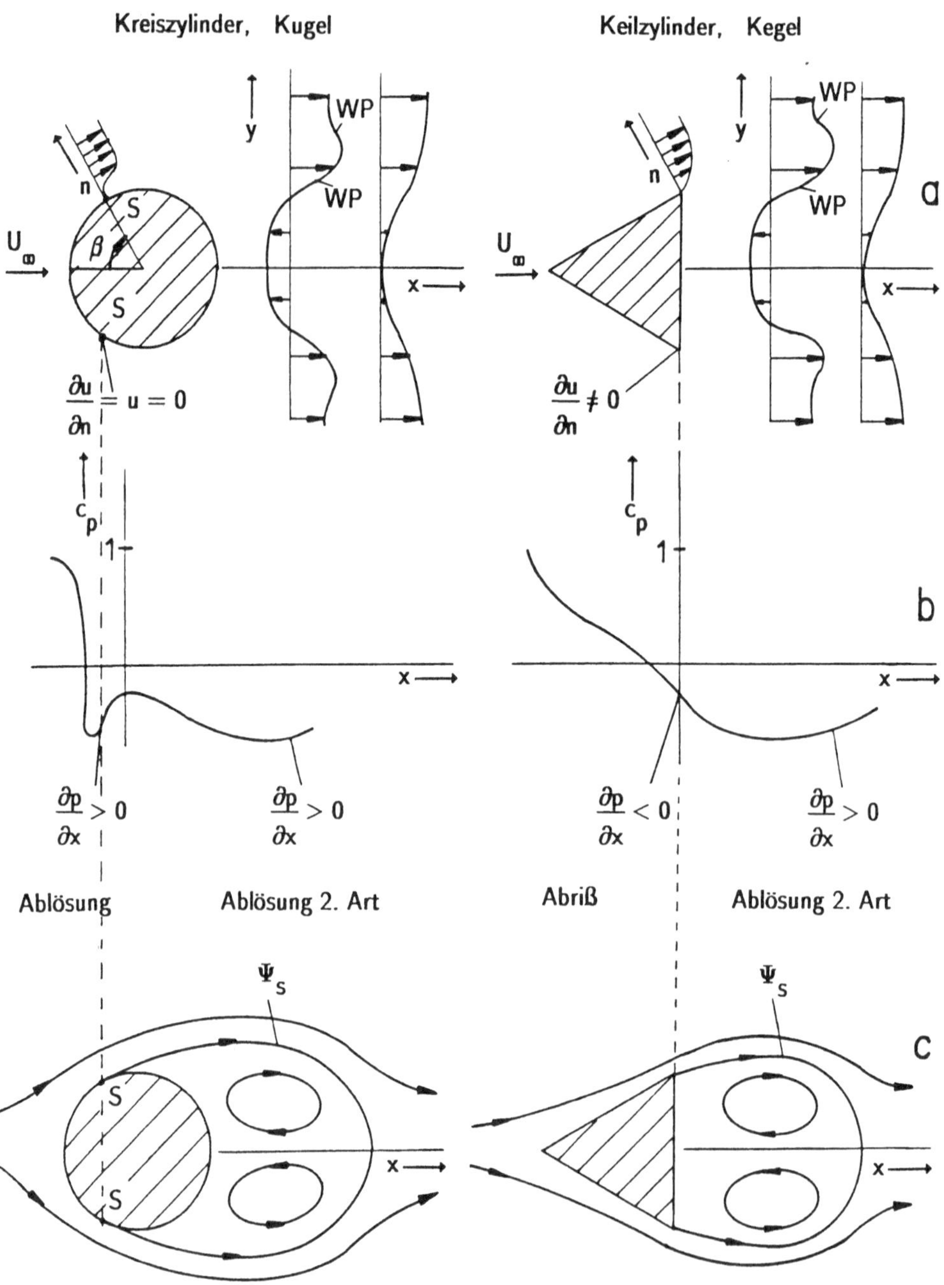

Bild 3.2: a) Geschwindigkeitsprofile, b) Druckverlauf und c) Stromlinien in Ablösegebieten.

der Druckgradient an der Basiskante $\partial p/\partial x < 0$. Die Bedingungen für eine Strömungsablösung sind also nicht erfüllt. Der Vorgang, bei dem das Fluid die Berandung aufgrund einer starken Oberflächenkrümmung oder einer Unstetigkeit in der Körpergeometrie verläßt, soll "Strömungsabriß" genannt werden.

Sowohl nach dem Abreißen als auch nach der Ablösung entstehen auf den Leeseiten umströmter stumpfer Körper Geschwindigkeitsprofile mit Rückströmanteilen. Da in beiden Fällen ähnliche Rezirkulationsströmungen zu beobachten sind, kann auch für das Gebiet nach einem Strömungsabriß die einheitliche Bezeichnung "Ablösegebiet" Verwendung finden.

– **Strömungsablösung zweiter Art**

Bei beiden in Bild 3.2 dargestellten Konfigurationen bilden sich im Übergangsbereich von der Rückströmung auf die Außenströmung Geschwindigkeitsprofile aus, die zwei Wendepunkte WP enthalten, s. Bildteile a. Sie entstehen durch eine Übergeschwindigkeit $U > U_\infty$ aufgrund der Beschleunigung der Außenströmung entlang der als fiktive Verdrängungskontur aufzufassenden Berandung Ψ_S des Ablösegebiets, s. Bild 3.2c.

Bereits Walz (1940) erkannte, daß ein Ablösegebiet, ähnlich einer festen Berandung, die Außenströmung verdrängt und sich dabei wie eine "Windfahne" ausrichtet. Naumann (1953) stellte dies auch bei Experimenten an Kugeln fest: bei sehr hohen Anströmgeschwindigkeiten kann die Stömung vor Erreichen der größten Modell-Querausdehnung die Schallgeschwindigkeit überschreiten. Der Abschluß des Überschallgebietes erfolgt dann stromab durch einen Verdichtungsstoß, der in Verbindung mit der Oberflächenkrümmung der Kugel zur Ablösung führt. Mit zunehmender Geschwindigkeit wandert der Verdichtungsstoß über die Kugeloberfläche hinweg stromab, entlang der wie eine feste Wandung wirkenden Totwasserberandung. Mit zunehmender Intensität des Stoßes wächst der Kugelwiderstand an.

Geschwindigkeitsprofile mit Wendepunkten zeigen instabiles Verhalten. Dies gilt insbesondere für Strömungen in Ablösegebieten. In dem Bereich stromab der größten Querausdehnung des Rezirkulationsgebiets ist der Druckgradient $\partial p/\partial x > 0$, s. Bild 3.2b. Hier tritt nun aufgrund von Wechselwirkungsmechanismen zwischen den sich ablösenden Scherschichten ein weiterer Ablösevorgang auf. Er äußert sich durch instationäre Strömungsfeldbewegungen mit einer dominanten Frequenz und in der Bildung großräumiger kohärenter Wirbelstrukturen. Zur Unterscheidung von den bereits erläuterten klassischen Ablösevorgängen soll dieser Prozeß als "Strömungsablösung zweiter Art" bezeichnet werden. Die Kriterien für eine Ablösung zweiter Art leiten sich aus experimentell gewonnenen Daten umfangreicher Untersuchungen an abgelösten Strömungen ab. Sie werden folgendermaßen postuliert:

- zweifacher Wendepunkt im Geschwindigkeitsprofil : $\partial^2 u / \partial y^2 = 0$,
- positiver Druckgradient in Strömungsrichtung : $\partial p / \partial x > 0$,
- reibungsbehaftetes Fluid : $\nu \neq 0$ und
- ein Wechselwirkungsvorgang zwischen den sich ablösenden Scherschichten.

Die Ablösestelle befindet sich, ähnlich wie im Fall der mitbewegten Wand, innerhalb des Strömungsfeldes. Die Ablösung zweiter Art ist in dem Bereich verzögerter Strömung, am hinteren Ende des Ablösegebiets, zu beobachten. Bei dieser Ablöseerscheinung trennen sich in periodischer Folge großräumige Wirbelstrukturen von dem Totwasser ab.

– **Nachlaufbereich**

An das Rückströmgebiet schließt sich der Nachlaufbereich (engl.: "wake") an. In ihm verläuft die Strömung im zeitlichen Mittel in Richtung der Hauptströmung. Bei hohen Re-Zahlen ($Re > 10^3$) treten im Nachlauf turbulente Strömungsfeldbewegungen auf, denen nach einer Ablösung zweiter Art zusätzliche periodische Anteile überlagert sind. Kapitel 9 diskutiert experimentelle Ergebnisse von Untersuchungen in turbulenten Nachläufen mit quasiharmonischen Strömungsbewegungen.

3.2 Strömungsabläufe in freien Scherschichten

Nach einer Ablösung oder einem Strömungsabriß bildet sich im Strömungsfeld eine freie Scherschicht aus. Ihre Entwicklung beeinflußt die Ausbildung des Ablösegebiets und die darin ablaufenden dissipativen Vorgänge ganz maßgeblich. Die folgenden Ausführungen sollen verdeutlichen, daß die Scherschichtentwicklung nahezu unabhängig von dem um- oder durchströmten Gebilde ist und nach einheitlichen physikalischen Prinzipien verläuft. Für die Analogie-Betrachtungen können natürlich keine strengen Maßstäbe angelegt werden. So treten insbesondere im Ausbreitungsverhalten und in der Turbulenzstruktur Abweichungen auf, die u.a. auf Geometrieeinflüsse zurückführbar sind. Die Kapitel 6 und 7 gehen näher auf diese Gesichtspunkte ein.

Elementare Vorgänge in freien Scherschichten können in einfacher Weise an Freistrahlen untersucht werden: bei der Durchströmung einer Düse bildet sich infolge der

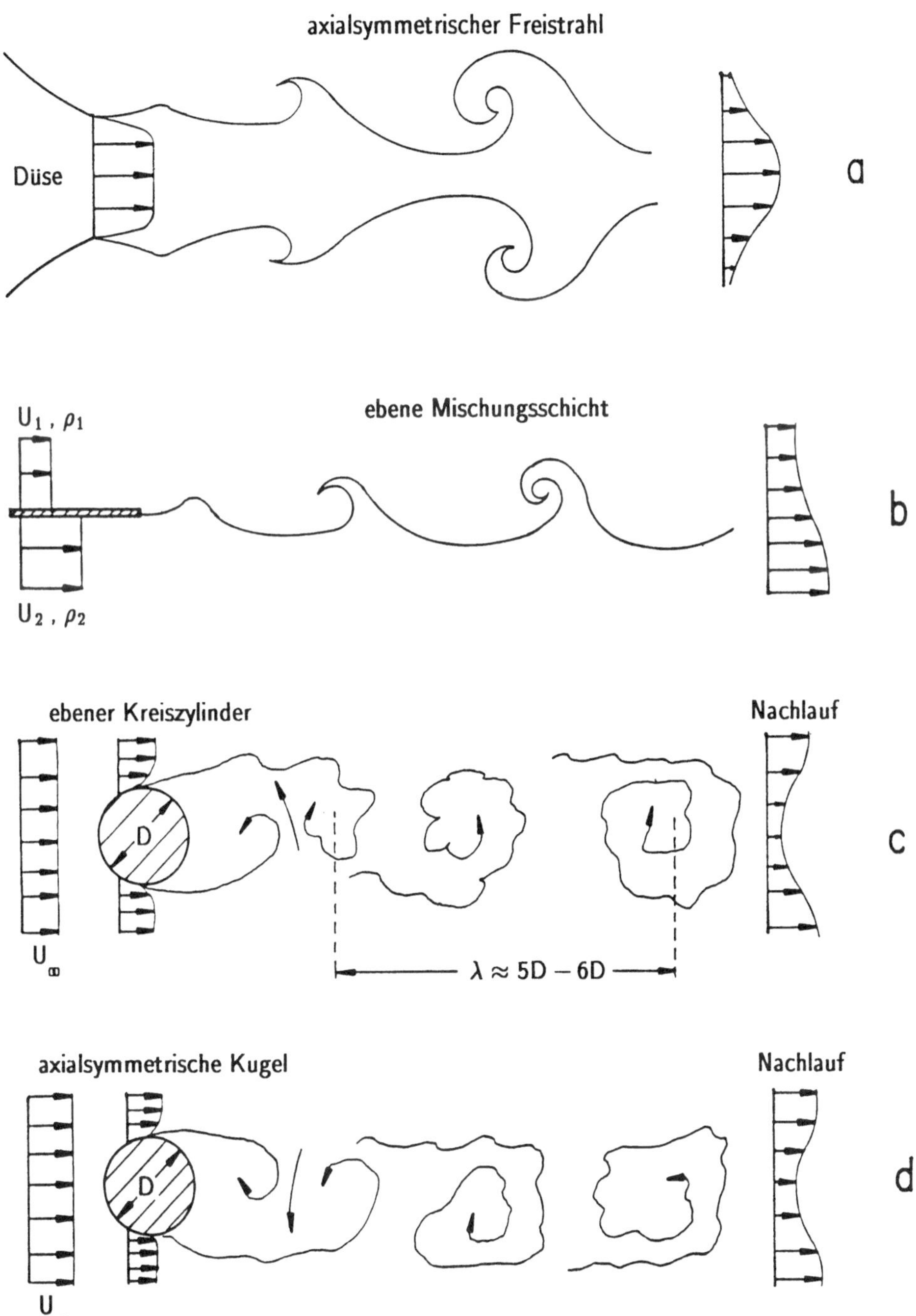

Bild 3.3: Kohärente Strukturen in Scherschichtströmungen, hervorgerufen durch Scherschichtinstabilitäten a) im axialsymmetrischen Freistrahl und b) in der ebenen Mischungsschicht sowie durch Ablösungen zweiter Art c) am ebenen Kreiszylinder und d) an der axialsymmetrischen Kugel.

Fluidreibung eine Wandgrenzschicht aus. Am Düsenaustritt reißt die Strömung von der Wandung ab und tritt in eine Umgebung mit gleichem Medium ein. Die freie Scherschicht entsteht dabei an der Berandung des Freistrahls, s. Bild 3.3a.

Bereits Helmholtz (1868) erkannte, daß freie Scherschichten instabil sind. Bei einer akustischen Anregung oder unter der Einwirkung natürlich vorhandener Störungen rollt sich der Freistrahlrand zu Wirbeln auf. Schade und Michalke (1962) erläuterten den Aufrollvorgang der freien Scherschicht. Sie ersetzten den Freistrahlrand durch eine Reihe diskreter Einzelwirbel, in denen die Zirkulation aus der Grenzschicht-Vorgeschichte enthalten ist. Wird die Wirbelreihe durch eine Störung in Form einer schwachen Wellung ausgelenkt, so verstärkt sich diese Auslenkung unter den Induktionswirkungen der Einzelwirbel kontinuierlich, woraus dann letztlich die Aufrollung der Scherschicht resultiert.

Grundlegende Untersuchungen an Freistrahlen gehen auf Wille (1963) zurück. Die Experimente von Parekh und Reynolds (1987) zeigen, daß akustische Anregungen, aufgrund des instabilen Verhaltens freier Scherschichten, komplexe Wirbelstrukturen hervorrufen, die das Ausbreitungsverhalten von Freistrahlen drastisch beeinflussen.

Mathematische Modelle wurden auf der Basis der Orr-Sommerfeld-Gleichung entwickelt. Sie gestatten die Berechnung des Anfachungsverhaltens periodischer Instabilitätswellen. Stabilitätsrechnungen an Scherschichten führten u.a. Rosenhead (1931), Hama und Burke (1960), Michalke (1965) und Koch (1985) aus. Man stellt zwei grundlegende Mechanismen fest, die sich durch ihr räumliches und zeitliches Ausbreitungsverhalten unterscheiden:

- konvektive Instabilität und
- absolute Instabilität.

Bei konvektiver Instabilität wächst eine kleine Störung anfänglich exponentiell mit der Zeit an und bewegt sich dabei mit dem Strömungsfeld von dem Entstehungsort weg. Sie klingt schließlich wieder ab und hinterläßt am Anregungsort keine Störung. Eine absolute Instabilität breitet sich dagegen mit fortschreitender Zeit im gesamten Raum aus, also auch stromauf. Im Gegensatz zur konvektiv instabilen Strömung muß zur Aufrechterhaltung der Störung keine permanente Erregerquelle vorhanden sein. In diesem Fall tritt also eine Eigenerregung auf. Die Ergebnisse von Koch (1985) weisen darauf hin, daß Ablösebereiche als Gebiete mit absoluter Instabilität anzusehen sind, der ferne Nachlauf ist dagegen konvektiv instabil.

Ähnliche Vorgänge wie an Freistrahlen treten auch bei ebenen Mischungsschichten auf. An der Trennfläche zweier ebener Strahlen, die sich mit unterschiedlichen Geschwindigkeiten ausbreiten und auch unterschiedliche Fluiddichten aufweisen können, bilden sich aufgrund des instabilen Zustands Wirbelstrukturen aus, s. Bild 3.3b. Roshko (1976) stellte fest, daß die Wellenlänge der Instabilität proportional zur Dicke der freien Scherschicht ist.

Der charakteristische Aufrollmechanismus freier Scherschichten tritt auch bei der Umströmung von Körpern an der Totwasserberandung auf. Bild 3.4 zeigt drei Beispiele für das Auftreten von derartigen Helmholtz-Instabilitäten zweidimensionaler Anordnungen.

Die Visualisierungen 3.4a und 3.4b zeigen den Aufrollvorgang bei der axialsymmetrischen Umströmung eines 50°-Kegels bzw. einer ebenen Scheibe bei $Re = 1 \cdot 10^4$. Die Anströmung erfolgt von links nach rechts. In beiden Fällen erkennt man nach dem Strömungsabriß axialsymmetrische Instabilitätswellen. Mit wachsender Entfernung von der Abrißstelle treten sie bei fortschreitender Aufrollung deutlich in Erscheinung, s. auch Farbtafel 2 im Anhang. Die Wellenlänge λ liegt in der Größenordnung von 0,3D, wobei D der Basisdurchmesser der Modelle ist. Da sich λ als Quotient aus Geschwindigkeit U und Frequenz f darstellen läßt, erhält man für die Frequenz der Instabilitätswelle nach Gleichung (2.1) eine Strouhal-Zahl von $Str \approx 3{,}0$. Damit liegt die Frequenz der Eigeninstabilität der freien Scherschicht um mehr als eine Größenordnung oberhalb der in Nachläufen umströmter Körper auftretenden periodischen Strömungsfeldbewegungen. Nach den Ausführungen in den Kapiteln 2.1 und 2.4 liegt die Strouhal-Zahl für einen Ablösevorgang 2. Art in der Größenordnung von $Str \approx 0{,}2$.

Um einen Vergleich der Instabilitäts-Frequenzen von Scherschichten unterschiedlichen Ursprungs vornehmen zu können, muß zur Bestimmung der Strouhal-Zahl nach Gleichung (2.1) ein physikalisch sinnvolles Längenmaß ausgewählt werden. Statt des Modell- und Düsendurchmessers D ist die Verdrängungsdicke δ_1 der Grenzschicht an der Abrißstelle der physikalisch signifikante Parameter. Bildet man die Strouhal-Zahl in entsprechender Weise, so erhält man für die Freistrahl-Instabilität nach Messungen von Schade und Michalke (1962) den Wert von $Str = 0{,}023$. Da die Verdrängungsdicke an der Kegelhinterkante etwa 1% des Basisdurchmessers D ist, ergibt sich als Strouhal-Frequenz für die Instabilität bei der Kegelumströmung der Zahlenwert $Str \approx 0{,}03$. Die gute Übereinstimmung der Kennzahlen für die dynamischen Vorgänge bei diesen sehr unterschiedlichen Strömungsanordnungen weist auf generelle Ähnlichkeiten der Instabilitätsmechanismen freier Scherschichten hin.

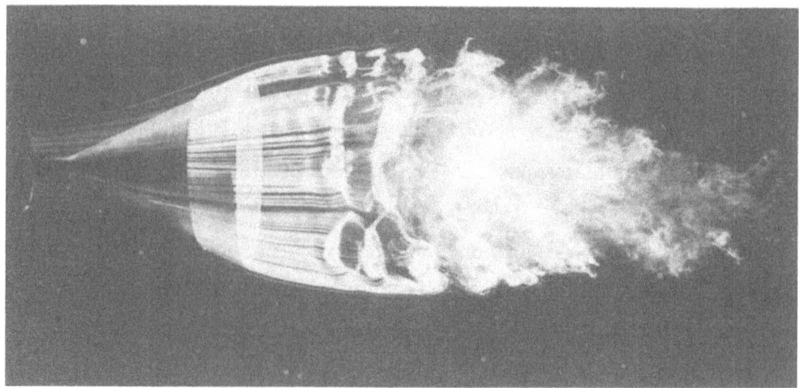

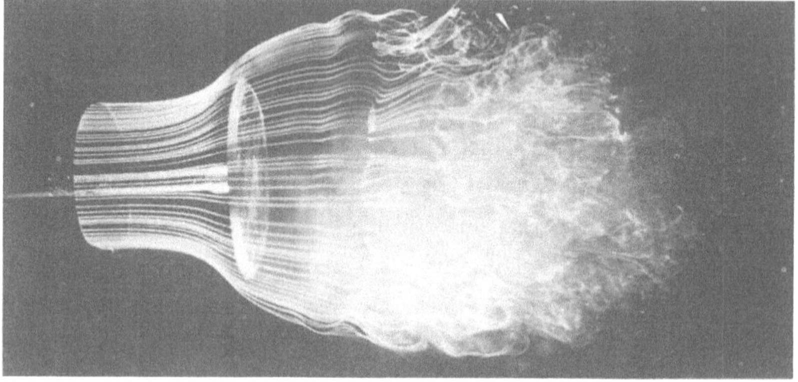

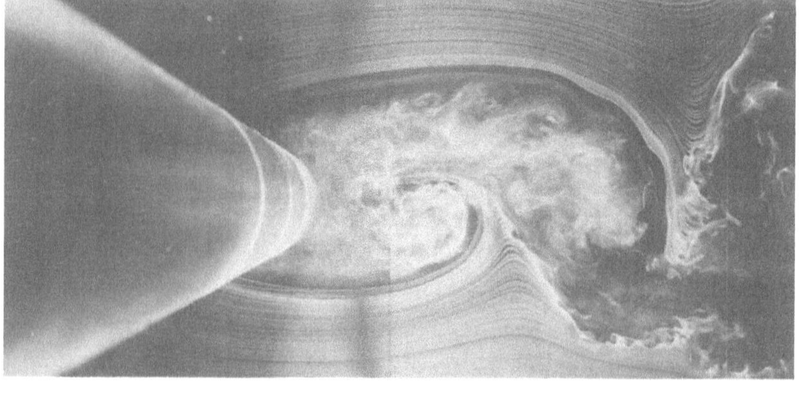

Bild 3.4: Visualisierung von Scherschichtinstabilitäten bei axialsymmetrischer a) Kegelumströmung und b) Scheibenumströmung sowie c) bei ebener Zylinderumströmung (s. Farbtafel 2 im Anhang).

Nach der Ausbildung von etwa zwei Instabilitätswellen beobachtet man in den Teilbildern 3.4a und 3.4b einen Zerfallsprozeß der Ringwirbel. In der Ringstruktur tritt eine Wellung auf, die Strömung wird dreidimensional und geht in den turbulenten Zustand über.

Auch bei der ebenen Umströmung eines Kreiszylinders, Bild 3.4c, enstehen in der freien Scherschicht nach der Strömungsablösung Helmholtz-Instabilitäten. Die Anströmung erfolgt mit einer Reynolds-Zahl von $Re = 7 \cdot 10^3$ wiederum von links nach rechts, das rote Zylindermodell ist, in einer perspektivischen Sicht, am linken Bildrand zu erkennen. Die sich in diesem Fall ausbildenden freien Scherschichten befinden sich zwischen der mit weißem Rauch markierten Außenströmung und der mit gelbem Rauch eingefärbten Rezirkulationsströmung, s. Farbtafel 2 im Anhang. Rechts von der Bildmitte ist in der oberen Scherschicht eine regelmäßige Wellung zu erkennen, die sowohl im weiß wie im gelb gekennzeichneten Fluidmaterial auftritt. Im Gegensatz zur ringförmigen Struktur bei axialsymmetrischen Modellen entstehen in diesem Fall ebene Instabilitätswellen, deren Achsen senkrecht zur Bildebene und parallel zur Zylinderachse verlaufen. Die Fotogafie verdeutlicht, daß die aus dem Totwasser sich ablösende Wirbelstruktur mehrere Instabilitätswellen einbezieht. Durch Zerfallsprozesse liefern sie einen Beitrag zu den dreidimensionalen, mikroturbulenten Bewegungen innerhalb der großräumigen Wirbelstrukturen. Der Aufrollvorgang der Instabilitäten konnte bereits in Bild 2.1b bei der Reynolds-Zahl $Re = 1 \cdot 10^4$ für die Tragflügelumströmung festgestellt werden.

Schiller und Linke (1933) entdeckten, daß in dem Reynolds-Zahl-Bereich von 10^3 bis 10^4 deutliche Änderungen in den Ausdehnungen der Ablösebereiche von Kreiszylindern auftreten. Mit wachsender Reynolds-Zahl sinkt die Totwasserlänge. Sie führten dieses Verhalten auf den Zustand der Scherschicht zurück. Mit zunehmender Reynolds-Zahl wandert der Ort des laminar-turbulenten Umschlags in Richtung der Ablösestelle. Messungen von Gerrard (1965) an freien Scherschichten von Kreiszylindern bestätigten diese Erkenntnisse. Auch die von Unal und Rockwell (1987, 1988) ausgeführten Untersuchungen verdeutlichen den Einfluß des Stabilitätsverhaltens auf die Ausdehnung des Ablösebereichs: mit wachsender Schwankungsamplitude der Geschwindigkeitskomponente u in der Scherschicht reduziert sich die Totwasserlänge.

Die Untersuchungen von Eaton und Johnston (1981) sowie Kottke (1983) stellten ebenfalls die Bedeutung des Scherschichtzustands für die Größe des Ablösebereichs heraus. Sie betrachteten die Überströmung einer Stufe, bei der sich eine einzelne freie Scherschicht ausbildet. Die Meßergebnisse zeigten, daß bei der Scherschichtentwicklung drei Fälle zu unterscheiden sind:

- laminarer,
- transitionaler und
- turbulenter Zustand der freien Scherschicht.

Die Zustände sind jeweils durch einen Übergangsbereich voneinander getrennt. Der laminare Fall tritt nur bei geringen Reynolds-Zahlen auf. Bezieht man die Kennzahl auf die Modellabmessung, beispielweise auf die Stufenhöhe oder den Zylinderdurchmesser, so ist eine laminare Scherschichtströmung für $Re < 10^3$ zu erwarten. Im transitionalen Fall, im Reynolds-Zahl-Bereich von etwa 10^3 bis 10^4, schließt sich der anfänglich laminaren Scherschicht ein turbulenter Abschnitt an. Die Visualisierungen in Bild 3.4 stellen den transitionalen Zustand mit dem laminar-turbulenten Umschlag dar.

Oberhalb von $Re > 10^4$ nimmt der laminare Anteil stark ab, die freie Scherschicht erhält einen dominanten turbulenten Charakter. Kapitel 7.2 diskutiert experimentelle Ergebnisse hinsichtlich des Einflusses der Reynolds-Zahl auf die Längenausdehnung von Ablösegebieten. Der Zustand der Scherschicht tritt hierbei als wichtiger Parameter für die Strömungsstruktur von Ablösebereichen in Erscheinung.

3.3 Schema zur Klassifizierung von Strömungsablösungen

Neben dem Scherschichtzustand hat die geometrische Anordnung der ablösenden freien Scherschichten maßgeblichen Einfluß auf die Strömungsvorgänge in Ablösebereichen und Nachläufen.

Nach den Erkenntnissen von Kapitel 3.2 ist die Wellenlänge λ der Scherschichtinstabilitäten in erster Näherung unabhängig von der Körpergeometrie und proportional zur Verdrängungsdicke δ_1 der ablösenden Grenzschicht. Die Frequenz f der sich ausbreitenden Instabilität liegt somit in der Größenordnung:

$$f_{instab} \approx \frac{0{,}02 \cdot U_\infty}{\delta_1} \quad . \tag{3.5}$$

Nach einer Ablösung zweiter Art stellt man bei einer Anströmung mit unterkritischer Reynolds-Zahl, s. Abschnitt 8.1, im Nachlauf eine dominante Frequenz fest, die vielfach um mehr als eine Größenordnung geringer ist. Wie die Abschnitte 2.1 und 2.4 zeigen, läßt sie sich mit dem Abstand der freien Scherschichten oder, in guter

Näherung, mit der Modellabmessung D senkrecht zur Anströmung skalieren. Sie wird als Ablösefrequenz f_{abl} bezeichnet:

$$f_{abl} \approx \frac{0{,}2 \cdot U_\infty}{D} \quad . \tag{3.6}$$

Bereits Roshko (1955) hatte erkannt, daß im Nachlauf stumpfer Körper wie Kreis- und Keilzylinder eine universelle Strouhal-Zahl von Str = 0,16 auftritt, wenn als Längenmaß in Gleichung (2.1) die Nachlaufbreite eingeht.

Die Universalität weist auf einen fundamentalen Vorgang innerhalb der freien Scherschichten und der Rezirkulationsströmung hin, der als Wechselwirkungsmechanismus zu deuten ist. Bild 3.4c stellt eine Momentaufnahme des Ablaufs dar: kurz nach der Ablösung krümmen sich die Scherschichten aufgrund des Unterdrucks im Totwasser zur Symmetrieachse. Dadurch kommt es im hinteren Bereich des Ablösegebiets zu einem Entrainment von Fluidmaterial der Außenströmung in das turbulente Rezirkulationsgebiet. In der Folge treffen Fluidschichten des oberen und unteren Totwasserrandes aufeinander. Hierbei entsteht im Strömungsfeld ein Sattelpunkt, dessen Position sich zwischen der oberen und unteren Scherschicht periodisch verlagert. Die Umorientierung tritt immer dann auf, wenn die am Sattelpunkt umgelenkte Fluidschicht auf die gegenüberliegende Scherschicht trifft. Die Ablösefrequenz f_{abl} resultiert somit aus der Laufzeit des Fluids zur zweimaligen Durchquerung des Ablösegebiets. Nach Gleichung (3.6) liegt die Durchströmgeschwindigkeit in der Größenordnung von $0{,}4 \cdot U_\infty$. In Kapitel 9 werden die dynamischen Vorgänge im Ablösegebiet ausführlich behandelt.

Als Folge der Wechselwirkungen entstehen großräumige Wirbelstrukturen. Sie besitzen eine aus der Strouhal-Zahl ableitbare Wellenlänge λ von etwa fünf bis sechs Körperdurchmessern D, s. hierzu auch Bild 3.3c und die experimentellen Ergebnisse in Abschnitt 8.3. Durch konvektiven Transport gelangen sie in den Nachlauf und können dort ihre Identität gegen die Zähigkeitswirkungen des turbulent strömenden Fluids über eine Ausbreitungsstrecke von einigen Wellenlängen λ bewahren. Man bezeichnet die Wirbelanordnungen deshalb auch als "kohärente Strukturen".

In vielen Scherschichtströmungen können kohärente Strukturen festgestellt werden. Einige Beispiele sind in Bild 3.3 zusammengefaßt. Sie lassen sich auf Instabilitäts- und Wechselwirkungsmechanismen zurückführen. So analysierten u.a. Oler und Goldschmidt (1984) kohärente Strömungsstrukturen in ebenen Freistrahlen mittels der Hitzdrahttechnik.

Klasse a: einseitige Scherschichtentwicklung
bei laminarem, transitionalem oder turbulentem Scherschichtzustand

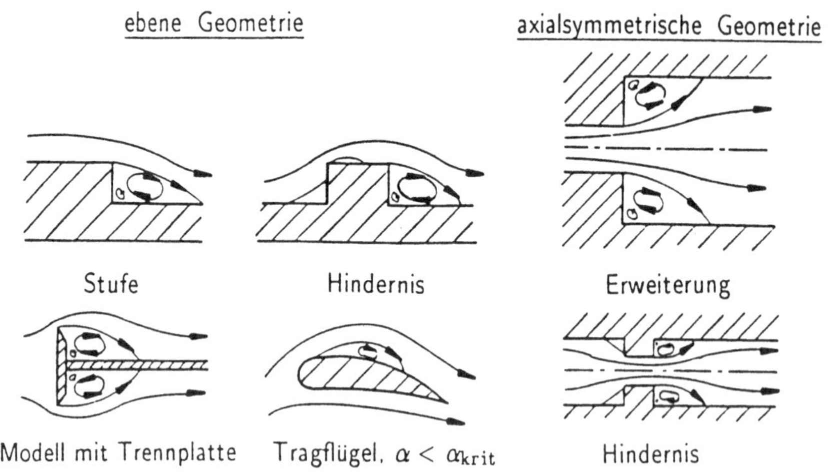

Klasse b: zweiseitige Scherschichtentwicklung mit WW
bei laminarem, transitionalem oder turbulentem Scherschichtzustand

Klasse c: axialsymmetrische Scherschichtentwicklung mit WW
bei laminarem, transitionalem oder turbulentem Scherschichtzustand

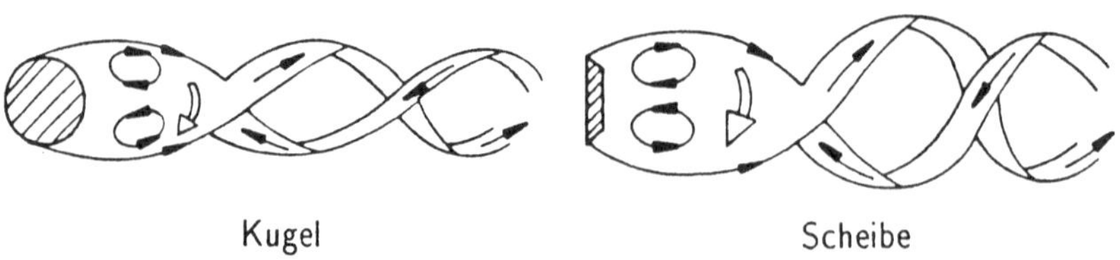

Bild 3.5: Schema zur Klassifizierung abgelöster Strömungen.

Aus den Gleichungen (3.5) und (3.6) geht hervor, daß bei einer Verdrängungsdicke δ_1 in der Größenordnung von 0,1D beide Frequenzen zusammenfallen. In diesem Fall ist eine ausgeprägte Periodizität im Nachlauf zu erwarten.

Bei der Klassifizierung von Strömungsablösungen ist neben der von Eaton und Johnston (1981) sowie Kottke (1983) eingeführten Stabilitätsbetrachtung die geometrische Anordnung der freien Scherschichten zu berücksichtigen. Bild 3.5 zeigt das Schema für zweidimensionale Strömungen. Das Prinzip läßt sich auch auf dreidimensionale Fälle übertragen, wenn durch künftige Forschungsarbeiten detailliertere Informationen verfügbar sind.

Zweidimensionale Ablösegebiete lassen sich bei einer scherschichtorientierten Betrachtung in drei Hauptklassen unterteilen:

- **Klasse a**: einseitige Scherschichtentwicklung mit einer wiederanlegenden Scherschicht,
- **Klasse b**: zweiseitige Scherschichtentwicklungen mit Wechselwirkungen und
- **Klasse c**: axialsymmetrische Scherschichtentwicklung mit Wechselwirkungen.

Innerhalb jeder Klasse bilden sich ähnliche Strömungsverläufe in den Ablösegebieten aus, während allerdings zwischen den Klassen deutliche Unterschiede auftreten. So sind u.a. eine deutlich ausgeprägte Ablösefrequenz f_{abl} und ein Anstieg der Terme des Reynoldsschen Spannungstensors um eine Größenordnung zu erwarten, wenn die Ablösung nach Klasse a in eine Ablösung nach Fall b übergeht. In Klasse c sind die Amplituden der periodischen Schwankungsterme um eine Größenordnung geringer als bei der zweiseitigen Scherschichtentwicklung der Klasse b. In den Kapiteln 6 und 9 werden nähere Angaben zu den charakteristischen Amplituden der Schwankungsbewegungen in den drei Ablöseklassen gemacht.

Nach Bild 3.5 bilden Ablösegebiete, die durch feste Wandungen und eine einzelne, sich wieder anlegende Scherschicht berandet sind, eine gemeinsame Klasse. Innerhalb dieser Strömungsklasse sind drei Gruppen nach dem Scherschichtzustand - mit laminarem, transitionalem oder turbulentem Charakter - zu unterscheiden. Zweidimensionale Strömungen lassen sich noch in zwei Untergruppen mit ebener und axialsymmetrischer Scherschichtentwicklung unterteilen. Die als weniger gravierend anzusehenden Unterschiede der Totwasserströmungen zwischen den einzelnen Untergruppen lassen sich u.a. auf einen Geometrieeinfluß zurückführen. Abschnitt 7.1 geht ausführlich darauf ein.

In den Ecken der Ablösegebiete bei Klasse a sind in den Skizzen von Bild 3.5 kleine

Wirbel angedeutet. Sie entstehen aufgrund von Sekundärablösungen, wobei in dem rezirkulierenden Fluid aufgrund des positiven Druckgradienten in Modellnähe eine weitere Ablösung auftritt. Gegenüber den Primärablösungen weisen sie einen gegenläufigen Drehsinn auf.

Bei dem Modell mit Trennplatte nach Bild 3.5 entwickeln sich im Strömungsfeld zwar zwei Scherschichten, aufgrund der Trennplatte kann jedoch kein Wechselwirkungsfeld zwischen ihnen entstehen. Die Ablösebereiche auf der Leeseite des Modells sind daher als zwei getrennte Rezirkulationsgebiete mit jeweils einer sich einseitig entwickelnden Scherschicht nach Klasse a aufzufassen. Entfernt man die Trennplatte, entsteht ein Ablösegebiet nach Klasse b mit einer markanten Ablösefrequenz und deutlich erhöhter Energiedissipation. Der Widerstandsbeiwert c_w steigt durch diese Maßnahme um etwa 100% an, s. die weiterführenden Erläuterungen in Kapitel 10. Neben dem c_w-Wert ändert sich beispielsweise auch das Wärmeübertragungs-Verhalten signifikant. Sparrow, Molki und Chastain (1981) führten Experimente mit senkrecht angestellten ebenen Platten in einer Kanalströmung durch. Sie stellten fest, daß sich der Koeffizient für die Wärmeübertragung und der Stoffaustausch-Koeffizient verdoppeln, wenn die Platte von der Wandung zur Mitte des Kanals verschoben wird, die Scherschichtausbildung sich also von Klasse a nach Klasse b ändert.

Die Experimente mit Totwasser-Trennplatten von Roshko (1954) und Leder (1985) verdeutlichen die Unterschiede zwischen den beiden Strömungsklassen. Die Ergebnisse weisen auf die große Bedeutung der Wechselwirkung zwischen den Scherschichten für die Entwicklung der Strömungsstruktur in Ablösegebieten hin. Die Ergebnisse der Laser-Doppler-Messungen zeigten weiterhin, daß in der von Modell und Trennplatte gebildeten Ecke eine Sekundärablösung auftritt. Sie wird durch den für die Rückströmung ansteigenden Druck in Modellnähe hervorgerufen, s. Bild 3.2b.

Bilden sich die Scherschichten bei einer Ablösung nach Klasse b im zeitlichen Mittel asymmetrisch aus, wie beispielsweise am Tragflügel in Bild 3.5, nimmt der Impuls in der von der Hinterkante ausgehenden Scherschicht ab, wodurch auch die Intensität der Wechselwirkung abnimmt. Die Sattelpunkte in der Scherschichtströmung prägen sich mit abnehmendem Anstellwinkel daher schwächer aus, wodurch sowohl die Turbulenzintensitäten als auch der Widerstandsbeiwert c_w sinken. Abschnitt 7.1 geht auf systematische Verhaltensweisen abgelöster Strömungen bei asymmetrischer Anströmung ein.

Bei experimentellen Untersuchungen ebener Anordnungen nach Klasse a und b in offenen Meßstrecken kann die seitliche Umströmung der Modellenden durch die Anordnung von Endscheiben vermieden werden. Nach Untersuchungen von Leder (1983) kann die Strömung im Mittelschnitt dann als lokal zweidimensional aufgefaßt werden.

Die axialsymmetrische Scherschichtentwicklung nach Klasse c zeichnet sich durch die Bildung kohärenter Strukturen in Form von Helixwirbeln aus. Die Unterschiede zu den beiden anderen Ablöseklassen sind ferner in der Größenordnung der Terme des Reynoldsschen Spannungstensors zu sehen. Der experimentelle Nachweis für die in axialsymmetrischen Nachläufen entstehenden Helixwirbel erfolgt mit Hilfe der Laser-Doppler-Anemometrie in Abschnitt 8.2 und in Kapitel 9.

4 Theoretische Grundlagen

In der Ingenieurpraxis sind Berechnungsverfahren zur Lösung technischer Aufgabenstellungen unentbehrlich. Grundsätzlich lassen sich bei numerischen Behandlungen strömungsmechanischer Problemstellungen zwei Vorgehensweisen unterscheiden:

- a) die direkte numerische Simulation und
- b) die Lösung vereinfachter Grundgleichungen.

Im ersten Fall werden die dreidimensionalen, zeitabhängigen Navier-Stokes-Gleichungen unter den von den Aufgabenstellungen abhängigen Anfangs- und Randbedingungen gelöst. Probleme ergeben sich bei turbulenten Fluidbewegungen. Bei der Simulation stochastischer Fluidbewegungen steigt der Rechenaufwand drastisch an. Da in der Mehrzahl der technischen Anwendungsfälle die Reynolds-Zahl in einem Bereich oberhalb von $Re > 10^3$ liegt, treten turbulente Strömungsvorgänge dominant in Erscheinung. Die Anwendbarkeit von Methode (a) zur Lösung technischer Aufgabenstellungen bleibt daher gegenwärtig weitgehend auf laminare Strömungsabläufe begrenzt.

Erste Erfolge mit direkten numerischen Simulationen sind an einfachen Geometrien zu verzeichnen. Gilbert (1988) berechnete für eine ebene Kanalströmung den gesamten Transitionsprozeß von dem laminaren in den vollturbulenten Zustand mit einer Auflösung von 128^3 Gitterpunkten. Er verwendete die dreidimensionalen, inkompressiblen und zeitabhängigen Navier-Stokes-Gleichungen, die ohne Turbulenzmodell gelöst wurden. Spalart (1988) führte ähnliche Rechnungen an einer turbulenten Plattengrenzschicht mit 10^7 Gitterpunkten aus.

Die direkten Lösungsverfahren versagen bei technisch relevanten Strömungen, da die Dissipationsprozesse in mikroskopisch kleinen Turbulenzelementen ablaufen. In dem Mikroskalen-Bereich setzt sich ein Teil der Fluidenergie in Reibungswärme um. Die Gesamtheit dieser Vorgänge äußert sich makroskopisch im Strömungswiderstand. Er stellt ein integrales Maß für die zahllosen Dissipationsprozesse dar.

Zur rechentechnischen Erfassung mikroturbulenter Vorgänge müssen die Rechennetze der Feldmethoden das Strömungsfeld mit hoher Feinheit aufteilen. Damit sind Computer der heutigen und der allernächsten Generation sowohl hinsichtlich des

Speicherbedarfs als auch hinsichtlich der Rechengeschwindigkeit und Rechengenauigkeit bei numerischen Lösungen technischer Problemstellungen überfordert. Die auf Strömungsablösungen zurückgehenden Verluste werden sich somit auch in nächster Zukunft noch nicht mit rein theoretischen Methoden ermitteln lassen.

Da sich turbulente abgelöste Strömungen weitgehend einer direkten mathematischen Behandlung entziehen, andererseits aber für vielfältige Anwendungsfälle auch gegenwärtig ein großer Bedarf an numerischen Verfahren besteht, so unter anderem zur Optimierung von Energieumsetzungen in Strömungsmaschinen, Kolbenmaschinen und Feuerungsanlagen oder zur Minimierung des Widerstandes von Tragflügeln und Kraftfahrzeugen, stellt die Vorgehensweise nach Fall (b) gegenwärtig die einzige Alternative dar. Das zu bearbeitende Problem ist dann sowohl unter theoretischen als auch unter experimentellen Gesichtspunkten zu betrachten. In die Grundgleichungen fließen hierbei experimentell gefundene Gesetzmäßigkeiten ein, beispielsweise in Form sogenannter Turbulenzmodelle. Auf diesem Wege gelangt man zu halbempirischen Berechnungsmethoden. Von den Lösungen können dann allerdings nur Aussagen beschränkter Gültigkeit erwartet werden.

Abschnitt 4.1 erläutert das den Strömungstechnikern zur Verfügung stehende Gleichungssystem und geht auf Ansätze zur Schließung ein. In diesem Zusammenhang wird auf Unzulänglichkeiten aktueller Turbulenzmodelle hingewiesen. Nach allgemeinen Ausführungen zu den Begriffen "Turbulenz" und "Instationarität" in Abschnitt 4.2, werden in Abschnitt 4.3 die Grundgleichungen zur Behandlung periodisch-stochastischer Strömungsvorgänge besprochen.

4.1 Fundamentale Gleichungen der Strömungsmechanik

Die mathematische Behandlung von Strömungsvorgängen basiert auf den Erhaltungssätzen für den Impuls, die Masse und der Bilanzierung skalarer Größen wie beispielsweise der Temperatur. Ausführliche Herleitungen sind in dem Buch von Rotta (1972) enthalten. Die folgenden Ausführungen beschränken sich auf einphasige und isotherme Strömungen.

Für die Impulserhaltung ergeben sich drei nichtlineare Differentialgleichungen, die Navier-Stokes-Gleichungen mit den drei Komponenten des Geschwindigkeitsvektors U, darstellbar durch $U = (u, v, w)$ oder allgemein mit den Komponenten u_i in Koordinatenrichtung x_i mit: $i = 1, 2, 3$. Die Summation in einer Gleichung erfolgt über den Index j, wobei j von 1 bis 3 läuft:

$$\rho \cdot \frac{\partial u_i}{\partial t} + \rho \cdot u_j \cdot \frac{\partial u_i}{\partial x_j} = - \frac{\partial p}{\partial x_i} + \frac{\partial}{\partial x_j} \left(\mu \cdot \frac{\partial u_i}{\partial x_j} \right) . \tag{4.1}$$

Die Trägheitsterme auf den linken Seiten stehen mit den Druck- und Zähigkeitstermen der rechten Seiten im Gleichgewicht. Die Stoffeigenschaften des Fluids werden durch die Dichte ρ und die dynamische Zähigkeit μ berücksichtigt, p kennzeichnet den statischen Druck im Strömungsfeld. Aufgrund des in (4.1) gewählten Spannungsansatzes für die Zähigkeitsterme sind die Gleichungen auf Newtonsche Fluide beschränkt.

Die vierte Gleichung ist die Massenerhaltung oder Kontinuitätsgleichung. Im inkompressiblen Fall lautet sie:

$$\frac{\partial u_j}{\partial x_j} = 0 . \tag{4.2}$$

Die vier Unbekannten des nichtlinearen und gekoppelten Gleichungssystems sind die drei Komponenten u_i des Geschwindigkeitsvektors und der Druck p. Die Größen sind im allgemeinen orts- und zeitabhängig:

$$u_i = u_i\,(x,y,z,t) \ , \tag{4.3}$$

$$p = p\,(x,y,z,t) \ . \tag{4.4}$$

Die Gleichungen (4.1) und (4.2) sind deterministisch formuliert. Folglich existiert zu jedem Satz von Anfangs- und Randbedingungen genau eine Lösung. Da insbesondere bei turbulenten Strömungen gewisse Unbestimmtheiten auf dem Rand des Rechengebietes auftreten, müßten für die Gesamtheit der in Betracht kommenden Anfangs- und Randbedingungen die entsprechenden Lösungen ermittelt werden. Aussagefähige Ergebnisse erhielte man erst nach einer statistischen Behandlung der Lösungsmenge. Dies ist praktisch nicht durchführbar. Statt nun viele Lösungen in zeitaufwendigen Rechnungen zu ermitteln und daraus mit statistischen Methoden Aussagen abzuleiten, können statistische Formulierungen direkt auf die Grundgleichungen angewendet werden. Hierbei sind die zeitabhängigen Momentanwerte u_i und p durch ihre zeitlich gemittelten Werte $\overline{u}_i$ bzw. $\overline{p}$ und die entsprechenden Schwankungswerte u_i' bzw. p' zu ersetzen:

$$u_i = \overline{u}_i + u_i' \ , \tag{4.5}$$

$$p = \overline{p} + p' \ . \tag{4.6}$$

Führt man die Gleichungen (4.5) und (4.6) in die Grundgleichungen (4.1) und (4.2) ein, so ergeben sich aus den Navier-Stokes-Gleichungen die Reynoldsschen Gleichungen:

$$\rho\cdot\frac{\partial \bar{u}_i}{\partial t} + \rho\cdot\bar{u}_j\cdot\frac{\partial \bar{u}_i}{\partial x_j} = -\frac{\partial \bar{p}}{\partial x_i} + \frac{\partial}{\partial x_j}\left(\mu\cdot\frac{\partial \bar{u}_i}{\partial x_j} - \rho\cdot\overline{u_i'u_j'}\right) \tag{4.7}$$

und aus der Kontinuitätsgleichung der zeitlich gemittelte Erhaltungssatz für die Masse:

$$\frac{\partial \bar{u}_j}{\partial x_j} = 0 \ . \tag{4.8}$$

In dem Gleichungssystem (4.7) treten nun die Terme des Reynoldsschen Spannungstensors $\overline{u_i'u_j'}$ auf. Da er symmetrisch zur Hauptdiagonalen ist, enthält der Tensor sechs unbekannte Komponenten. Die physikalische Bedeutung der Terme ist in einem zusätzlichen Impulstransport aufgrund turbulenter Bewegungen zu sehen. Sie äußern sich in dem Fluid als Schub- und Normalspannungen.

Das Gleichungssystem ist nicht mehr geschlossen. Zur Lösung des nichtlinearen Differentialgleichungssystems werden Informationen über die Turbulenzstruktur des Strömungsfeldes benötigt, die in Form sogenannter Turbulenzmodelle auf der Basis empirischer Beziehungen berücksichtigt werden. Die theoretische Behandlung geht an dieser Stelle in eine "halbempirische" Berechnung über. In der Veröffentlichung von Rodi (1980) findet man eine Zusammenstellung häufig benutzter Turbulenzmodelle, die unter verschiedenen physikalischen Gesichtspunkten entwickelt wurden.

Hier wird nun die enge Verbindung zwischen theoretischer und experimenteller Strömungsforschung deutlich: um substantielle Fortschritte zu erreichen, müssen sich beide Methoden wechselseitig ergänzen. So werden für Weiterentwicklungen bei der Turbulenzmodellierung experimentell ermittelte Feldverteilungen der Geschwindigkeitskomponenten, des Druckes und von Korrelationstermen benötigt. Liegt kein isothermes Strömungsverhalten vor und treten chemische Reaktionen auf, beispielsweise bei Verbrennungsuntersuchungen, so müssen auch Kenntnisse über Temperatur- und Konzentrationsverteilungen im Strömungsfeld vorhanden sein. An die experimentellen Verfahren werden dabei hohe Anforderungen gestellt. Sie müssen genau sein und gute räumliche und zeitliche Auflösungsvermögen besitzen. Optische Techniken mit interferenzfreien Meßwertaufnehmern liefern dann einen wichtigen Beitrag zur Entwicklung und Verifizierung theoretischer Modellbetrachtungen. Kapitel 5 geht näher auf geeignete Meßverfahren ein.

Die Ermittlung der Korrelationsterme $\overline{u_i'u_j'}$ stellt das Hauptproblem bei der Berechnung turbulenter Strömungsfelder dar. Die meisten Turbulenzmodelle gehen von dem Wirbelviskositäts-Ansatz nach Boussinesq aus, siehe hierzu Hinze (1975). Er datiert aus dem Jahre 1877 und beruht auf der Annahme, daß die Reynoldsspannungen $\overline{u_i'u_j'}$ proportional zu einer skalaren Größe ν_t und den lokalen Geschwindigkeitsgradienten sind. Dies ist in Analogie zu laminaren Vorgängen zu sehen, bei denen die Austauschintensität von beispielsweise Impuls, Stoff oder Temperatur proportional zu deren mittleren Gradienten ist. Ist den stochastischen Bewegungen ein periodischer Anteil überlagert, ist die Aussage von Boussinesq auf "Mittelwerte bei konstanter Phase" zu beziehen. Dies wird durch spitze Klammern in Gleichung (4.9) ausgedrückt. Abschnitt 4.3 erläutert die Trennung periodischer und stochastischer Anteile durch eine phasengemittelte Betrachtung:

$$-\langle u_i'u_j'\rangle = \nu_t \left(\frac{\partial\langle u_i\rangle}{\partial x_j} + \frac{\partial\langle u_j\rangle}{\partial x_i}\right) - \frac{2}{3}\langle k\rangle\,\delta_{ij}\ . \tag{4.9}$$

Im Gegensatz zur molekularen Viskosität ν ist die turbulente Viskosität oder Wirbelviskosität ν_t keine Fluideigenschaft, sie hängt vielmehr von der Turbulenzstruktur des Strömungsfeldes ab und kann sich räumlich und zeitlich um Größenordnungen ändern. Aus dimensionsanalytischen Gründen ist ν_t proportional zu dem Produkt aus einem Geschwindigkeits- und Längenmaß der turbulenten Strömung. Physikalisch sinnvoll sind nur positive Werte. In Gleichung (4.9) taucht das Kronecker-Symbol δ_{ij} auf. Für $i = j$ hat es den Wert 1, für $i \neq j$ ist $\delta_{ij} = 0$. Die Turbulenzenergie k ergibt sich nach (4.10) aus der Summe der Normalspannungen:

$$\langle k\rangle = \frac{1}{2}\left(\langle u_1'^2\rangle + \langle u_2'^2\rangle + \langle u_3'^2\rangle \right). \tag{4.10}$$

Da der zweite Term der rechten Seite von Gleichung (4.9) wie ein Druck wirkt, kann der statische Druck p durch die Unbekannte $p + 2/3\cdot\langle k\rangle$ ersetzt werden. Das Problem zur Bestimmung der Schwankungsterme $\langle u_i'u_j'\rangle$ verlagert sich somit im wesentlichen auf die Ermittlung der turbulenten Viskosität ν_t. Die Berechnung der Verteilung von ν_t im Strömungsfeld erfolgt mit einem Turbulenzmodell. Eines der am häufigsten verwendeten Modelle ist das k-ϵ-Modell von Launder und Spalding (1974).

Hierbei ergibt sich die turbulente Viskosität aus der mittels Transportgleichungen berechneten Turbulenzenergie k und der Dissipationsrate ϵ:

$$\nu_t = \text{const.} \cdot \langle k \rangle^2 / \langle \epsilon \rangle \quad . \tag{4.11}$$

Schumann (1988) stellte fest, daß Berechnungen abgelöster Strömungen hinter ebenen Zylindern auf der Basis der k-ϵ-Modellierung versagen. Die Längenausdehnungen numerisch berechneter Rezirkulationsgebiete übersteigen experimentell ermittelte Ablöselängen um bis zu 100%, siehe u.a. Leder (1985). Schumann (1988) führte die Mängel auf den Boussinesq-Ansatz in Gleichung (4.9) zurück, der die Reynoldsspannungen an die Geschwindigkeitsgradienten des Strömungsfeldes und eine skalare Größe ν_t anbindet.

Aus den in Bild 4.1 dargestellten Ergebnissen von Laser-Doppler-Messungen geht hervor, daß der Ansatz in Gleichung (4.9) für Strömungen mit zweiseitiger Scherschichtentwicklung, siehe Abschnitt 3.3, nicht allgemeingültig ist. Mit $i = 1$ und $j = 2$ ($u_1 = u$; $u_2 = v$ sowie $x_1 = x$ und $x_2 = y$) ergibt sich für die turbulente Viskosität nach (4.9):

$$\nu_t = \frac{-\langle u'v' \rangle}{\partial \langle v \rangle / \partial x + \partial \langle u \rangle / \partial y} \quad . \tag{4.12}$$

Die Grafik stellt experimentell ermittelte Verteilungen des Zählers und Nenners für den die turbulente Viskosität definierenden Quotienten im Ablöse- und Nachlaufbereich der senkrecht angestellten Platte dar. Das Detailbild in der linken oberen Ecke verdeutlicht die Koordinaten x und y. Aus Gründen der Übersichtlichkeit sind für beide Terme nur die Bereiche mit positivem und negativem Vorzeichen kenntlich gemacht. Vollständige Verteilungen sind in Abschnitt 9.2 enthalten.

Die Nullinie für den Schubspannungsterm ist in Bild 4.1 gestrichelt eingezeichnet, für den Summenterm des Geschwindigkeitsgradienten ist sie als durchgezogene Linie dargestellt. Man erkennt, daß nahe der Symmetrieachse bei $y/D = 0{,}0$ aufgrund des nicht übereinstimmenden Vorzeichenwechsels im Schubspannungs- und Gradientenverlauf nach Definition (4.12) negative ν_t-Werte auftreten. Bereiche mit negativer Wirbelviskosität sind durch eine Schraffur hervorgehoben. Numerische Rechnungen auf der Basis des k-ϵ-Modells versagen an dieser Stelle. Auch Franke, Rodi und Schönung (1989) bestätigten die Ergebnisse von Schumann (1988). Sie analysierten Meßdaten von Cantwell und Coles (1983), die experimentelle Untersuchungen im Nachlauf eines Kreiszylinders durchführten.

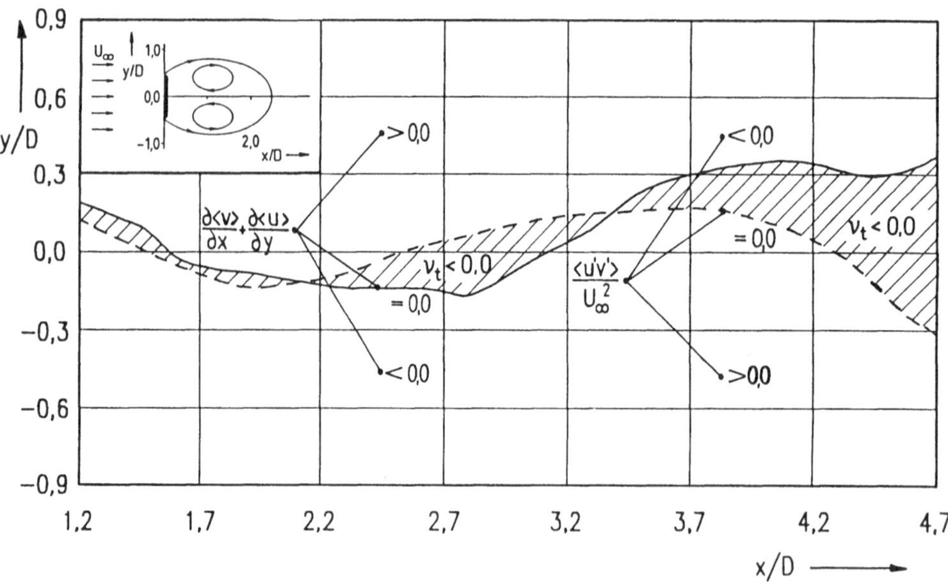

Bild 4.1: Strömungsbereiche mit negativer Wirbelviskosität ν_t im Ablösegebiet und Nachlauf der senkrecht angestellten ebenen Platte, Re = 2,8 · 10^4, Phase 1/6.

Eine geeignetere Beschreibung abgelöster Strömungen erreicht man durch die Verwendung von Transportgleichungen für die Reynoldsspannungen. Sie leiten sich in exakter Form aus den Navier-Stokes-Gleichungen ab. Ausführliche Beschreibungen findet man hierzu bei Hinze (1975):

$$\frac{\partial\langle u_i'u_j'\rangle}{\partial t} + \langle u_k\rangle \frac{\partial\langle u_i'u_j'\rangle}{\partial x_k} = -\langle u_i'u_k'\rangle \frac{\partial\langle u_j\rangle}{\partial x_k} - \langle u_j'u_k'\rangle \frac{\partial\langle u_i\rangle}{\partial x_k}$$

$$+ \langle\pi_{ij}\rangle - \mathrm{Diff}(\langle u_i'u_j'\rangle) - \langle\epsilon_{ij}\rangle \ . \qquad (4.13)$$

Der erste Term auf den linken Seiten des Gleichungssystems (4.13) stellt die zeitliche Änderung der Reynoldsspannungen dar, der zweite Ausdruck den konvektiven Transport. Beide Anteile stehen im Gleichgewicht mit den Termen der rechten Seiten. Hier tritt die Produktion der Spannungen in Erscheinung, ausgedrückt durch die ersten und zweiten Terme der rechten Seiten. Die drei letzten Ausdrücke sind in (4.13) nur formal angegeben. Sie kennzeichnen die Druck-Scher-Korrelation $\langle\pi_{ij}\rangle$, den diffusiven Transport sowie die viskose Dissipation $\langle\epsilon_{ij}\rangle$. Die einzelnen Terme der Transportgleichungen sowie Möglichkeiten zur experimentellen Darstellung dieser für Turbulenzmodellierungen fundamentalen Größen werden in Abschnitt 5.3 diskutiert.

Aus den in Gleichung (4.13) aufgeführten Termen für die Produktion $<P_{ij}>$ von Spannungen:

$$<P_{ij}> = - <u_i'u_k'> \frac{\partial <u_j>}{\partial x_k} - <u_j'u_k'> \frac{\partial <u_i>}{\partial x_k} \tag{4.14}$$

läßt sich die Produktion $<P>$ für die Turbulenzenergie ableiten. Für eine ebene Strömung erhält man:

$$<P> = - <u'^2> \frac{\partial <u>}{\partial x} - <u'v'> \left(\frac{\partial <v>}{\partial x} + \frac{\partial <u>}{\partial y}\right) - <v'^2> \frac{\partial <v>}{\partial y} \, . \tag{4.15}$$

Strömungsbereiche mit positivem $<P>$ stellen Senken für "geordnete" Strömungsbewegungen und Quellen für turbulente Schwankungen dar. Abschnitt 9.4 diskutiert experimentell ermittelte zeitabhängige Verläufe für die Produktion $<P>$ der Turbulenzenergie im Ablösegebiet einer ebenen Platte bei zweiseitiger Scherschichtentwicklung.

4.2 Turbulenz und Instationarität

Die Bewegungsabläufe einzelner Fluidpartikel in turbulenten Strömungen unterliegen keiner unmittelbar erkennbaren Ordnung. Im Gegensatz zum laminaren Fall besitzen die Fluidteilchen neben dem Impuls in Hauptströmungsrichtung noch einen stochastisch auftretenden Querimpuls, der zu intensiven Durchmischungen beiträgt. Unter diesem Aspekt sind turbulente Strömungen daher grundsätzlich instationär. Den stochastischen Abläufen können regelmäßige makroskopische Bewegungen überlagert sein. Hierbei ist zwischen:

- stationären,
- transienten und
- periodischen

Vorgängen zu unterscheiden.

Stationäre makroskopische Bewegungen liegen vor, wenn die Erwartungswerte der Strömungsparameter zu allen Zeitpunkten gleich sind. Als Beispiel kann die ausgebildete turbulente Rohrströmung mit konstantem Massenstrom dienen.

Transiente Vorgänge treten beispielsweise beim Anfahren einer Turbine auf. Die Schaufelumströmung durchläuft nach dem Start in einer festen zeitlichen Abfolge laminare, anliegende, abgelöste und turbulente Zustände.

Periodische Abläufe im Druck- und Geschwindigkeitsfeld stellt man unter anderem bei Umströmungen von Tragflügeln und Zylindern fest, siehe Kapitel 2. Die Periodizität läßt sich durch FFT-Messungen, "schnelle Fourieranalysen", ermitteln. Bild 4.2 stellt entsprechende Meßergebnisse dar. Eine im Nachlauf einer senkrecht angestellten ebenen Platte und einer axialsymmetrisch umströmten Kugel angeordnete Hitzdrahtsonde nimmt das Geschwindigkeitssignal auf. Die Positionen des Sensors sind in den Detailbildern auf den rechten Seiten angegeben. Man erkennt in den Frequenzanalysen beider Sensorsignale einen dominanten Peak. Er ragt in beiden Fällen deutlich aus den durch Turbulenzbewegungen hervorgerufenen Grundpegeln hervor. Im Nachlaufsignal der Platte tritt bei etwa f = 8,4 Hz und der Kugel bei f = 6,3 Hz ein Maximum auf. Dies weist auf periodische Bewegungen in den Nachläufen hin, die durch kohärente Wirbel-

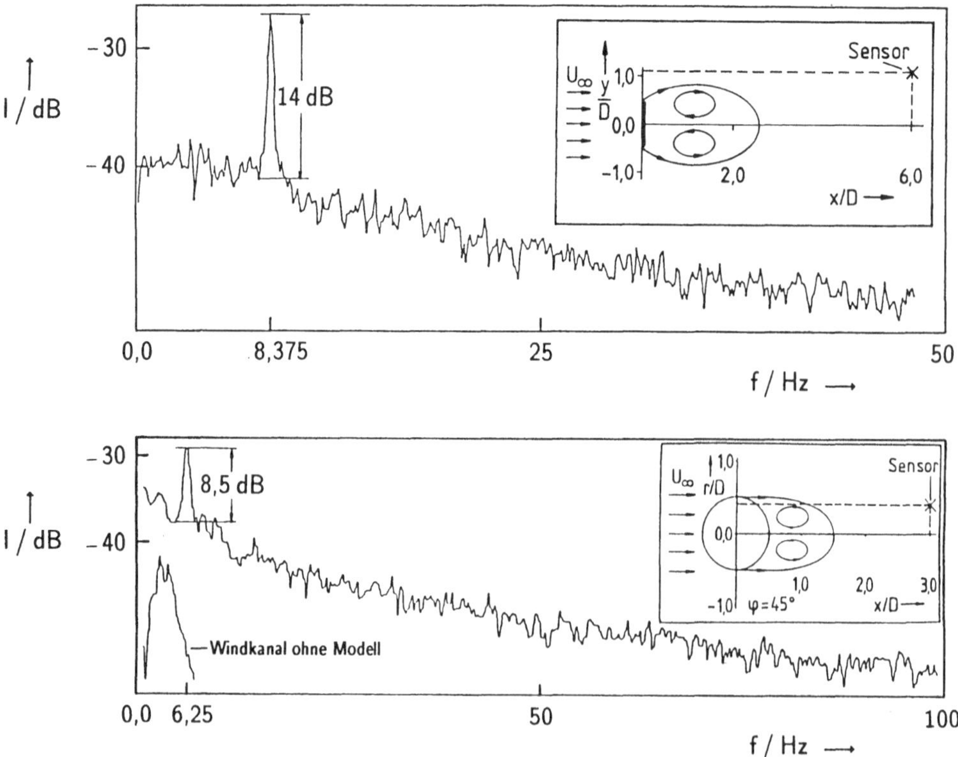

Bild 4.2: FFT-Analysen von Hitzdrahtsignalen in der Nachlaufströmung der ebenen Platte bei der Reynolds-Zahl Re = $2{,}8 \cdot 10^4$ und bei axialsymmetrischer Umströmung der Kugel mit Re = $5{,}0 \cdot 10^4$.

strukturen verursacht werden. Der Vergleich beider Kurvenverläufe verdeutlicht, daß im ebenen Fall periodische Komponenten stärker als bei Axialsymmetrie ausgeprägt sind.

Bereits die in Kapitel 2 vorgestellten Beispiele von Strömungsablösungen und die Erläuterungen zu den dynamischen Vorgängen in freien Scherschichten in Kapitel 3 machten deutlich, daß in turbulenten Strömungsfeldern sich mehrere periodische Vorgänge überlagern:

- Die Ausbildung großräumiger Ablösewirbel erfolgt mit der Frequenz f_{abl}. Die Wirbelstrukturen nehmen bei zweiseitiger Scherschichtentwicklung nach Klasse (b) die Form einer Kármánschen Wirbelstraße an, bei Axialsymmetrie wird der Nachlauf von einer helikalen Wirbelstruktur periodisch moduliert.
- In ablösenden Scherschichten entstehen aufgrund von Instabilitäten periodische Strukturen mit der Frequenz f_{instab}. Wie in Bild 3.4 zu erkennen ist, fusionieren sie mit den Ablösewirbeln.
- Die Instabilitäts-Strukturen weisen vor ihrem Zerfall in ungeordnete Turbulenzbewegungen periodische Verformungen auf.

In den im Bild 4.2 dargestellten Frequenzspektren erscheint aufgrund der Sensorposition allein die Ablösefrequenz f_{abl} als dominanter harmonischer Anteil. Scholz (1986) löste bei seinen Untersuchungen an axialsymmetrischen Scheiben auch die Instabilitäts-Frequenz f_{instab} quantitativ auf, wobei der Sensor in dem Fall direkt in der Scherschichtströmung angeordnet war.

Die periodischen Vorgänge unterscheiden sich durch die induzierten Wirbelformen und Wirbelgrößen sowie die Amplituden der einzelnen Abläufe. Die Strukturen treten in unterschiedlichen Entwicklungsstadien in nichtlineare Wechselwirkungen, wobei sie miteinander verschmelzen und neue Wirbelformen bilden können.

Schneider (1982, 1983) stellte bei Untersuchungen an Ringwirbeln ebenfalls mehrere Schwingungsformen fest, die letztlich in ihrer Überlagerung zu turbulenten Bewegungen führen. Graham (1982) berichtete von Forschungsarbeiten zur Ermittlung physikalischer Ursachen der Turbulenzentstehung: bei Experimenten mit Bénard-Zellen wird eine dünne Flüssigkeitsschicht von zwei horizontal angeordneten Platten eingeschlossenen. Erhitzt man die untere, so steigt erwärmte Flüssigkeit auf. Dafür sinkt an anderer Stelle kühle Flüssigkeit nach unten. Bei geringen Temperaturdifferenzen bildet sich innerhalb der Fluidschicht ein laminares Strömungsmuster mit walzenförmigen Wirbeln aus. Die Strömung weist eine regelmäßige Frequenz auf. Bei Temperaturerhöhung überlagert sich diesem Vorgang eine weitere Periodizität, die zu einem regelmäßigen "Schwebungsmuster" führt. Die Strömung bleibt hierbei noch laminar und somit mathematisch beschreibbar. Erst bei Überlagerung einer dritten Frequenz, beispielsweise durch eine periodische Heizung der unteren Platte, entstehen ungeordnete Bewegungen. Die Strömung wird schlagartig turbulent.

Dieses Verhalten entspricht dem eines nichtlinearen dynamischen Systems. Für nichtlineare Systeme gilt im allgemeinen die "schwache Kausalität". Sie besagt, daß nur "exakt gleiche Ursachen auch gleiche Wirkungen" haben. Die in der klassischen Mechanik vorherrschende Auffassung einer "starken Kausalität", wonach "ähnliche Ursachen auch ähnliche Wirkungen" haben, ist nicht allgemeingültig und daher nicht auf Strömungsvorgänge übertragbar.

Folglich können die in Kapitel 4.1 erläuterten Gleichungssysteme zur Beschreibung von Fluidbewegungen gänzlich verschiedene oder "chaotische" Lösungen besitzen, wenn bei Berechnungen zwei Anfangszustände zugrunde gelegt werden, die sich nur um einen infinitesimal kleinen Betrag unterscheiden. Während bei numerischen Rechnungen schon geringe Rundungsfehler zu gravierenden Abweichungen der Ergebnisse führen, äußert sich im Experiment die sensible Abhängigkeit von Anfangs- und Randbedingungen durch einen turbulenten Strömungsverlauf. Dieser kann schon aus einer geringfügigen Phasenverschiebung oder Amplitudenänderung eines einzelnen periodischen Vorgangs resultieren, bedingt durch eine minimale Temperaturänderung des Fluids oder beispielsweise durch eine kleine Änderung in der Anströmrichtung.

Bild 4.3 verdeutlicht am Beispiel der Kugel, daß die Ablösung kohärenter Wirbelstrukturen nicht streng harmonisch verläuft, sondern daß die Ablösefrequenz eine gewisse Bandbreite aufweist. Dieser Vorgang ist daher als "quasiperiodisch" einzustufen. Die Ablösung vollzieht sich in etwa in einem Frequenzbereich von $\overline{f}_{abl}/2 \leq \overline{f}_{abl} \leq 2\cdot\overline{f}_{abl}$. Die mittlere Ablösefrequenz $\overline{f}_{abl}$ liegt im Schwerpunkt der in Bild 4.3 dargestellten Häufigkeitsverteilung. Sie hat die angenäherte Form einer Gaußschen Normalverteilung, der in diesem Fall 3500 Meßwerte zugrunde liegen. Mit der mittleren Ablösefrequenz $\overline{f}_{abl}$ folgt für die mittlere Strouhal-Zahl bei $Re = 5{,}0\cdot10^4$ der Wert von $\overline{Str} = 0{,}187$. In Abschnitt 8.1 wird die Reynolds-Zahl-Abhängigkeit der Ablösefrequenz eingehend diskutiert. Auch Yokuda und Ramaprian (1990) folgerten aus ihren Untersuchungsergebnissen, daß die bei der Umströmung eines Kreiszylinders auftretende Ablösung der laminaren Grenzschicht als chaotischer Prozeß anzusehen ist. Mit dem Begriff "chaotisch" werden Vorgänge in nichtlinearen Systemen bezeichnet, die durch deterministische Gleichungen beschreibbar sind, wobei das Systemverhalten äußerst sensibel von Änderungen in den Randbedingungen abhängt.

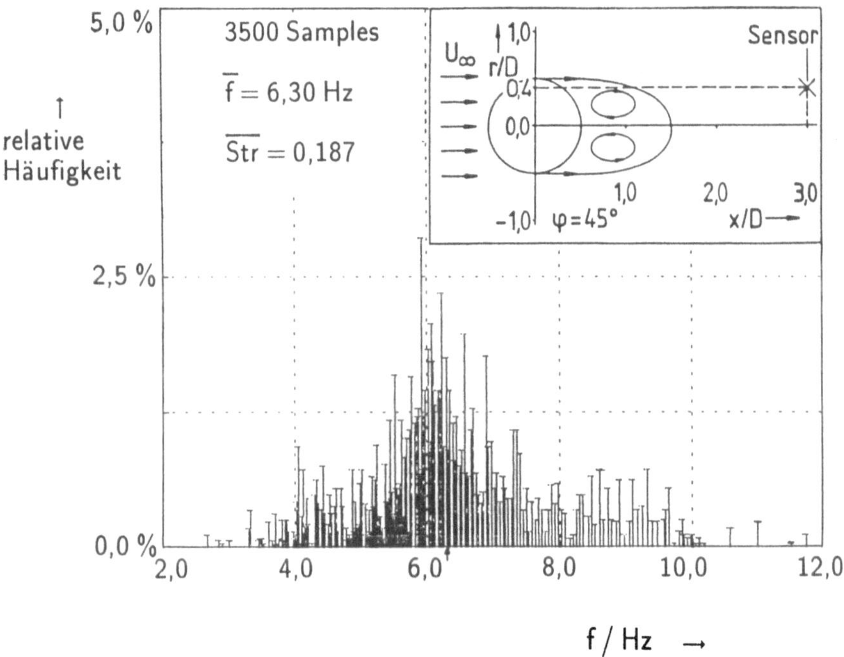

Bild 4.3: Spektrum der Ablösefrequenz bei der Kugelumströmung, Re = $5{,}0 \cdot 10^4$.

4.3 Grundgleichungen für periodisch-stochastische Vorgänge

Die in Kapitel 4.1 erläuterten Gleichungen unterscheiden nicht zwischen den im makroskopischen Bereich auftretenden periodischen und den in der Regel feinerskaligen stochastischen Fluidbewegungen. Zur Erfassung der Umverteilungen von Strömungsenergie zwischen verschiedenen Wirbelskalen und zur Darstellung von Wechselwirkungen unterschiedlicher Strukturen ist eine Aufspaltung in einzelne Bewegungsanteile erforderlich.

Nach Remke (1968), Reynolds und Hussain (1972) sowie Telionis (1981) lassen sich die Geschwindigkeitskomponenten u, v und w, der Druck p oder allgemein die Variable g in drei Anteile zerlegen:

- in den zeitlichen Mittelwert $\bar{g}$,
- den periodischen Anteil $\tilde{g}$ und
- den stochastischen Beitrag g'.

Die Größen sind abhängig vom Ort $\vec{x}$ und der Zeit t. Der Momentanwert $g(\vec{x},t)$ stellt sich somit nach Bild 4.4 als Summe dreier Einzelbeiträge dar:

$$g(\vec{x},t) = \bar{g}(\vec{x}) + \tilde{g}(\vec{x},t) + g'(\vec{x},t) \ . \qquad (4.16)$$

Die Summe periodischer und stochastischer Bewegungen ergibt die Gesamtschwankung g^*:

$$g^*(\vec{x},t) = \tilde{g}(\vec{x},t) + g'(\vec{x},t) \ . \qquad (4.17)$$

Während der zeitliche Mittelwert $\bar{g}$ sich nach der üblichen Definition darstellt als:

$$\bar{g}(\vec{x}) = \lim_{\Delta t \to \infty} \frac{1}{\Delta t} \int_{t}^{t+\Delta t} g(\vec{x},t)\, dt \ , \qquad (4.18)$$

ist der Mittelwert bei konstanter Phase $\langle g(\vec{x},t) \rangle$ als eine Größe definiert, die zu dem Zeitpunkt t des periodischen Vorgangs aus einer Mittelung über N Perioden mit der Dauer T resultiert:

$$\langle g(\vec{x},t) \rangle = \lim_{N \to \infty} \frac{1}{N} \sum_{i=0}^{N} g(\vec{x},t+iT) \ . \qquad (4.19)$$

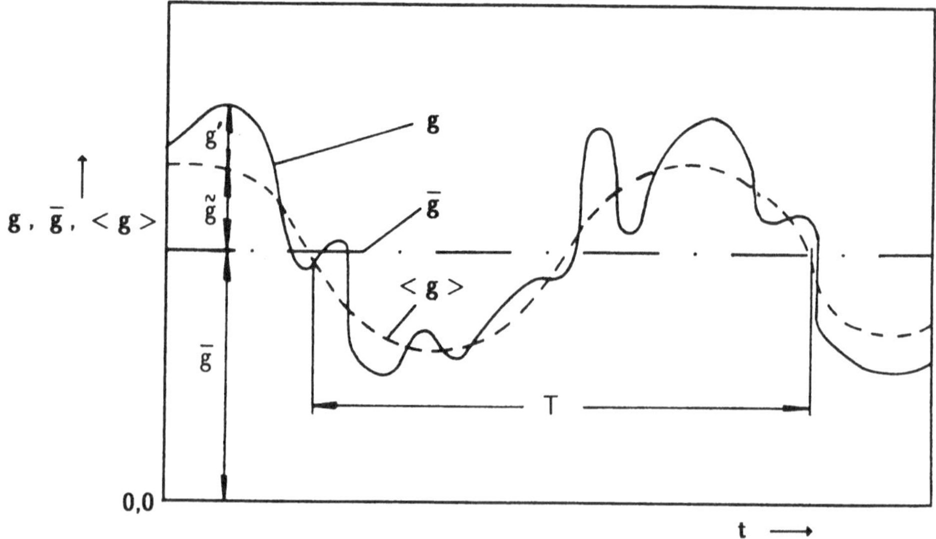

Bild 4.4: Schematische Darstellung der Dreifach-Zerlegung einer Variablen g.

Nach Bild 4.3 unterliegt die Periodendauer T gewissen Schwankungen. Somit ist bei der Mittelwertbildung in Gleichung (4.19) die Konstante T durch die individuellen Periodenlängen T_k zu ersetzen:

$$<g(\vec{x},t)> = \lim_{N \to \infty} \frac{1}{N} \sum_{i=0}^{N} g(\vec{x},t+\sum_{k=0}^{i} T_k) \ . \qquad (4.20)$$

Die meßtechnische Realisierung der Mittelung eines "quasiperiodischen" Vorgangs nach Gleichung (4.20) wird in Abschnitt 5.4 erläutert. Der quasiperiodische Anteil $\tilde{g}$ entsteht aus der Differenz von dem Mittelwert bei konstanter Phase und dem zeitlichen Mittelwert:

$$\tilde{g}(\vec{x},t) = <g(\vec{x},t)> - \bar{g}(\vec{x}) \ . \qquad (4.21)$$

Im weiteren werden die quasiperiodischen Anteile $\tilde{g}$ auch kurz als "periodische" Terme bezeichnet. Dem Leser sollte dann bewußt sein, daß der Begriff "periodisch" in diesem Zusammenhang nicht streng auszulegen ist.

Reynolds und Hussain (1972) wendeten den Formalismus der Phasenmittelung auf die Impulsgleichungen an. Das Ergebnis liefert, zusammen mit der unveränderten Kontinuitätsgleichung, die Grundgleichungen für periodisch-stochastische Vorgänge:

$$\rho \cdot \bar{u}_j \cdot \frac{\partial \bar{u}_i}{\partial x_j} = - \frac{\partial \bar{p}}{\partial x_i} + \frac{\partial}{\partial x_j} \left(\mu \cdot \frac{\partial \bar{u}_i}{\partial x_j} - \rho \cdot \overline{<u_i' u_j'>} - \rho \cdot \overline{\tilde{u}_i \tilde{u}_j} \right) \ . \qquad (4.22)$$

In Gleichung (4.22) tauchen nun explizit die Anteile der Reynoldsspannungen auf, die von stochastischen Bewegungen und von periodischen Vorgängen stammen. Kapitel 9 stellt Verteilungen beider Anteile gegenüber. Es werden dann Ergebnisse von axialsymmetrischen und ebenen Scherschichtablösungen betrachtet.

5 Experimentelle Techniken

Das voranstehende Kapitel verdeutlicht, daß die Anwendung meßtechnischer Methoden unerläßlich ist, um tiefere Einblicke in strömungsphysikalische Zusammenhänge zu erhalten.

Die Abläufe in komplexen Strömungsfeldern, wie sie beispielsweise in Scherschichten und Ablösegebieten auftreten, reagieren sensibel auf äußere Störungen. Schon kleine Sonden, die zur Abbildung der Vorgänge in das Strömungsfeld eingebracht werden, können schwerwiegende Verfälschungen der Strömungsabläufe verursachen.

Abschnitt 5.1 erläutert hierzu ein Beispiel. Es stellt die Reaktion der Struktur des Ablösegebiets auf unterschiedliche Turbulenzgrade der Anströmung heraus.

Zur Minimierung der Störquellen bei experimentellen Untersuchungen empfiehlt sich daher der Einsatz optischer Meßtechniken. Sie zeichnen sich durch rückwirkungsfreie Aufnehmer aus, die in der Regel hohen Anforderungen hinsichtlich Meßgeschwindigkeit und Genauigkeit genügen.

Abschnitt 5.2 faßt die Grundlagen für die Anwendung der Laser-Doppler-Anemometrie (LDA) in der Strömungsforschung zusammen. Nach einer allgemeinen Einführung in die spektroskopische Meßtechnik erfolgt die Beschreibung wesentlicher Prinzipien des LDA-Verfahrens.

In Abschnitt 5.3 werden geeignete Meßsysteme vorgestellt, die zu fundamentalen Erkenntnissen über physikalische Vorgänge bei Strömungsablösungen, insbesondere hinsichtlich des Transports von Reynoldsspannungen, beitragen können. Diese Informationen sind zur Verbesserung der Turbulenzmodellierung dringend erforderlich.

Abschnitt 5.4 beschreibt das phasengekoppelte Laser-Doppler-Anemometer. Die Anlage bietet dem Experimentator die Möglichkeit, periodische und stochastische Bewegungsanteile in instationären Strömungsfeldern separat auszuwerten.

5.1 Einfluß von Störungen auf die Strömungsstruktur

Ein besonderer Vorteil optischer Meßtechniken ist in der störungsfreien Meßwerterfassung zu sehen. Konventionelle Aufnehmer zur Strömungsfeldvermessung wie Hitzdrahtsonde oder Prandtlrohr verursachen dagegen je nach Anwendungsfall immer gewisse Störungen in der Strömung, die zu verfälschten Ergebnissen führen können. Um die Vorzüge der LDA-Technik in ihrer gesamten Breite zu bewahren, sollte bei ihrem Einsatz darauf geachtet werden, daß die Meßergebnisse nicht durch anderweitige Störquellen verfälscht werden.

Bei Windkanaluntersuchungen kann die Modellhalterung eine Störquelle darstellen. Zur Untersuchung der Umströmung dreidimensionaler oder axialsymmetrischer Körper wird häufig ein Basisstiel verwendet, der sie von ihren Rückseiten her befestigt. Untersuchungen von Leder und Geropp (1987) zeigten, daß in diesen Fällen Strömungsinterferenzen zwischen der Modellumströmung und der Stielumströmung auftreten, die zu Änderungen im Druckverlauf entlang der Modelloberfläche führen. Bei einem von der Spitze angeströmten 50°-Kegel verursachte ein Basisstiel beispielsweise eine Druckerhöhung im Ablösebereich, was in einem realen Fall zu einer Verringerung des Widerstandsbeiwertes c_w um ca. 4% beitrug.

Eine technisch realisierte Möglichkeit zur interferenzfreien Modellaufhängung stellt die magnetische Halterung dar. Sie erlaubt die Fixierung magnetisierbarer Körper in Windkanälen durch magnetische Feldkräfte. Eine magnetische Halterung besteht aus einer Anordnung mehrerer Magnetspulen, mit denen beispielsweise Gewichts-, Auftriebs- und Widerstandskräfte kompensierbar sind. Covert (1987) stellte eine Übersicht vorhandener Systeme zusammen.

Nachteilig für eine breite Anwendung dieses Verfahrens wirken sich zum einen die hohen Systemkosten aus. Nach einem Ansatz von Boom et al. (1985) liegen sie für einen transsonischen Windkanal mit einem Meßstreckenquerschnitt von 2,4 m · 2,4 m oberhalb von 30 Millionen DM. Um die Betriebskosten für die Anlage zu begrenzen, ist geplant, die leistungsstarken Magnetspulen aus supraleitendem Material anzufertigen. Zum anderen bereitet die Isolierung mechanischer Schwingungen im Magnetsystem Schwierigkeiten. Sie können zu Vibrationen des Modells führen.

Ein anderer Weg zur störungsfreien Modellaufhängung ist mit aerodynamischen Maßnahmen begehbar. So lassen sich Störeinflüsse von der Halterung beispielsweise durch gezielte Grenzschichtbeeinflussungen eliminieren. Leder und Geropp (1987) entwickelten eine aktive Modellhalterung zur Untersuchung der Umströmung axialsymmetrischer Körper wie Kugel, Kegel und Scheibe in Niedergeschwindigkeits-Kanälen. Durch Absaugung der sich an den Oberflächen der Halterung ausbildenden Grenzschichten wird eine nahezu störungsfreie Modellanströmung erreicht.

Bild 5.1 zeigt die Skizze der Halterung. Sie besteht aus einer aerodynamisch verkleideten Querstrebe mit einem Stiel im Mittelschnitt, an dem das Modell angeschraubt ist. Sowohl der Stiel als auch die verkleidete Querstrebe besitzen perforierte

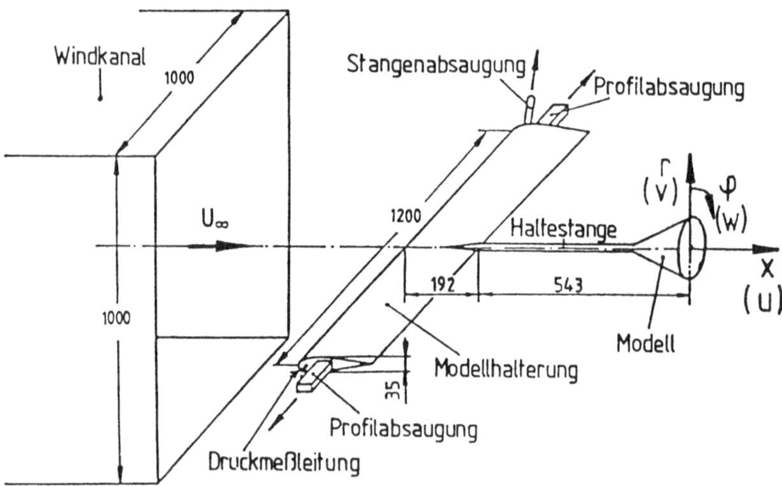

Bild 5.1: Aktive Modellhalterung für axialsymmetrische Modelle.

Oberflächen. Somit ist es möglich, die Grenzschichtentwicklung mit Hilfe externer Absaugegebläsen zu beeinflussen. Die zulässige Anströmgeschwindigkeit für die Halterung wird durch die Leistungsfähigkeit des Absaugegebläses begrenzt. Sie erreichte für die in Bild 5.1 dargestellte Anordnung, bei Verwendung eines Seitenkanalverdichters mit einer Antriebsleitung von 7,5 kW, einen Maximalwert von U_∞= 30 m/s. Unterhalb dieses Wertes bleibt der Turbulenzgrad der Anströmung kleiner als 1 %.

Bild 5.2 verdeutlicht den Einfluß, den eine unsachgemäße Modellaufhängung auf das Strömungsfeld haben kann. In der Graphik ist die Ausdehnung x_r des Ablösebereiches eines 50°-Kegelmodells in Abhängigkeit der Reyolds-Zahl Re aufgetragen. Man erwartet, daß sich das Ablösegebiet dieses axialsymmetrischen Modells hinsichtlich der Ausdehnung ähnlich wie das Totwasser eines ebenen Keilmodells verhält: aufgrund der scharfen Kanten an der Modellbasis bleibt die Abrißlinie fixiert. Für große Re-Zahlen (Re > 10^4) erfolgt der laminar-turbulente Umschlag in der Scherschichtströmung unmittelbar nach dem Strömungsabriß. Die Ausdehnung x_r des Ablösebereichs sollte somit unabhängig von der Reynolds-Zahl sein. Nähere Ausführungen zum Einfluß der Reynolds-Zahl folgen in Abschnitt 7.2.

Der graphischen Darstellung ist zu entnehmen, daß die Erwartungen für geringe Turbulenzgrade in der Anströmung erfüllt werden. Die Kreissymbole stellen die Ergebnisse von LDA-Messungen dar, die bei einem Turbulenzgrad Tu < 1% ermittelt wurden. In diesem Fall war die Modellhalterung aktiviert. Die sich an der Modellhalterung entwickelnden Grenzschichten wurden durch Absaugung unterdrückt.

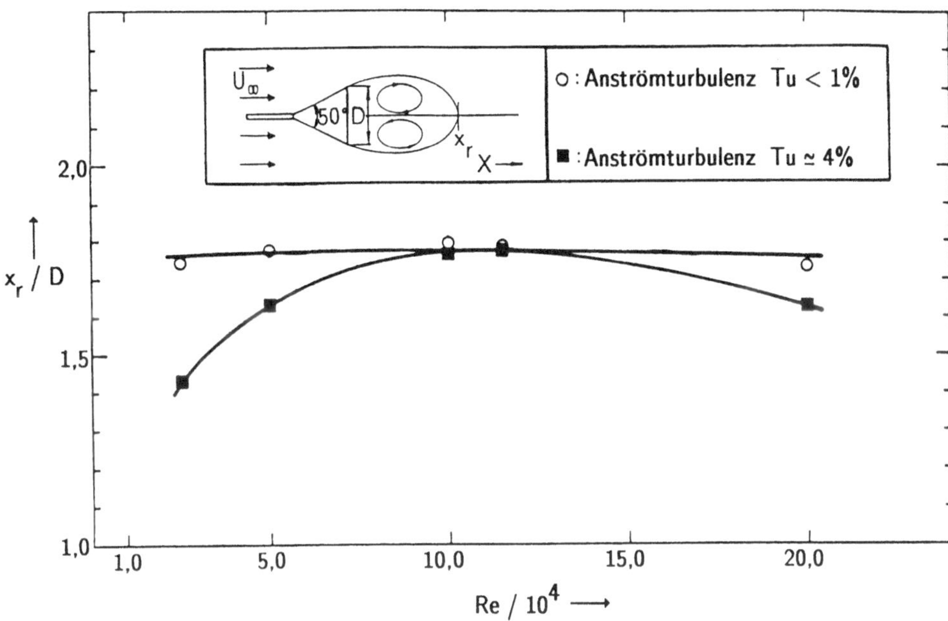

Bild 5.2: Einfluß der Anströmturbulenz auf die Ausdehnung des Ablösebereichs.

Können sich die Grenzschichten entlang der Halterung frei entwickeln, so bilden sich im Nachlauf der profilierten Querstrebe turbulente Wirbelstrukturen aus, die zu Interferenzen mit der Modellumströmung führen. In Bild 5.2 sind die LDA-Meßergebnisse dieses Falles als schwarze Vierecksymbole eingetragen. Man erkennt, daß bei turbulenter Modellanströmung die Totwassereigenschaften von der Re-Zahl abhängig sind.

Eine Schlußfolgerung dieser Betrachtungen ist, daß schon kleine Störungen im Strömungsfeld, verursacht durch Sonden oder Modellhalterungen, die physikalischen Erscheinungsformen der sich ausbildenden Strömungsstrukturen stark beeinflussen können.

5.2 Spektroskopische Meßverfahren

Spektroskopische Methoden können in sehr unterschiedlichen Weisen zur Fluiddiagnostik eingesetzt werden. Dabei wird heute bevorzugt Laserlicht aufgrund seiner besonderen Eigenschaften wie Kohärenz und Monochromasie bei gleichzeitig starker

Strahlungsintensität verwendet. Es steht eine breite Palette von Techniken zur Verfügung, die es beispielsweise gestattet, die Geschwindigkeit und Größe von Partikeln oder die Temperatur und Konzentration molekularer Systeme mit hoher räumlicher Auflösung zu messen. Die Meßvolumina können weit unterhalb des mm^3-Bereichs liegen.

Das Wesen der Spektroskopie beruht auf der Wechselwirkung zwischen Licht und Materie. Eine schematische Versuchsanordnung ist in Bild 5.3 dargestellt. Zwei mit einer Linse fokussierte Laserstrahlen der Frequenzen f_1 und f_2, bei einigen Techniken genügt auch ein einziger Laserstrahl, werden in eine Meßstrecke eingestrahlt, wo sie auf ein Teilchenensemble fallen. Es kann sich dabei um Atome, Moleküle, Kolloide oder Kristallite handeln. Unter dem Einfluß der eingestrahlten elektromagnetischen Lichtwellen werden die in dem Teilchenensemble vorhandenen Elektronen und die Molekülverbindungen nach der klassischen Vorstellung zu Schwingungen angeregt. Periodisch beschleunigte Ladungen emittieren elektromagnetische Wellen, die senkrecht zur Schwingungsrichtung oder Dipolachse abgestrahlt werden. Da insbesondere in einem Gas die Moleküle unterschiedliche Orientierungen besitzen, erfolgt die Strahlungsemission im allgemeinen in alle Raumrichtungen. Man spricht in diesem Fall von "Photonen-Streuung". Das Streulicht kann dann in verschiedenen Weisen analysiert werden und liefert Informationen über die Dichte, Temperatur oder beispielsweise Geschwindigkeit der Partikelensemble.

Nach Bild 5.4 kann zwischen elastischer und unelastischer Streuung unterschieden werden. Im ersten Fall tritt keine Frequenzänderung in der Streustrahlung auf, im letzteren kann dagegen eine Verschiebung zu größeren und kleineren Frequenzen erfol-

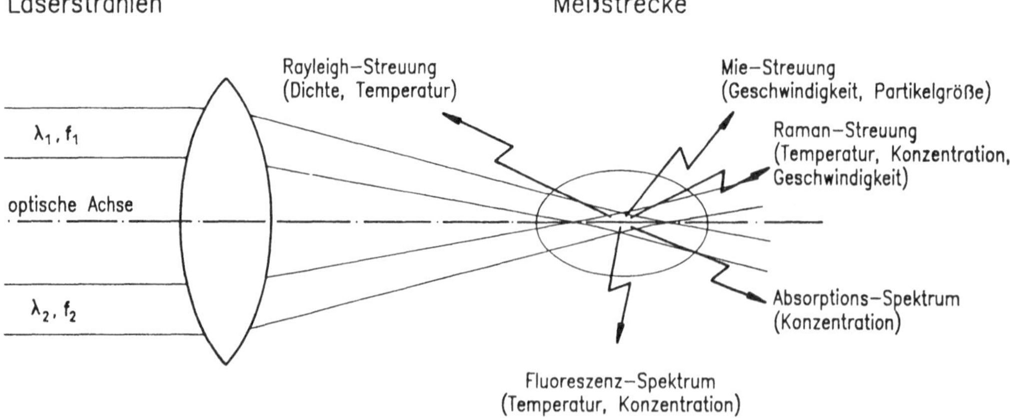

Bild 5.3: Spektroskopische Meßtechniken.

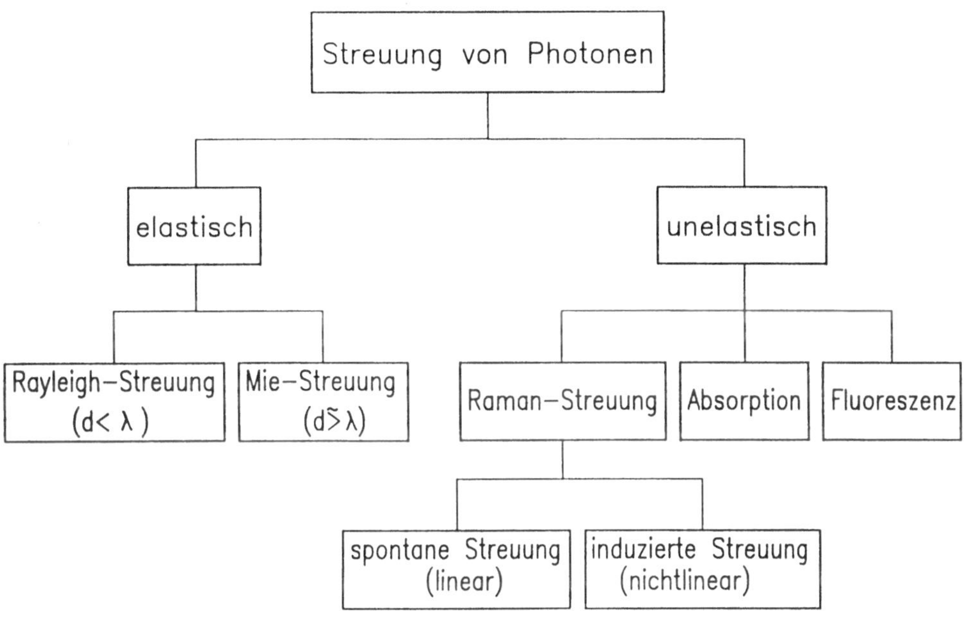

Bild 5.4: Wechselwirkungen zwischen Licht und Materie.

gen. Elastische Streuung entsteht durch periodische Beschleunigungen von Partikelelektronen im elektromagnetischen Feld der eingestrahlten Lichtwelle. Dabei sind im wesentlichen zwei Streuvorgänge zu beobachten: Rayleigh- und Mie-Streuung. Abschnitt 5.2.1 diskutiert meßtechnische Anwendungen der Mie-Streuung. In diesem Fall ist der Partikeldurchmesser d größer als die Wellenlänge λ der Strahlung. Erläuterungen zum Einsatz der Rayleigh-Streuung und unelastischer Streuverfahren im Rahmen der Strömungsmeßtechnik sind in den Puplikationen von Herring, Lee und She (1983), Leipertz (1983) und Leder (1990b) enthalten.

5.2.1 Mie-Streuverfahren

Sind die Partikel im Vergleich zur Wellenlänge groß, tritt Mie-Streuung auf. Für den sichtbaren Wellenlängenbereich trifft dies für Partikeldurchmesser von ca. 1 μm bis ca. 10 μm zu. Bei noch größeren Partikelabmessungen erlangen die Gesetze der geometrischen Optik in zunehmendem Maße ihre Gültigkeit.

Im Mie-Bereich können die von verschiedenen Punkten des Partikels abgestrahlten Lichtwellen interferieren. Dadurch ergeben sich die in Bild 5.5 dargestellten charakteristischen Abstrahlkeulen. In Vorwärtsstreurichtung, siehe Bild 5.5 bei $\Gamma = 0°$, tritt

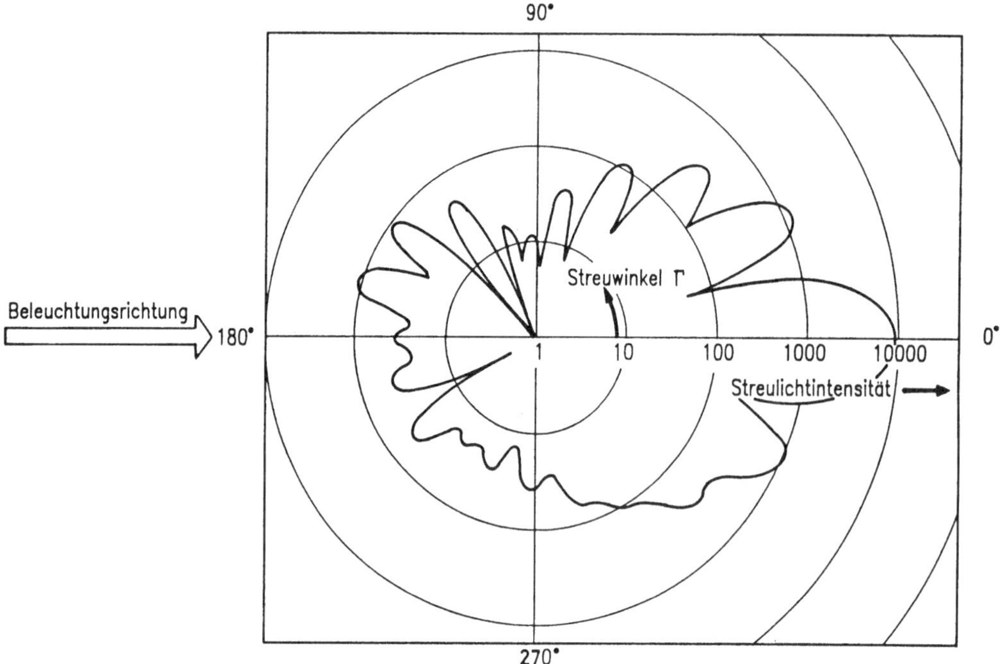

Bild 5.5: Schematische Intensitätsverteilung des Mie-Streulichts für ein Wassertröpfchen.

bei dielektrischen Materialien eine mehr als 100-fach stärkere Intensität als in Rückstreurichtung bei $\Gamma = 180°$ auf. Da die Streulichtintensität mit wachsendem Durchmesser stark ansteigt, hat Mie-Streulicht sehr viel stärkere Intensität als Rayleigh-Streulicht. In gewöhnlichen Laborumgebungen mit beispielsweise durch Staub angereicherten Gasen tritt daher die Mie-Streuung gegenüber der Rayleigh-Streuung dominant in Erscheinung. Die Mie-Streuung findet ihre meßtechnischen Anwendungen in der Phasen-Doppler-Anemometrie zur Größenbestimmung von Partikeln und in der Laser-Doppler-Anemometrie zur Geschwindigkeitsmessung.

Bei der Phasen-Doppler-Anemometrie müssen sphärische Streupartikel vorausgesetzt werden. Der Meßeffekt zur Größenbestimmung eines Einzelpartikels beruht auf der Phasenverschiebung der Streulichtsignale, die gleichzeitig aus verschiedenen Raumrichtungen detektiert werden. Der Partikeldurchmesser d ist proportional zur Phasenverschiebung δ der Streulichtsignale, zur Wellenlänge λ_0 der Laserstrahlung im Vakuum und zu einem Geometriefaktor G, der die räumliche Anordnung der Photodetektoren berücksichtigt. n ist die Brechzahl des Streumediums:

$$d = \delta \cdot \frac{\lambda_0}{\pi \cdot n} \cdot G \tag{5.1}$$

Der Meßbereich für die Partikeldurchmesser konventioneller Phasen-Doppler-Anemometer reicht von etwa 3 μm bis 300 μm. Nähere Einzelheiten zur Größenbestimmung von Partikeln sind in den Publikationen von Durst und Zaré (1975), Buchhave, Saffmann und Tanger (1984), Bauckhage (1985) sowie Flögel (1987) enthalten.

Bisher gingen die Betrachtungen davon aus, daß die Streupartikel in Ruhe sind oder allenfalls thermische Bewegungen im Meßvolumen ausführen. Ist den thermischen Bewegungen der Partikel eine Transportgeschwindigkeit überlagert, so erscheint die thermisch verbreiterte Streulichtlinie im Spektrum aufgrund des Doppler-Effekts frequenzverschoben. Bei der Herleitung der zur Partikelgeschwindigkeit U proportionalen Signalfrequenz f_s sind zwei Doppler-Verschiebungen zu berücksichtigen, s. Abschnitt 5.2.2. Die Signalfrequenz f_s für die in Bild 5.3 dargestellte Zweistrahl-Anordnung mit der Wellenlänge $\lambda_1 = \lambda_2 = \lambda_0/n$ – λ_0 ist die Wellenlänge der Laserstrahlung im Vakuum, n kennzeichnet die Brechzahl des die Partikel enthaltenden Fluids – wird von der Geschwindigkeitskomponente U_n senkrecht zur optischen Achse und vom Sinus des halben Schnittwinkels θ der Laserstrahlen festgelegt:

$$f_s = 2 \cdot \frac{n}{\lambda_0} \cdot U_n \cdot \sin\frac{\theta}{2} \qquad (5.2)$$

Sind die apparativen Größen θ und λ_0 sowie die Brechzahl n des Fluids bekannt – für Wasser beträgt n= 1,333 im sichtbaren Wellenlängenbereich, für Luft ist n= 1,000 – ist die Partikelgeschwindigkeit ohne Eichung des Anemometers bestimmbar. Aus der Signalfrequenz f_s läßt sich die Partikelgeschwindigkeit U_n berechnen. Der Umrechnungsfaktor hängt nach Gleichung (5.2) von der optischen Anordnung ab. Er liegt in typischer Weise in der Größenordnung von 200 kHz pro m/s. Mit Laser-Doppler-Anemometern können Partikelgeschwindigkeiten im mm/s-Bereich bis zu Überschall-Strömungen oberhalb von 300 m/s mit einer Unsicherheit in der Größenordnung von etwa 1% gemessen werden. Die Meßunsicherheit hat mehrere Ursachen. Sie sind u.a. in der endlichen Genauigkeit der Schnittwinkelbestimmung und in den Fehlern bei der elektronischen Verarbeitung von im allgemeinen mit Rauschanteilen überlagerten Signalen zu suchen.

5.2.2 Grundlagen der Laser-Doppler-Anemometrie

Der vorangegangene Abschnitt ordnete die Laser-Doppler-Anemometrie in die Reihe räumlich auflösender optischer Meßtechniken hoher Genauigkeit ein. Sie nimmt bei den experimentellen Verfahren innerhalb der Fluiddynamik eine Sonderstellung ein. Die LDA-Technik kann einen großen Meßbereich abdecken: angefangen von geringen Geschwindigkeiten in Konvektionsströmungen bis hin zu hohen Geschwindigkeiten im Überschallbereich sind Messungen möglich. Dabei wird in der Regel neben einem guten räumlichen auch ein gutes zeitliches Auflösungsvermögen erreicht, so daß auch Turbulenzstrukturen und Korrelationsterme ermittelt werden können. In Kombination mit der berührungsfreien und damit in vielen Fällen störungsfreien Meßwertaufnahme sowie der hohen Systemgenauigkeit, hat sich die LDA-Technik zu einem Referenzmeßverfahren innerhalb der Strömungstechnik entwickelt.

Laser-Doppler-Anemometer haben in unterschiedlichen Bauarten starke Verbreitung gefunden und werden von mehreren Firmen kommerziell angeboten. Während die Hardware-Anordnungen kommerzieller LDA-Systeme sehr unterschiedlich aussehen können, gelten die in den folgenden Abschnitten erläuterten Prinzipien im wesentlichen für alle Laser-Doppler-Anemometer.

Ein Laser-Doppler-Anemometer besteht aus drei Hauptteilen:

- Einem *Sender* für elektromagnetische Wellen. Hier kommen Laser zur Anwendung, da deren Emissionsstrahlungen besondere Eigenschaften wie Kohärenz, Monochromasie und Polarisation in Verbindung mit hoher Intensität aufweisen.
- Einer *optischen Übertragungsstrecke*, die sich in einen Sende- und Empfangsteil gliedert. In der Sendestrecke können je nach Meßgerät folgende optische Strahl-Manipulationen vorgenommen werden: Strahlteilungen bezüglich der Frequenz und Intensität, Änderungen der Polarisation, Frequenzverschiebung, Strahlaufweitungen, Strahlfokussierungen und Strahlumlenkungen. In der Empfangsstrecke können sich u.a. Raumfilter, Frequenzfilter, Polarisationsfilter und Fokussiereinrichtungen befinden.
- Einem *Empfänger*, der die optischen Signale in elektrische umsetzt.

Je nach Anordnung der Einzelkomponenten können drei Meßverfahren unterschieden werden:

- das Zweistrahl-Verfahren,
- das Referenzstrahl-Verfahren und
- das Zweistreustrahl-Verfahren.

Am gebräuchlichsten ist heute das Zweistrahl-Verfahren, das in der Literatur auch

Differential-Verfahren genannt wird. Ein wesentlicher Vorteil dieser Anordnung gegenüber den beiden anderen ist die Unabhängigkeit der Signalfrequenz von der Detektionsrichtung. An dieser Stelle soll daher das Zweistrahl-Verfahren näher erläutert werden. Ausführliche Beschreibungen auch der beiden anderen Geräteanordnungen findet man in der Literatur bei Durst, Melling, Whitelaw (1987) und Ruck (1987).

Bild 5.6 zeigt den prinzipiellen Aufbau eines Zweistrahl-Anemometers. Der Laserstrahl teilt sich in einem Strahlteiler in zwei Einzelstrahlen gleicher Intensität auf. Die Sendelinse fokussiert die beiden parallelen Teilstrahlen im Abstand ihrer Brennweite. Der Überlappungsbereich der beiden Strahlen definiert das Schnittvolumen, in dem die Partikelgeschwindigkeit gemessen wird. Das von den Partikeln ausgesendete Streulicht wird nach Bild 5.6 in alle Raumrichtungen abgestrahlt und kann prinzipiell auch aus allen Raumwinkeln, allerdings mit unterschiedlichen Intensitäten, detektiert werden. In Bild 5.6 ist die Empfangsoptik in Vorwärtsstreurichtung eingezeichnet. Die Empfangslinse bildet das Meßvolumen auf eine als Raumfilter wirkende Blende ab. Hinter dem Raumfilter ist der Photodetektor angeordnet, der die optischen Signale in elektrische wandelt.

Die Güte der Signale hängt u.a. von der richtigen Justierung des Anemometers ab. So müssen sich die Laserstrahlen mit ihren vollen Durchmessern exakt schneiden.

Weiterhin muß gewährleistet sein, daß sich die Strahlen an den Stellen der geringsten Querausdehnungen, im Bereich der Strahltaillen, kreuzen. Nur in diesem Fall treten äquidistante Interferenzstreifen im Meßvolumen auf, da die Wellenfronten der Laserstrahlen nur in der Umgebung der Taillen eben sind. Bewegen sich bei schlechter Justierung Partikel gleicher Geschwindigkeit an verschiedenen Stellen des Meßvolumens durch das Interferenzfeld, so empfängt der Photodetektor unterschiedliche Signale, was sich bei der Auswertung als künstliche Turbulenz bemerkbar macht. Insbesondere bei großen Brennweiten der Sendelinse oberhalb von 1 m können optische Korrekturmaßnahmen notwendig werden. Zur Justierung der Strahltaillen dient ein Kollimator, der als erstes Bauelement nach dem Austritt des Strahls aus dem Laser im optischen Aufbau integriert werden kann. Der Kollimator besteht aus einer Kombination von Konvex- und Konkavlinsen.

Die Querausdehnung des Meßvolumens erreicht in typischer Weise Werte in der Größenordnung von einigen Hundert Mikrometern. Die Längserstreckung in Richtung der optischen Achse hängt vom Schnittwinkel θ der Laserstrahlen ab. Sie bewegt sich in der Regel im Millimeterbereich. Die Ausdehnungen des Meßvolumens bestimmen das räumliche Auflösungsvermögen der LDA-Anlage.

Im folgenden soll nun die bereits in Gleichung (5.2) angegebene Signalfrequenz f_s für

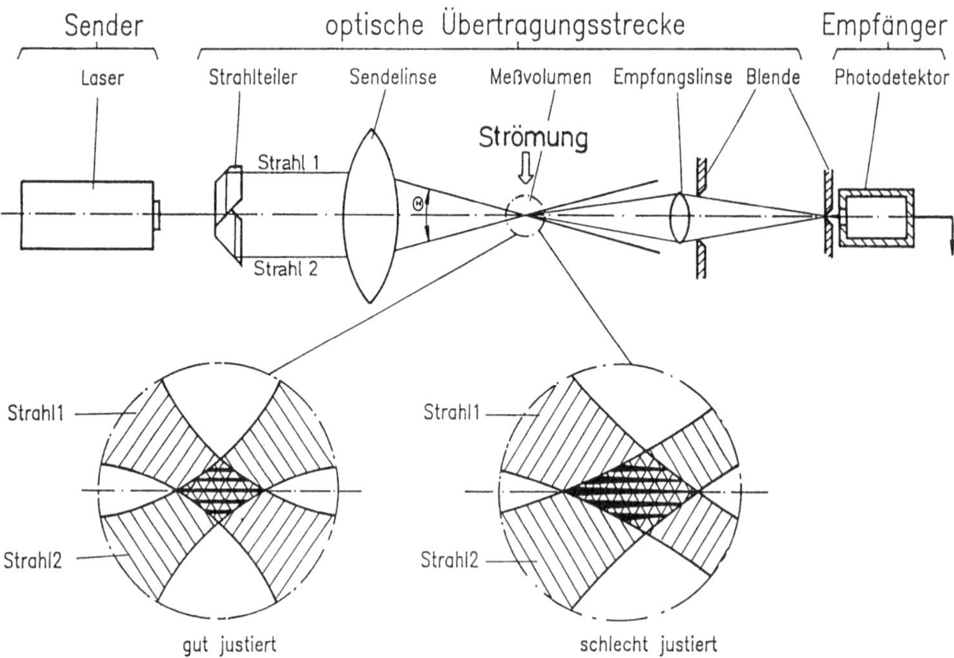

Bild 5.6: Schematischer Aufbau eines Zweistrahl-Anemometers.

ein Zweistrahl-Anemometer nach dem akustischen Doppler-Effekt abgeleitet werden. Eine relativistische Behandlungsweise der Dopplerverschiebung liefert dasselbe Ergebnis, s. Ruck (1987). Die das Meßvolumen definierenden Laserstrahlen 1 und 2 gleicher Wellenlänge λ_0/n bestrahlen ein mit der Geschwindigkeit U bewegtes Partikel. Nach Bild 5.7 ist die Bewegungsrichtung des Streuteilchens im Meßvolumen gegenüber der optischen Achse um den Winkel α geneigt. Bedingt durch den Dopplereffekt "sieht" das Partikel zwei frequenzverschobene Laserstrahlen mit den Frequenzen f_1 und f_2 :

$$f_{1,2} = \frac{c \cdot n}{\lambda_0} \cdot \left\{ 1 - \frac{U}{c} \cdot \cos\left(\alpha \mp \frac{\theta}{2}\right) \right\} \quad , \tag{5.3}$$

wobei c die Lichtgeschwindigkeit ist.

Das Elektronensystem des Partikels tritt in Wechselwirkung mit den elektromagnetischen Feldern der beiden Laserstrahlen und strahlt durch elastische Streuvorgänge Licht mit den Frequenzen f_1 und f_2 ab. Empfängt ein ruhender Detektor unter dem Beobachtungswinkel β die von dem bewegten Partikel ausgehende Streustrahlung, so macht sich ein zweiter Doppler-Effekt bemerkbar. Der Detektor empfängt Streulicht von dem mit dem Laserstrahl 1 bestrahlten Teilchen mit der Frequenz ν_1 und Streulicht von dem mit dem Laserstrahl 2 beleuchteten Partikel mit der Frequenz ν_2 :

$$\nu_{1,2} = \frac{f_{1,2}}{1 - \frac{U}{c} \cdot \cos(\alpha + \beta)} \quad . \tag{5.4}$$

Aufgrund seiner Tiefpaßcharakteristik erfaßt der Photodetektor die Signalfrequenz f_s schließlich als Überlagerung der beiden Streulichtanteile mit den Frequenzen ν_1 und ν_2 :

$$f_s = \nu_2 - \nu_1 \quad . \tag{5.5}$$

Setzt man Gleichungen (5.3) und (5.4) in (5.5) ein, so erhält man für die Signalfrequenz f_s :

$$f_s = 2 \cdot \frac{n}{\lambda_0} \cdot U \cdot \sin\alpha \cdot \sin\frac{\theta}{2} \quad . \tag{5.6}$$

Der Term $U \cdot \sin\alpha$ entspricht der Geschwindigkeitskomponente U_n senkrecht zur optischen Achse :

$$f_s = 2 \cdot \frac{n}{\lambda_0} \cdot U_n \cdot \sin\frac{\theta}{2} \quad . \tag{5.7}$$

Gleichung (5.7) drückt die lineare Abhängigkeit der Signalfrequenz f_s von der Partikelgeschwindigkeit U_n aus. f_s ist bei dieser optischen Anordnung unabhängig vom Beobachtungswinkel β.

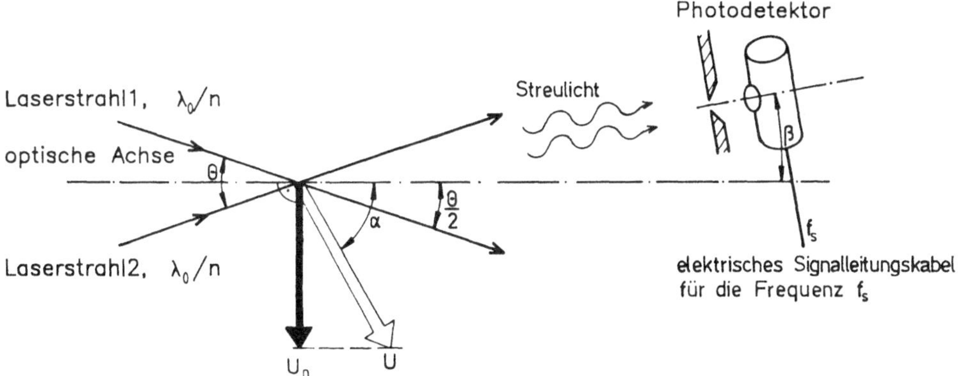

Bild 5.7: Schematische Darstellung zur Ableitung der Signalfrequenz des Zweistrahl-Anemometers.

In turbulenten Strömungsfeldern können Fluidbewegungen in alle Raumrichtungen auftreten, wobei sich dann auch Bereiche ausbilden können, in denen die Geschwindigkeit Null ist. Mit der in Bild 5.6 dargestellten Grundkonzeption kann dies nicht erfaßt werden. So ist an der Signalfrequenz f_s des Photodetektors nicht erkennbar, ob sich das Partikel von oben nach unten oder von unten nach oben durch das Meßvolumen bewegt. Beide Geschwindigkeitsrichtungen liefern dasselbe Signal. Außerdem werden in Raum- und Zeitbereichen, in denen die Geschwindigkeit den Wert Null annimmt, keine Meßsignale erzeugt. Beide Vorgänge führen zu falschen statistischen Aussagen.

Um auch in hochturbulenten Strömungsfeldern korrekte experimentelle Ergebnisse zu erhalten, muß der Nullpunkt in der Geschwindigkeit-Signalfrequenz-Relation verschoben werden. Dies kann meßtechnisch durch die Aufprägung einer Frequenzdifferenz f_{0s} zwischen beiden Sendestrahlen erreicht werden. Diese Maßnahme bewirkt eine Bewegung der Interferenzstreifen im Meßvolumen. Somit erscheint ein im Meßvolumen unbewegtes Partikel mit einem Detektorsignal, das der Frequenzdifferenz f_{0s} der beiden Sendestrahlen entspricht. Bewegt sich das Partikel in Richtung der Streifenbewegung, so ist die Signalfrequenz f_s kleiner als f_{0s}, bewegt es sich in entgegengesetzter Richtung, ermittelt der Detektor eine Signalfrequenz f_s größer als f_{0s}.

Es stehen verschiedene Techniken zur Verfügung, den Sendestrahlen eine Frequenzdifferenz aufzuprägen. So sind:

- mechanische (rotierendes Beugungsgitter),
- akustooptische (Bragg-Zelle) und
- elektrooptische (Pockels- und Kerr-Zelle)

Methoden anwendbar. Am verbreitesten ist der Einsatz der akustooptischen Frequenzverschiebung mittels Bragg-Zelle.

Das Prinzip der Frequenzverschiebung ist in Bild 5.8 dargestellt: ein Laserstrahl der Frequenz f_0 trifft auf die aus einem Glaskörper bestehende Bragg-Zelle. In dem Glaskörper breiten sich quer zur Strahlrichtung ebene akustische Wellen aus, die von einem piezoelektrischen Oszillator mit der Frequenz f_{0s} erzeugt werden. Die akustischen Wellen rufen im Glas periodische Dichteänderungen hervor, an denen der Laserstrahl, ähnlich wie an einem mechanisch erzeugtem Beugungsgitter, abgelenkt wird. Der durchgehende Strahl nullter Ordnung tritt unverschoben aus, während der abgelenkte Strahl erster Ordnung um die Oszillatorfrequenz f_{0s} in seiner Frequenz verschoben erscheint. In kommerziellen Systemen beträgt die Oszillatorfrequenz häufig 40 MHz. Um gleiche optische Weglängen für beide Sendestrahlen zu haben, durchläuft der zweite Sendestrahl

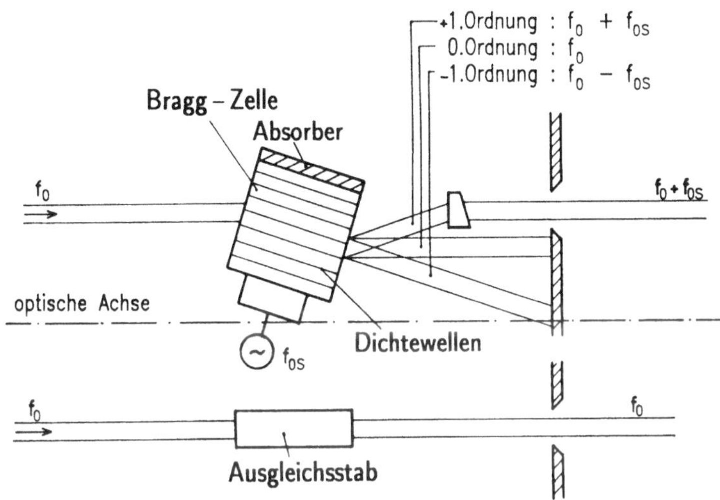

Bild 5.8: Akustooptische Frequenzverschiebung mittels einer Bragg-Zelle.

einen neutralen Glasstab. Bragg-Zellen werden in technisch ausgeführten LDA-Optiksystemen nach dem Strahlteiler und vor einer eventuellen Strahlaufweitung eingesetzt. Mit einer Strahlaufweitung erreicht man eine stärkere Fokussierung der das Meßvolumen definierenden Laserstrahlen, was zu einem günstigeren Signal-Rausch-Verhältnis der Streulichtsignale und verbessertem räumlichen Auflösungsvermögen führt.

Die Strömungsgeschwindigkeit ist eine vektorielle Größe. Neben dem Betrag ist auch die Richtung des Strömungsvektors von Bedeutung. Die bisher erläuterte Meßanlage gestattet die Bestimmung einer einzigen Komponente. In einer stationären Strömung könnte eine zweite Komponente durch Drehung des Optikaufbaus um die optische Achse ermittelt werden. Bei instationären Strömungen ist man aber auf die gleichzeitige Messung der Einzelkomponenten angewiesen. Dies ist prinzipiell dadurch möglich, daß das Meßvolumen durch mehrere Interferenzstreifensysteme mit unterschiedlichen räumlichen Orientierungen gebildet wird. Das Problem dabei ist die Trennung der Streulichtanteile der verschiedenen Interferenzstreifensysteme in der Empfangsoptik. Die Kanaltrennung kann durch:

- Verwendung von verschiedenfarbigem Laserlicht,
- unterschiedliche Polarisationsebenen der Sendestrahlen oder
- unterschiedliche Frequenzverschiebungen mittels mehrerer Bragg-Zellen

erreicht werden. Am häufigsten kommt das erste Verfahren zum Einsatz. Für die sogenannte Mehrfarbenoptik dient in der Regel ein Argon-Ionen-Laser als Lichtquelle, der grüne, blaue und violette Wellenlängen mit hoher Intensität emittiert. Bei einer Zweifarbenoptik entstehen im Meßvolumen dann aus zwei senkrecht zueinander orientierten Strahlenpaaren zwei Interferenzstreifensysteme, beispielsweise in grüner und blauer Farbe. Empfängerseitig werden zwei Photodetektoren eingesetzt, denen Interferenzfilter für grünes bzw. blaues Licht vorgeschaltet sind.

Mit der in Bild 5.9 dargestellten Meßanordnung können gleichzeitig zwei Geschwindigkeitskomponenten in turbulenten Strömungsfeldern mit hohem räumlichen Auflösungsvermögen ermittelt werden. Die Sendelinse dient bei der in Bild 5.9 skizzierten Konfiguration auch als Empfangslinse für das in Rückwärtsrichtung ausgesendete Mie-Streulicht. Innerhalb des Optikaufbaus wird das Streulicht fokussiert, mit einer Blende räumlich gefiltert und dann über einen Umlenkspiegel in den Photodetektor-Zweig eingeleitet. Nach einer Farbaufteilung und Interferenzfilterung des Streulichts wandeln die beiden Photodetektoren die optischen Signale in elektrische um.

In Bild 5.9 sind insgesamt vier Sendestrahlen dargestellt: zwei grüne und zwei blaue Laserstrahlen. Man bezeichnet dieses Meßgerät deshalb auch als Vierstrahl-Anemometer. Es sind auch Konfigurationen mit drei Sendestrahlen möglich, wobei dann ein Strahl zwei Frequenzanteile enthält. Dieser Laserstrahl besitzt bei Verwendung eines Argon-Ionen-Lasers eine blau-grüne Farbe. Ein Gerät dieser Bauart wird Dreistrahl-Anemometer genannt.

Quantitative Strömungsuntersuchungen mit Hilfe der LDA-Technik können durch Visualisierungsexperimente ergänzt werden. Sie liefern den Experimentatoren qualitative Vorstellungen von den Abläufen innerhalb des Strömungsfeldes.

Ein bewährtes Verfahren stellt die Nebeldraht-Technik dar, siehe Abschnitt 2.1. Im Gegensatz zur Laser-Doppler-Anemometrie erhält man durch Visualisierungen unmittelbar Vorstellungen von den Strömungsverhältnissen aus einem räumlich ausgedehnten Bereich.

Es ist jedoch problematisch, aus Visualisierungs-Experimenten quantitative Aussagen abzuleiten, insbesondere bei turbulenten Strömungsvorgängen in Ablösegebieten. Hier werden in Zukunft neue Techniken auf der Basis der digitalen Bildverarbeitung Hilfestellungen leisten können.

Ähnliche Ziele werden mit Hilfe der Speckle-Velocimetrie verfolgt. Hierbei wird eine mittels eines Lichtschnitts visualisierte teilchenbeladene Strömung mit zwei oder mehreren kurz aufeinander folgenden Belichtungsimpulsen auf einem fotografischen Material abgebildet. Von den Partikeln entstehen entsprechend der Anzahl der Belichtungsimpulse Abbilder, deren räumlicher Abstand proportional zur lokalen Geschwin-

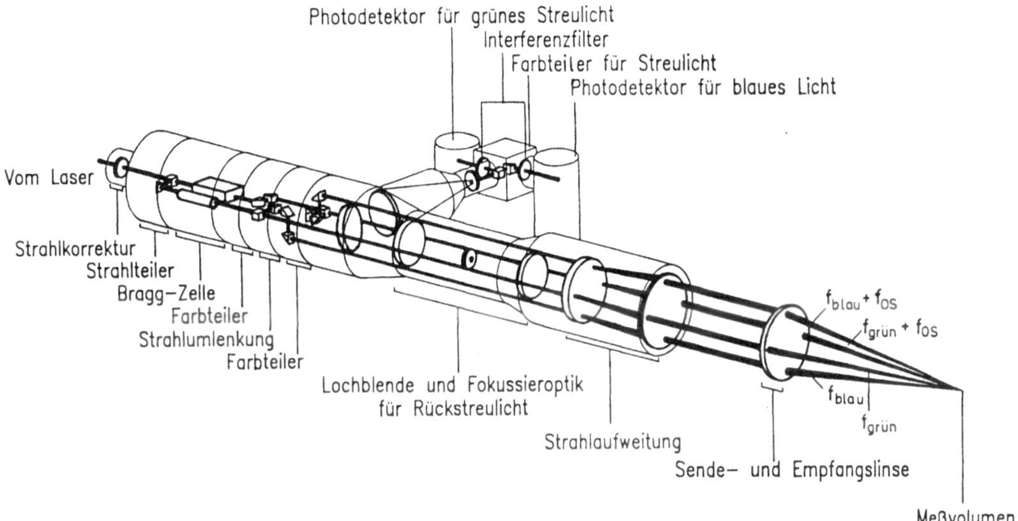

Bild 5.9: Zweikanaliges Modulsystem in Rückstreu-Anordnung.

digkeit ist. Merzkirch (1990) stellte den Stand der Technik in einem Übersichtsartikel zusammen.

Bei der Untersuchung von Strömungssfeldern mit starken Geschwindigkeitsgradienten, wie sie beispielsweise im Überschallbereich auftreten, können die auf Partikeldotierungen basierenden Meßverfahren zu Fehlinterpretationen führen. Die Bewegungen der Partikel weichen in diesen Fällen aufgrund der größeren Massenträgheit von dem Strömungsverlauf gasförmiger Fluide ab. Statt der auf die Mie-Streuung beruhenden Verfahren empfiehlt sich hier der Einsatz der Raman-Technik. Leder (1990) berichtete von alternativen Meßverfahren auf der Basis der Raman-Streuung.

5.3. Meßsysteme zur Untersuchung der Transportgleichungen

Die voranstehenden Abschnitte verdeutlichen, daß optische Sensorsysteme zur Strömungsfeld-Vermessung gut geeignet sind. Hier zeichnen sich hauptsächlich Meßverfahren auf der Grundlage der Laser-Doppler-Anemometrie aus. Bei nahezu interferenzfreier Meßwerterfassung besitzen sie ein hohes räumliches und zeitliches Auflösungsvermögen. Die experimentelle Strömungsforschung kann somit wertvolle Beiträge zur Verbesserung insbesondere der numerischen Verfahren liefern, die von der Güte der Turbulenzmodellierung abhängig sind.

Kapitel 4 hebt hervor, daß bei der theoretischen Behandlung technischer Problemstellungen vielfach auf Turbulenzmodelle zurückgegriffen werden muß. Da jedes Modell nur eine beschränkte Gültigkeit besitzt, treten in den Lösungen in der Regel Ungenauigkeiten auf. Abschnitt 4.1 weist in diesem Zusammenhang auf die Unzulänglichkeit des häufig verwendeten Boussinesq-Ansatzes hin.

Genauere Ergebnisse als mit dem Wirbelviskositäts-Ansatz sind auf der Basis der Transportgleichungen für Reynoldsspannungen zu erwarten. Gleichungssystem (5.8) beschreibt die funktionalen Abhängigkeiten. Auf den linken Seiten der Transportgleichungen stehen die zeitliche Änderung der Reynoldsspannungen und der konvektive Transport. Beide Anteile stehen im Gleichgewicht mit den Termen der rechten Seiten. Hier tritt die Produktion der Spannungen in Erscheinung, ausgedrückt durch die ersten und zweiten Terme der rechten Seiten. Die Druck-Scher-Korrelation, der dritte Term, bewirkt in Nachlaufströmungen eine Umverteilung zwischen den verschiedenen Komponenten der Reynoldsspannungen in Richtung einer isotropen Turbulenz. Die beiden letzten Ausdrücke kennzeichnen die viskose Dissipation bzw. den diffusiven Transport.

$$\underbrace{\frac{\partial\langle u_i'u_j'\rangle}{\partial t}}_{\text{lok. Änderung}} + \underbrace{\langle u_k\rangle \frac{\partial\langle u_i'u_j'\rangle}{\partial x_k}}_{\text{konv. Änderung}} = \underbrace{-\langle u_i'u_k'\rangle \frac{\partial\langle u_j\rangle}{\partial x_k} - \langle u_j'u_k'\rangle \frac{\partial\langle u_i\rangle}{\partial x_k}}_{\text{Produktion der Spannungen}}$$

$$+ \underbrace{\left\langle \frac{p'}{\rho}\left(\frac{\partial u_i'}{\partial x_j} + \frac{\partial u_j'}{\partial x_i}\right)\right\rangle}_{\text{Druck-Scher-Korrelation}} \underbrace{- 2\nu \left\langle \frac{\partial u_i'}{\partial x_k}\frac{\partial u_j'}{\partial x_k}\right\rangle}_{\text{Dissipation}}$$

$$\underbrace{-\frac{\partial}{\partial x_k}\left\{\langle u_i'u_j'u_k'\rangle - \nu \frac{\partial}{\partial x_k}\langle u_i'u_j'\rangle + \left\langle \frac{p'}{\rho}(\delta_{kj}u_i' + \delta_{ki}u_j')\right\rangle\right\}}_{\text{Diffusion}} . \qquad (5.8)$$

Für numerische Berechnungen müssen Terme der rechten Seiten modelliert werden. Da nur wenige experimentelle Daten vorliegen, sind grobe Modellannahmen nicht zu vermeiden. Das hat zur Folge, daß die Rechenverfahren einerseits nur beschränkte Gültigkeit aufweisen und sie andererseits für viele Anwendungen zu ungenaue Ergebnisse liefern. Die Turbulenzsensorik kann hier zu einer wesentlichen Verbesserung des Erkenntnisstandes beitragen.

In den Transportgleichungen treten Mittelwerte bei konstanter Phase auf. Dies wird durch spitze Klammern in den Gleichungen symbolisiert. Da in abgelösten Strömungen die stochastischen Fluidbewegungen vielfach von quasiperiodischen Anteilen überlagert sind, müssen die experimentellen Einrichtungen so ausgelegt sein, daß eine Trennung beider Komponenten durchführbar ist. Abschnitt 5.4 erläutert eine Möglichkeit zur Realisierung dieses Gesichtspunkts.

Die Phasenmittelwerte $<u_i>$ und Schwankungswerte $<u_i'>$ ergeben sich aus den experimentell bestimmten Häufigkeitsverteilungen der Geschwindigkeitsmeßwerte. Zur korrekten Darstellung der Verteilungen ist es notwendig, die Komponenten des Geschwindigkeitsvektors vorzeichenrichtig zu ermitteln. Mit der Pulsdraht-Methode und Fliegender-Hitzdraht-Technik sowie der Laser-2-Fokus-Technik und der Laser-Doppler-Anemometrie (LDA) stehen bei erster Betrachtung vier Verfahren zur Verfügung. Da in Scherschicht-Profilen mit Rückströmanteilen auch der Geschwindigkeitswert Null auftritt, scheiden die Pulsdraht- und die Laser-2-Fokus-Technik aus, da beide Meßverfahren auf eine Weg-Zeit-Messung basieren. Strebt die Geschwindigkeit gegen Null, geht das Zeitintervall zur Detektion der Flugzeit des thermisch markierten Fluids bzw. des Streupartikels gegen unendlich. Bei der Fliegender-Hitzdraht-Technik nach Cantwell und Coles (1983) wirkt sich nachteilig aus, daß der Sensor mittels eines rotierenden Hebelarms in das zu untersuchende Strömungsfeld eingebaut werden muß. Da die am Rand der Ablösegebiete sich ausbildenden freien Scherschichten empfindlich auf Störungen reagieren, s. Abschnitt 5.1, bieten optische Meßverfahren auf der Grundlage der LDA-Technik gegenwärtig den höchsten Genauigkeitsgrad. Aus diesem Grunde konzentrieren sich die folgenden Betrachtungen auf Laser-Doppler-Meßverfahren.

Die in dem Gleichungssystem (5.8) angegebenen Produktionsterme sind für die Erzeugung der Turbulenz verantwortlich. Zur meßtechnischen Erfassung dieser Terme müssen Zweifach-Korrelationen und Gradienten des phasengemittelten Geschwindigkeitsfeldes bestimmt werden. Für die Ermittlung der Korrelationen $<u_i'u_k'>$ ist somit ein zweikanaliges LDA-System erforderlich. Die Gradienten der phasengemittelten Geschwindigkeiten ergeben sich durch eine rasterförmigen Vermessung des Strömungsfeldes mit einer dichten Meßpunktfolge. Abschnitt 5.4 stellt ein geeignetes Meßsystem vor, die in 9.4 erläuterten Meßergebnisse verdeutlichen das gegenwärtige Leistungsvermögen im Bereich der Turbulenzsensorik.

Die meßtechnische Erfassung der Druck-Scher-Korrelation in (5.8) stellt eine besondere Herausforderung für die Turbulenzsensorik dar. Auf diesem Gebiet müssen noch Entwicklungsarbeiten geleistet werden. Mangels verfügbarer experimenteller Daten führte Schumann (1988) instationäre laminare Berechnungen auf der Grundlage der

Navier-Stokes-Gleichungen durch, um ein Verständnis für das "Zusammenspiel" von Druck- und Geschwindigkeitsfeldern zu erlangen. Auf der Basis dieser Erkenntnisse gelang Schumann (1991) eine theoretische Modellierung der Druck-Scher-Korrelation, die zu verbesserten Rechenergebnissen bei der Simulation abgelöster Strömungen nach Klasse b, s. Abschnitt 3.3, führt.

Meßtechnische Ansätze zur Ermittlung von Druckschwankungen stammen von Nasseri und Nitsche (1991). Die Sonde besteht im wesentlichen aus einem Pitotrohr mit dem Durchmesser von 0,5 mm und einem integrierten Hitzdraht, der die Druckschwankungen nach dem Prinzip eines druckproportionalen Durchflußsensors ermittelt.

Neben den Druckschwankungen werden zur Ermittlung der Druck-Scher-Korrelation auch Gradienten der Geschwindigkeitsschwankungen benötigt. Diese Meßgrößen lassen sich aus Häufigkeitsverteilungen experimentell ermittelter Geschwindigkeitsgradienten ableiten. Auf der Basis der LDA-Technik bieten sich hier zwei Verfahren an: das "Mehrpunkt-LDA" und das "Scanning-LDA".

Das "Mehrpunkt-LDA" geht auf Entwicklungen von Nakatani et al. (1985) zurück. Im Gegensatz zum konventionellen LDA mit einem einzigen Meßfokus werden hierbei mittels Beugungsgittern und Zylinderlinsen mehrere Meßvolumina erzeugt, die sehr dicht beieinander liegen. Hiermit lassen sich Geschwindigkeitsgradienten mit hohem räumlichen und zeitlichen Auflösungsvermögen ermitteln. Die räumliche Auflösung liegt im mm-Bereich, die zeitliche im ms-Bereich.

Ein alternatives Meßverfahren beruht auf der schnellen, sequentiellen Abtastung des Geschwindigkeitsprofils. Lehmann und Mante (1988) stellten ein "Scanning-LDA" auf der Basis des Michelson-Interferometers vor, mit dem das Geschwindigkeitsprofil eines Freistrahles mit dem Durchmesser von etwa 15 mm an 70 Punkten innerhalb eines Zeitintervalls von $\Delta t = 1$ ms gemessen werden kann.

Zur Ermittlung des Dissipationsterms müssen die erläuterten Meßsysteme in einer Zweikanal-Version ausgeführt werden, da innerhalb der Korrelationszeit die Gradienten zweier Geschwindigkeitskomponenten aufzunehmen sind.

Im Diffusionsterm ist als erstes die Trippelkorrelation der Geschwindigkeitsschwankungen angeführt. Sie läßt sich mit einem konventionellen Dreikanal-LDA bestimmen. Der zweite Ausdruck innerhalb des Diffusionsterms, die viskose Diffusion, wird in theoretischen Modellen vielfach vernachlässigt. Zur meßtechnischen Erfassung ist im wesentlichen das gleiche Sensorsystem wie für den Dissipationsterm einsetzbar. Der dritte Ausdruck innerhalb des Diffusionsterms läßt sich mit einem ähnlichen Meßgerät wie die Druck-Scher-Korrelation ermitteln, wobei erschwerend hinzukommt, daß hier der Gradient der Druckschwankung auftritt. Diese Anforderung ließe sich prinzipiell durch eine Array-Anordnung des Drucksensors erfüllen.

Zusammenfassend bleibt festzustellen, daß für störungsfreie experimentelle Untersuchungen im Bereich der Strömungsforschung verschiedene optische Meßtechniken zur Verfügung stehen. Einen umfassenden Überblick, insbesondere über hier nicht erläuterte interferometrische Meßverfahren, findet man in dem Buch von Oertel sen. und Oertel jun. (1989).

Die Auswahl des geeigneten Verfahrens ist von dem zu untersuchenden Strömungsvorgang und den gewünschten Meßinformationen abhängig. Im weiteren werden zur Analyse hochturbulenter Ablösegebiete im Unterschallbereich hauptsächlich Ergebnisse von Laser-Doppler-Messungen herangezogen, da sie gegenwärtig den höchsten Genauigkeitsgrad in Verbindung mit hoher räumlicher und zeitlicher Auflösung erreichen.

5.4 Phasengekoppeltes Laser-Doppler-Anemometer

Die in Kapitel 2 vorgestellten phänomenologischen Erscheinungsformen bei Strömungsablösungen zeigen, daß in Totwassergebieten markante periodische Strömungsbewegungen auftreten. Die instationären Vorgänge sind mit dem zeitabhängigen Verhalten der aerodynamischen Kräfte weitgehend korreliert, s. Abschnitt 8.1. In Kapitel 4 kommt zum Ausdruck, daß im turbulenten Fall keine strenge Periodizität in den Strömungsbewegungen auftritt, die instationären Vorgänge laufen vielmehr in einem von den Randbedingungen beeinflußten Frequenzband ab. Zur quantitativen Erfassung dieser quasiperiodischen Vorgänge kann die Laser-Doppler-Meßtechnik eingesetzt werden, wobei über die konventionelle LDA-Technik hinausgehende Erweiterungen bei der Signalverarbeitung notwendig sind.

Bild 5.10 stellt den Aufbau und den Signalfluß in dem für die instationären Untersuchungen verwendeten zweikanaligen Laser-Doppler-Meßsystem dar. Experimentellen Ergebnisse werden in Abschnitt 8.2 und in Kapitel 9 ausführlich diskutiert. Als Lichtquelle dient ein 4 W Argon-Ionen-Laser, der eine grüne und blaue Strahlung mit den Wellenlängen λ = 514,5 nm bzw. λ = 488 nm emittiert. Die optischen Bauteile sind so justiert, daß die Messungen im Rückstreubetrieb ausführbar sind. Die LDA-Optik enthält eine 40 MHz Bragg-Zelle. Somit sind die Geschwindigkeitsmeßwerte auch in hochturbulenten Strömungsbereichen vorzeichenrichtig erfaßbar. Mittels einer 1,9-fachen Strahlaufweitung reduziert sich der Durchmesser des Meßvolumens auf ca. 200 μm. Die Messungen wurden in der Regel mit einer Frontlinse der Brennweite 600 mm ausgeführt.

Zwei Photomultiplier empfangen die Streulichtsignale aus einer Entfernung von etwa zwei Metern und wandeln die optischen Signale in elektrische. Nach einer elek-

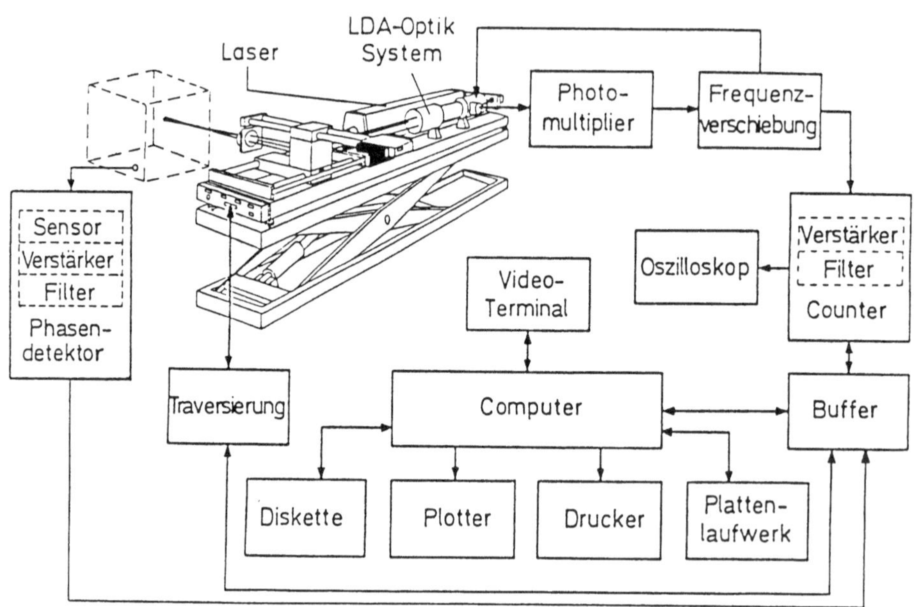

Bild 5.10: Hardware-Anordnung und Signalfluß im Laser-Doppler-Meßsystem.

tronischen Frequenzverschiebung der beiden Photomultiplier-Signale, einer Verstärkung und Bandpaßfilterung verarbeiten zwei Counter die Doppler-Bursts. Mit beiden Signalen wird in einem Bufferinterface eine Koinzidenzfilterung durchgeführt. Somit werden in dem die Meßanlage steuernden Kleinrechner nur die Signalpaare weiterverarbeitet, die in beiden Kanälen gleichzeitig anliegen.

Die Meßwerte der beiden Geschwindigkeitskomponenten gelten dann als gleichzeitig, wenn ihr zeitlicher Abstand kleiner als eine vorwählbare Zeitdifferenz t_f ist. Die maximal zulässige Größe der Zeitdifferenz t_f hängt von der zu untersuchenden Strömungsstruktur ab. Sie muß kleiner als die Korrelationszeit t_k sein, innerhalb der ein Zusammenhang zwischen den Bewegungen der beiden Komponenten vorhanden ist. Die Einstellung für t_f betrug bei diesen Untersuchungen fünf Mikrosekunden. Damit ist gewährleistet, daß die Signale beider Kanäle von demselben Partikel stammen und somit Korrelationsmessungen, beispielsweise zur Bestimmung turbulenter Schubspannungswerte nach Abschnitt 4.1, zuverlässig durchführbar sind.

Der Phasendetektor in Bild 5.10 besteht aus einem Hitzdraht-Anemometer und einer das Analogsignal aufbereitenden Filter- und Verstärkungseinheit. Die Grenzfrequenz des Detektors liegt bei etwa 200 kHz, also weit oberhalb der von den kohärenten Wirbelstrukturen induzierten quasiperiodischen Strömungsbewegungen. Bei Unterschall-Anströmung treten die harmonischen Abläufe im Hz-Bereich auf.

Mit Hilfe des Phasendetektors erfolgt die Ankopplung der LDA-Meßanlage an den oszillierenden Strömungsvorgang. Das Zeitdiagramm in Bild 5.11 verdeutlicht das Prinzip: der Hitzdraht-Sensor bildet den im Geschwindigkeitsfeld auftretenden instationären Vorgang als elektrisches Spannungssignal ab. Überquert das Sensorsignal zwei Triggerpegel in der richtigen Reihenfolge, zuerst den unteren, dann den oberen Pegel, wird ein Reset-Impuls für eine Zeitbasis-Messung generiert, siehe obere Hälfte des Bildes 5.11. Der Abstand zweier Reset-Impulse kennzeichnet die Periodendauer T des Ablösevorgangs. Die innerhalb der jeweiligen Zeitintervalle auftretenden Geschwindigkeitsmeßwerte des LDA-Systems werden mit einer Zeitmarke versehen, wobei jedem koinzidenzgefilterten Meßwertpaar der Zeitabstand Δt zur vorhergehenden gültig bewerteten Messung zugeordnet wird, siehe untere Hälfte von Bild 5.11. Somit lassen sich die Meßwerte nachträglich in eine zeitliche Abfolge bringen.

Um signifikante Informationen über periodische Vorgänge in turbulenten Strömungsbereichen zu erhalten, ist eine phasengemittelte Betrachtung nach Gleichung (4.20) angebracht, siehe Abschnitt 4.3. Hierfür ist das an einem festen Raumpunkt ermittelte Meßwert-Ensemble in n Subpopulationen zu unterteilen, die sich in ihrem Phasenwinkel bezüglich des Triggersignals unterscheiden, s. Bild 5.11. Für die Aus-

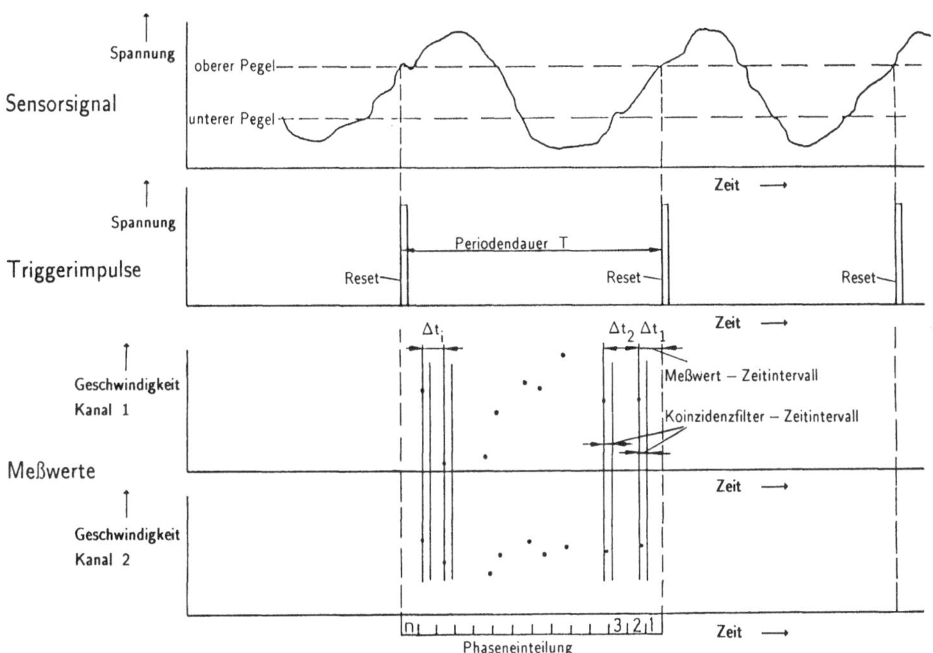

Bild 5.11: Zeitdiagramm zur Erfassung von Mittelwerten bei konstanter Phase.

wertung von Mittelwerten bei konstanter Phase sind die Meßwerte hinsichtlich ihrer Zugehörigkeit zu einem Phasen-Intervall oder Zeitfenster zu sortieren. Dies ist mittels einer dem Meßvorgang nachgeordneten Software-Analyse durchführbar. Somit sind Aussagen über mittlere periodische Abläufe auch bei stochastisch variierenden Periodenlängen T möglich. Die in den nachfolgenden Kapiteln dargestellten Meßwerte bei konstanter Phase beruhen in der Regel auf Mittelungen über mehr als dreihundert Perioden.

6 Strömungsstrukturen in Ablösegebieten

Totwasserströmungen technischer Anwendungsfälle besitzen in der Regel einen turbulenten Charakter. Ähnlich wie die laminaren Fluidbewegungen unterliegen auch die turbulenten Vorgänge in ihrer Gesamtheit quantifizierbaren Ordnungsprinzipien, die sich in Form charakteristischer Strömungsstrukturen und darüber hinaus in systematischen Verhaltensweisen der Ablösegebiete äußern.

Bereits in Abschnitt 2.6 kam zum Ausdruck, daß die Rezirkulationslänge x_r ein charakteristisches Längenmaß für die Strömungsvorgänge in Ablösegebieten ist. Die Betrachtungen werden nun auch auf die stochastischen Schwankungsbewegungen ausgedehnt, die im zeitlichen Mittel räumliche Strukturen annehmen, in denen auch starke Gradienten auftreten.

Dieses Kapitel erläutert typische Erscheinungsformen innerhalb der drei nach Bild 3.5 zu unterscheidenden Strömungsklassen. Während Abschnitt 6.1 die zeitlich gemittelte Struktur der Geschwindigkeitsfelder darstellt, verdeutlicht Abschnitt 6.2 die charakteristischen Verteilungen der Turbulenzterme. Die Messungen wurden in der Regel mit dem in Kapitel 5 erläuterten Laser-Doppler-Anemometer (LDA) durchgeführt. Diese Untersuchungen sind zwar aufwendig, dafür sind die Ergebnisse nur mit einer geringen Meßunsicherheit, die in der Regel in dem Bereich unterhalb von 10% anzusiedeln ist, behaftet.

Die von Parametern wie Druckgradient und Turbulenzgrad der Außenströmung hervorgerufenen Einflüsse auf die Strömungsstruktur werden in Kapitel 7 diskutiert.

6.1 Struktur zeitlich gemittelter Geschwindigkeitsfelder

Bei einseitiger Scherschichtentwicklung nach Klasse a gemäß Abschnitt 3.3 ergeben sich im Vergleich zu den beiden anderen Fällen, Klassen b und c nach Bild 3.5, die größten Ablösegebiete. Ein Beispiel aus dieser Strömungsklasse stellt die senkrecht angestellte ebene Platte mit Totwassertrennplatte dar.

Die obere Hälfte des Bildes 6.1 zeigt das mit dem LDA ermittelte Vektordiagramm. Im zeitlichen Mittel entsteht stromab des Modells ein großräumiges Rezirkulationsgebiet. In unmittelbarer Nähe der angestellten Platte erkennt man eine Sekundärablösung. Sie entsteht in der von Modell und Trennplatte gebildeten Ecke aufgrund des in diesem Bereich für die Rückströmung positiven Druckgradienten.

In der unteren Bildhälfte sind die nach Gleichung (3.2) berechneten Stromlinien

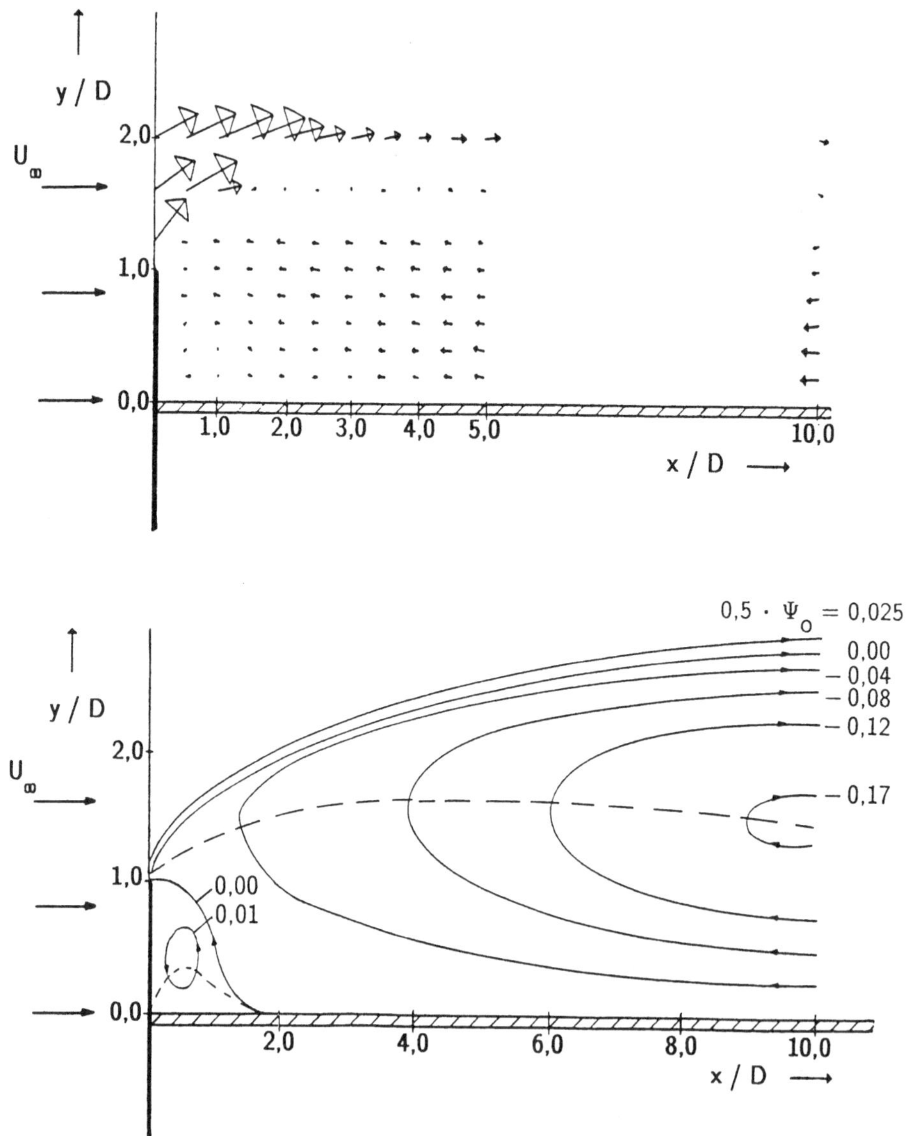

Bild 6.1: Vektordiagramm und Stromlinien im Ablösegebiet der senkrecht angestellten Platte mit Trennplatte, Re = $3{,}3 \cdot 10^4$.

eingezeichnet. Die gestrichelte Linie trennt das Gebiet der Vorwärtsströmung von dem Bereich mit Rückströmung. Die LDA-Untersuchungen konnten nur in der vorderen Hälfte des Ablösegebiets durchgeführt werden, da in der Freistrahl-Meßstrecke des Windkanals weiter stromab keine konstanten Versuchsbedingungen mehr herrschten. Nach Messungen von Ruderich und Fernholz (1986) sowie Castro und Haque (1988) mit gepulsten Hitzdrahtsonden erreicht das Ablösegebiet dieser Konfiguration eine Längenausdehnung von etwa 17 D bzw. 18 D.

Bei der Umströmung eines Kreizylinders bilden sich zwei Scherschichten aus, die im hinteren Bereich des Ablösegebietes in Wechselwirkung treten. Bild 6.2 stellt zeitlich gemittelte Geschwindigkeitsprofile und die entsprechenden Stromlinien dar. Der Vergleich mit Bild 6.1 verdeutlicht, daß in Klasse b ein sowohl in der Längenausdehnung als auch in der Querabmessung deutlich reduziertes Totwasser entsteht.

Die zeitlich gemittelte Strömungsstruktur des Ablösegebiets ist in diesem Fall ein Doppelwirbel, der sich bei symmetrischer Umströmung in der oberen und unteren Halbebene in gleicher Stärke ausbildet. Die bei asymmetrischer Umströmung auftretenden Strukturänderungen erläutert Abschnitt 7.1 im Zusammenhang mit dem von der Körpergeometrie ausgehenden Einfluß auf die Totwasserstruktur.

Im axialsymmetrischen Fall, der Strömungsklasse c, besteht der Ablösebereich im zeitlichen Mittel aus einem Ringwirbel. Bild 6.3 stellt die charakteristische Totwasserstruktur anhand der Kugelumströmung dar. Die Definition der Zylinderkoordinaten x, r und φ wurde bereits in Bild 5.1 für den Kegel durchgeführt. Entsprechende Definitionen gelten auch für die Kugel, wobei der Ursprung des Koordinatensystems im Kugelmittelpunkt liegt. In der graphischen Darstellung sind die in der Ebene $\varphi = 0°$ nach Gleichung (3.3) aus experimentellen Werten berechneten Stromlinien den in der Ebene $\varphi = 180°$ gemessenen Geschwindigkeitsprofilen gegenübergestellt. Die laminare Ablösung von der Kugeloberfläche setzt in diesem Fall bei dem vom vorderen Staupunkt aus gerechneten Umfangswinkel $\beta \approx 82°$ ein.

Die in den Bildern 6.1 bis 6.3 eingetragenen Nullstromlinien $\Psi_0 = 0{,}0$ können als zeitlich gemittelte, fiktive Verdrängungskonturen aufgefaßt werden, die das eigentliche Modell und das zugehörige Ablösegebiet beranden. Entlang den Totwasserkonturen tritt anfänglich eine Strömungsbeschleunigung auf, die stromab der größten Querausdehnung der Verdrängungskörper in eine verzögerte Bewegung übergeht.

Bild 6.4 stellt diesen Vorgang anhand des Kugelmodells näher dar. Aufgetragen sind Linien konstanter Geschwindigkeit, die aus der Länge der Geschwindigkeitsvektoren und dem Vorzeichen der Hauptströmkomponente u in axialer Richtung x aus zeitlich gemit-

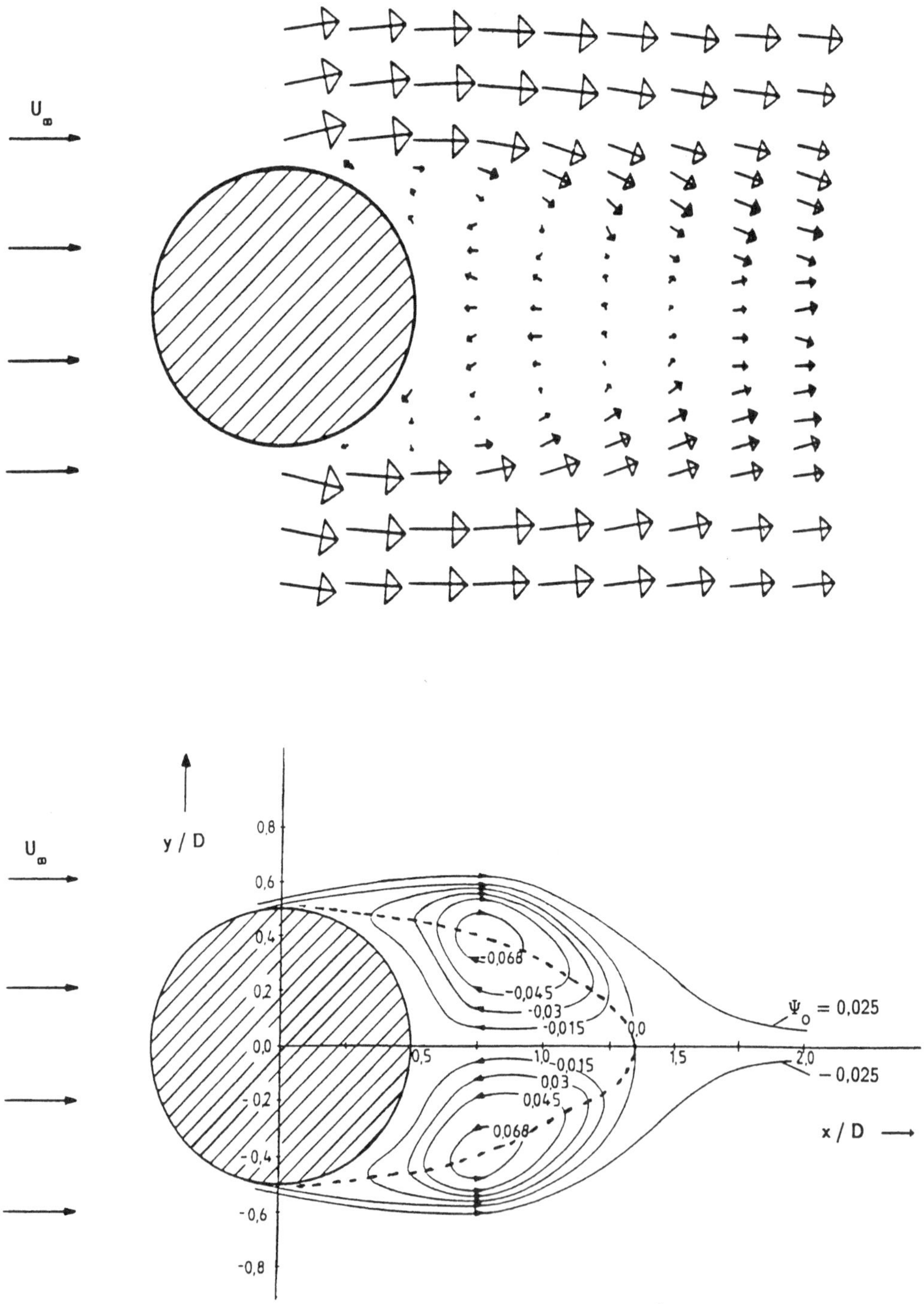

U_∞

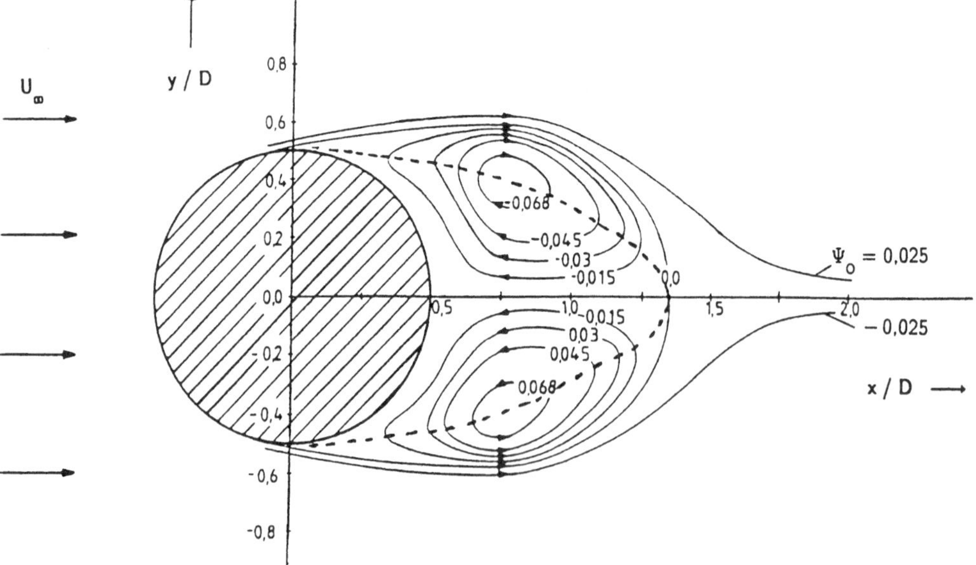

Bild 6.2: Vektordiagramm und Stromlinien im Ablösegebiet des Kreiszylinders, Re = $5{,}5 \cdot 10^4$.

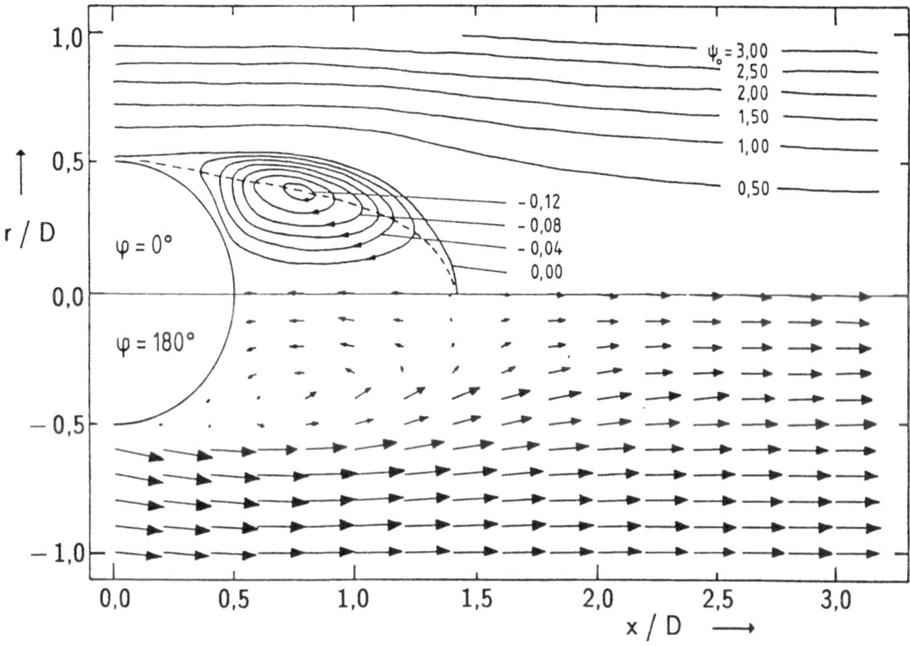

Bild 6.3: Vektordiagramm und Stromlinien im Ablösegebiet der Kugel, Re = $5 \cdot 10^4$.

telten Meßwerten berechnet wurden. Die Normierung der Isotachenwerte erfolgt nach Gleichung (6.1) mit der Anströmgeschwindigkeit U_∞:

$$\langle c_0 \rangle = \frac{\mathrm{sign}(\langle u \rangle) \cdot \sqrt{\langle u \rangle^2 + \langle v \rangle^2}}{U_\infty} \quad . \tag{6.1}$$

Unmittelbar nach der Ablösung bildet sich in radialer Richtung innerhalb der Scherschicht ein starker Geschwindigkeitsgradient aus. Die Geschwindigkeit steigt von dem Wert Null an der Modellwandung steil auf einen Wert oberhalb der Anströmgeschwindigkeit an. Für die Kugel liegt die Maximalgeschwindigkeit bei Re = $5 \cdot 10^4$ oberhalb von $1{,}05 \cdot U_\infty$. Die Beschleunigung der Strömung längs der Berandung des Ablösegebietes setzt sich nach Bild 6.4 in axialer Richtung bis etwa zur Hälfte der Totwasserlänge fort. Die Stromlinien des Scherschichtbereichs erfahren anschließend eine Verzögerung. Im Nachlauf erfolgt dann ein stetiger Geschwindigkeitszuwachs. Das Ablösegebiet der Kugel weist einen maximalen Rückströmwert in Höhe von ca. 30% der Anströmgeschwindigkeit auf.

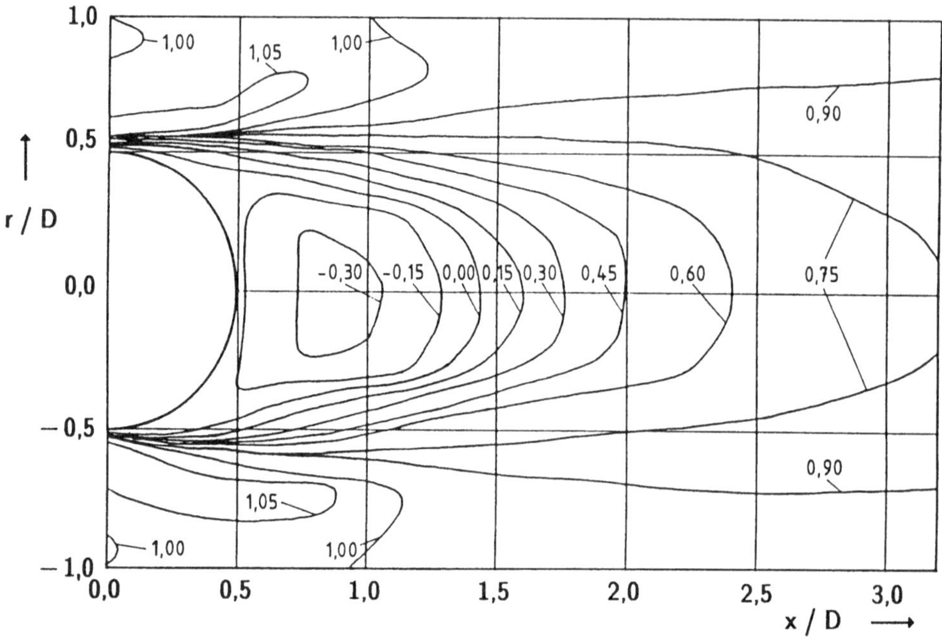

Bild 6.4: Zeitlich gemitteltes Isotachenfeld $<\overline{c_0}>$ im Ablösegebiet und Nachlauf der Kugel bei einer Reynolds-Zahl von $Re = 5 \cdot 10^4$.

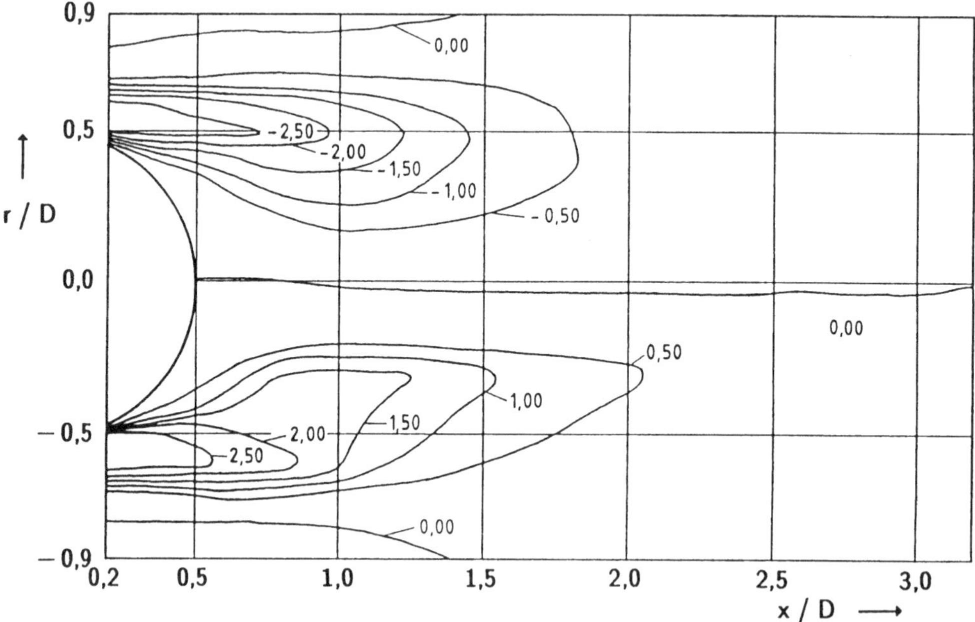

Bild 6.5: Drehung $<\overline{\omega_0}>$ des Strömungsfeldes bei der Kugelumströmung, $Re = 5{,}0 \cdot 10^4$.

Aus den Geschwindigkeitsgradienten kann die Drehung $<\omega>$ des Strömungsfeldes nach Gleichung (6.2) ermittelt werden:

$$<\omega> = \frac{1}{2}\left(\frac{\partial<v>}{\partial x} - \frac{\partial<u>}{\partial y}\right); \qquad <\omega_0> = <\omega>\frac{D}{U_\infty}\,. \tag{6.2}$$

Die entsprechende Verteilung für die mit der Anströmgeschwindigkeit und dem Kugeldurchmesser D normierte Drehung $<\overline{\omega_0}>$ ist in Bild 6.5 dargestellt. Extremwerte treten erwartungsgemäß im Bereich der freien Scherschicht auf, entlang der Symmetrieachse ist $\overline{\omega_0} = 0{,}0$. Die Bilder 6.4 und 6.5 enthalten die Auftragung der zeitlichen Mittelwerte der phasengemittelten Geschwindigkeitswerte $<\overline{c_0}>$ bzw. Drehung $<\overline{\omega_0}>$, was den zeitlichen Mittelwerten $\overline{c_0}$ bzw. $\overline{\omega_0}$ entspricht.

Die Strömungsverhältnisse können mit unterschiedlichen Techniken untersucht werden. Anschauliche Vorstellungen von den Abläufen im Strömungsfeld lassen sich entwickeln, wenn die Vorgänge sichtbar werden. Die Umströmung der Kugel kann mit Hilfe der Nebeldraht-Technik visualisiert werden. Zur Visualisierung von Stromflächen ist es angebracht, die Geometrie des Nebeldrahtes der Modellgeometrie anzupassen.

Bild 6.6 stellt Ergebnisse von Nebeldraht-Untersuchungen am Kugelmodell dar, s. die Farbtafel 3 im Anhang. Die mit weißem Nebel markierte Außenströmung verläuft von links nach rechts. Die weißen Streichlinien lassen sich bis zur Bildmitte gut verfolgen. Im weiteren Verlauf schlägt die Strömung in der freien Scherschicht nach einer axialsymmetrischen Helmholtz-Instabilität in turbulente Bewegungen um. Bild 6.6a stellt den laminar-turbulenten Umschlag dar. Dieses Scherschicht-Verhalten wurde ausführlich in Abschnitt 3.2 erläutert. Der Vergleich mit Bild 3.4 unterstreicht nochmals die Ähnlichkeiten, die bei der Entwicklung freier Scherschichten auftreten.

In dem mit gelben Nebelpartikeln dargestellten Ablösebereich des Bildes 6.6b treten intensive Rückströmungen auf: das gelbe Material gelangte vom Entstehungsort in der Bildmitte stromauf bis in die unmittelbare Nähe der Kugeloberfläche. Die Fotografie unterstützt die in Bild 6.3 dargestellten quantitativen Ergebnisse der Laser-Doppler-Anemometrie.

In Bild 6.6b tritt insbesondere der turbulente Charakter des Ablösebereichs markant in Erscheinung. Im folgenden Abschnitt 6.2 werden die in Ablösegebieten sich ausbildenden Turbulenzstrukturen näher erläutert. Hierbei kommt zum Ausdruck, daß die Schwankungsbewegungen systematischen Ordnungsprinzipien unterliegen, was sich in charakteristischen Strukturen für die Verteilungen der Terme des Reynoldsschen Spannungstensors äußert.

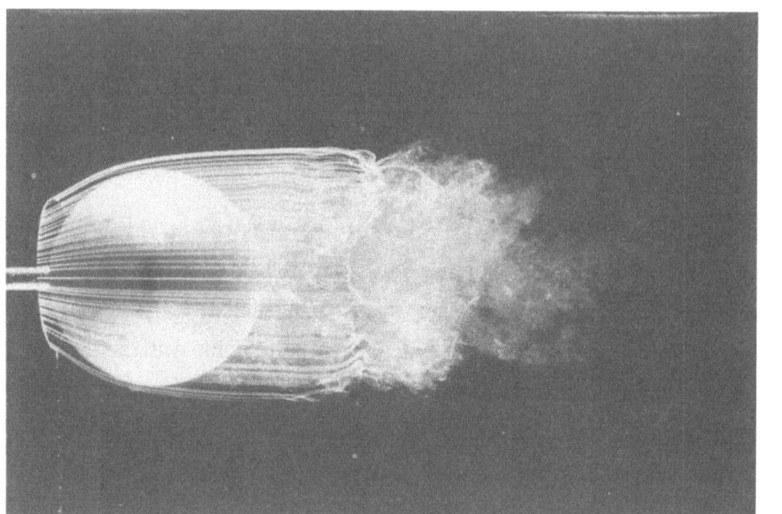

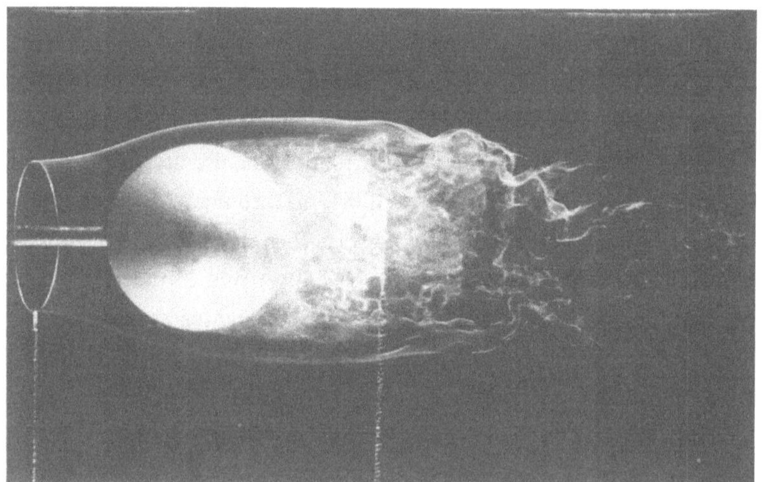

Bild 6.6: Visualisierung der Kugelumströmung bei Re = $1{,}0 \cdot 10^4$. a) Instabilität in der freien Scherschicht, b) turbulenter Strömungsverlauf im Ablösebereich; (s. Farbtafel **3** im Anhang).

6.2 Zeitlich gemittelte Turbulenzstrukturen

Der folgende Abschnitt stellt Verteilungen der Terme des Reynoldsschen Spannungstensors aus den drei Strömungsklassen gegenüber. Sie werden in der Literatur auch allgemein als "Turbulenzterme" bezeichnet.

Die Bilder 6.7 und 6.8 zeigen in Form von Isolinien–Diagrammen die Verläufe der Longitudinal- und Transversal-Komponente $\overline{u^{*2}}$ bzw. $\overline{v^{*2}}$ im Ablösegebiet der senkrecht angestellten ebenen Platte mit Totwassertrennplatte. Die Meßwerte sind mit dem Quadrat der Anströmgeschwindigkeit in dimensionsloser Form aufgetragen. Nach Gleichung (4.17) kennzeichnet das "*"-Symbol die Summe aus periodischen und stochastischen Bewegungen. Da die periodischen Anteile in der Klasse a im Vergleich zu den stochastischen Beiträgen nur sehr geringe Amplituden aufweisen, sind die gesternten Größen in den Fällen mit einseitiger Scherschichtentwicklung identisch mit den stochastischen Termen $\overline{u'^2}$ und $\overline{v'^2}$. Ähnliches gilt auch für Klasse c bei axialsymmetrischer Umströmung. Zwar sind die periodischen Anteile deutlich intensiver als in Klasse a, im Vergleich zur Größenordnung der stochastischen Normalspannungsterme sind sie jedoch um eine Größenordnung geringer. Die Gleichsetzung der gesternten Größen mit gestrichenen Werten bewirkt daher in den Strömungsklassen a und c lediglich eine Unschärfe, die auch im Rahmen der Meßgenauigkeit zu vertreten ist.

Beide Schwankungsterme weisen unmitelbar nach dem Strömungsabriß von der Modellkante einen Anstieg auf. Die in Hauptströmungsrichtung weisende Komponente $\overline{u^{*2}}$ nimmt dabei etwas größere Werte an als die Schwankungsgröße $\overline{v^{*2}}$ in y-Richtung. Die Amplituden der Terme wachsen über den dargestellten Bereich hinaus längs der Scherschicht weiter an. Nach Messungen von Castro und Haque (1987) treten die Maximalwerte im hinteren Bereich des Ablösegebietes auf. Die Ergebnisse der Pulsdrahtuntersuchungen zeigen, daß die Schwankungen in Hauptströmungsrichtung die Größenordnung von $(\overline{u'^2}/U_\infty^2)_{max}$ = 0,09 erreichen, während die Transversalkomponente den geringfügig kleineren Wert von 0,07 annimmt.

Nach Messungen von Ruck und Makiola (1989) in Ablösegebieten rückwärtiger Stufen sowie Untersuchungen von Dimaczek, Tropea und Wang (1988) im Rezirkulationsbereich eines in einer Kanalströmung angeordneten Hindernisses, ergeben sich für die Maximalwerte der Turbulenzterme $(\overline{u'^2}/U_\infty^2)_{max}$ mit etwa 0,07 innerhalb der Strömungsklasse a erwartungsgemäß ähnliche Amplituden.

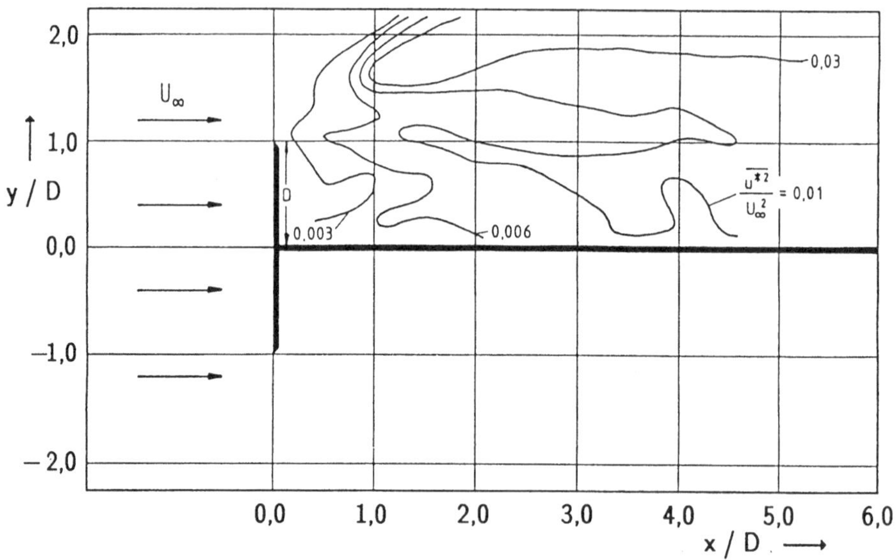

Bild 6.7: Verteilung von $\overline{u^{*2}}/U_\infty^2$ für die senkrecht angestellte Platte, $Re = 3{,}3 \cdot 10^4$.

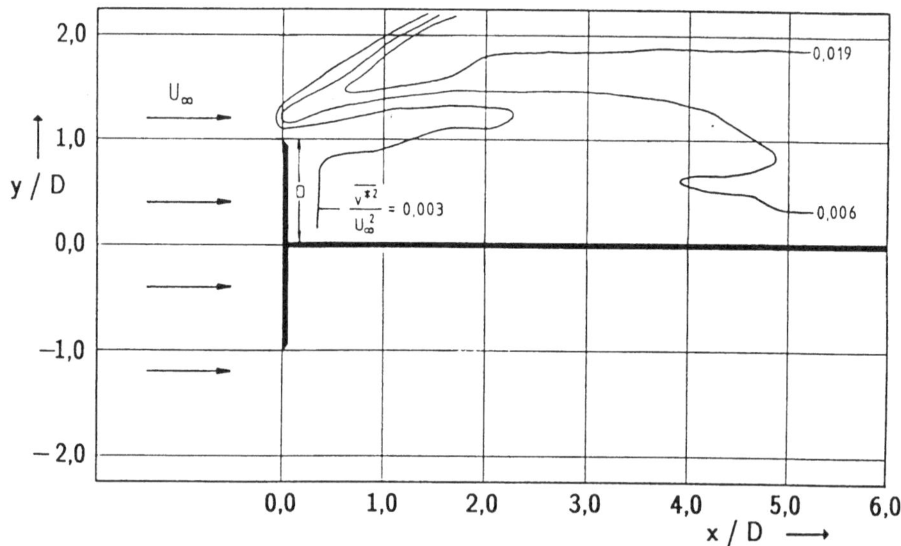

Bild 6.8: Verteilung von $\overline{v^{*2}}/U_\infty^2$ für die senkrecht angestellte Platte, $Re = 3{,}3 \cdot 10^4$.

Die Amplituden der stochastischen Schwankungsbewegungen bei axialsymmetrischer Umströmung nach Klasse c nehmen die gleiche Größenordnung wie in Klasse a an. Bild 6.9 stellt das Isolinien-Diagramm des Phasenmittelwerts der axialen Komponente und Bild 6.10 des radialen Terms dar. Das Beispiel der Kugelumströmung verdeutlicht die charakteristische Verhaltensweise des $<\overline{u'^2}>$-Terms: Maximalwerte der axialen Schwankung entwickeln sich in der freien Scherschicht. Kurz nach der Ablösung wächst u' stark an, um nach dem Durchlaufen des Extremwerts im Bereich von $x \approx 0{,}5\ x_r$ in Richtung zur Symmetrieachse wieder abzufallen.

Die radiale Komponente v' weist eine hiervon abweichende Struktur auf: der Gradient nach der Ablösung ist sehr viel geringer als in axialer Richtung, der absolute Extremwert in der Größenordnung von $<\overline{v'^2}>/U_\infty^2 = 0{,}09$ erscheint auf der Symmetrieachse $r/D = 0{,}0$ im Bereich des Totwasserendes.

Meßergebnisse von Geropp und Leder (1987) an einem 50°-Kegel sowie von Leder und Geropp (1988c) an einer Scheibe weisen insgesamt auf den universellen Charakter von Ablösegebieten hin, die auf einer axialsymmetrischen Scherschichtentwicklung beruhen: bei nahezu identischer Struktur liegen die Maximalamplituden der Reynoldsschen Spannungsterme sowohl für die Kugel- als auch die Kegel- und Plattenumströmung auf dem gleichen Niveau: $(<\overline{u'^2}>/U_\infty^2)_{max}$ und $(<\overline{v'^2}>/U_\infty^2)_{max}$ nehmen Extremwerte zwischen 0,07 und 0,09 an.

Unterschiede in den Reynoldsschen Spannungstermen zu Klasse a sind, neben der ausgeprägten Anisotropie aufgrund der gegenüber der u'–Komponente geänderten Verteilung des v'–Terms, der deutlich in Erscheinung tretende periodische Charakter des Strömungsfeldes. Obwohl die harmonischen Bewegungen deutlich nachweisbar sind, s. Bild 4.2, bleibt die Größenordnung der periodischen Spannungsterme im axialsymmetrischen Fall jedoch um mehr als eine Größenordnung kleiner als die Beiträge der stochastischen Anteile. Kapitel 9 wird näher auf periodische Verhaltensweisen eingehen.

Die in azimutaler Richtung weisende Komponente w' weist im Bereich der Scherschicht eine ähnliche Verteilung wie die axiale Komponente auf, mit Annäherung an die Symmetrieachse nimmt w' jedoch zunehmend die Struktur der radialen Komponente an. Bild 6.11 stellt die nach Gleichung (4.10) berechnete Verteilung der phasengemittelten Turbulenzenergie $<\overline{k}>$ dar, die aus der halben Summe der drei Normalspannungsterme besteht.

Die Gegenüberstellung mit dem in der oberen Bildhälfte dargestellten mittleren Stromlinienfeld zeigt, daß längs der Totwasserberandung die Turbulenzenergie $<\overline{k}>$ erwartungsgemäß maximale Amplitudenwerte annimmt, s. Bild 6.11.

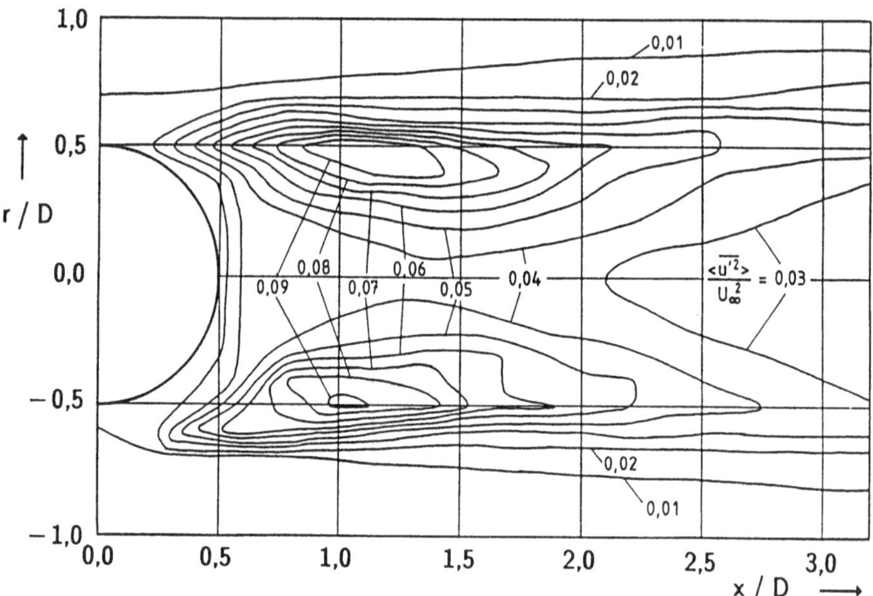

Bild 6.9: Verteilung der Normalspannung $<\overline{u'^2}>/U_\infty^2$ für die Kugel, Re $= 5 \cdot 10^4$.

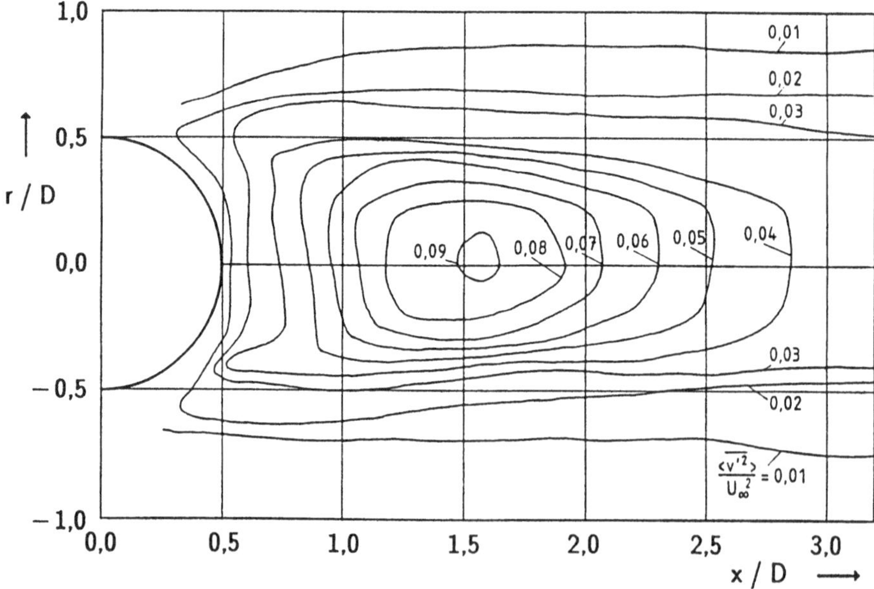

Bild 6.10: Verteilung der Normalspannung $<\overline{v'^2}>/U_\infty^2$ für die Kugel, Re $= 5 \cdot 10^4$.

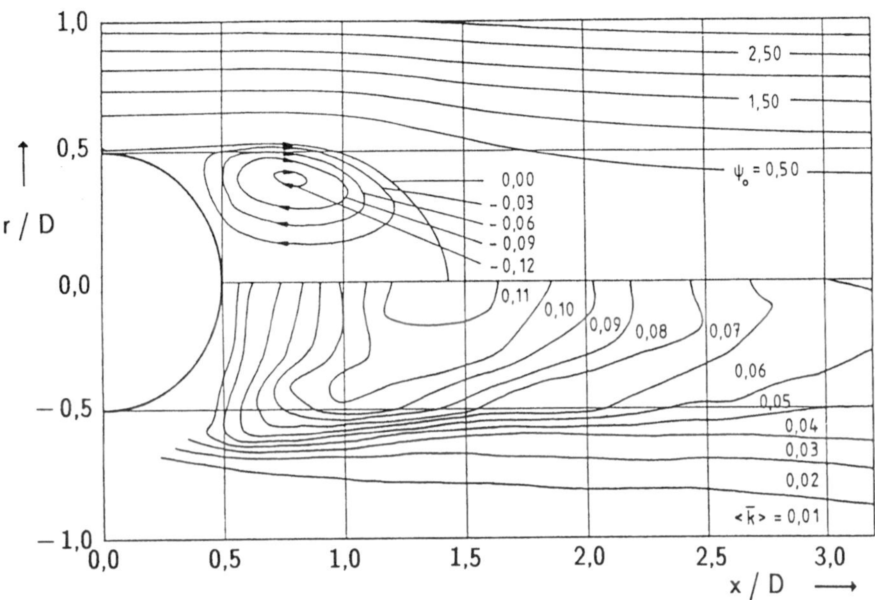

Bild 6.11: Verteilung der phasengemittelten Turbulenzenergie $<\overline{k}>$ für die Kugel, Re = $5 \cdot 10^4$.

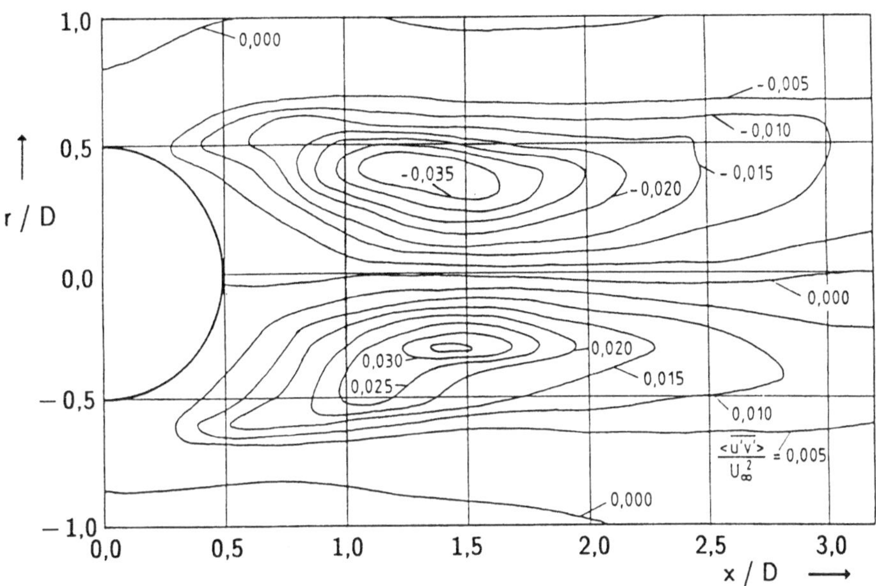

Bild 6.12: Verteilung der Schubspannung $<\overline{u'v'}>/U_\infty^2$ für die Kugel, Re = $5 \cdot 10^4$.

Die Struktur des Schubspannungsterms $<\overline{u'v'}>$ ist in Bild 6.12 dargestellt. In dem Bereich, in dem die Ablösung zweiter Art auftritt, s. Abschnitt 3.1 und Kapitel 9, erreicht die Schubspannung den betragsmäßig größten Wert. Während bei einseitiger Scherschichtentwicklung nach Klasse a das Maximum in typischer Weise eine Amplitude von ca. 0,03 erreicht, s. die Ergebnisse von Ruderich und Fernholz (1986), Castro und Haque (1987) sowie Dimaczek, Tropea und Wang (1988), nimmt es bei axialsymmetrischer Strömung nach Klasse c eine Größenordnung von etwa $<\overline{u'v'}>/U_\infty^2 \approx 0{,}04$ an.

Sehr viel intensivere Mischungsvorgänge im Totwasser beobachtet man in Klasse b bei zweiseitiger Scherschichtablösung. Die Reynoldsschen Spannungsterme prägen sich in diesem Fall sehr viel stärker aus als in den beiden anderen Klassen.

Die Bilder 6.13 und 6.14 stellen Isoliniendiagramme der Normalspannungsterme $\overline{u^{*2}}$ bzw. $\overline{v^{*2}}$ für den Fall des Kreiszylinders dar. Während die Struktur sich ähnlich wie im axialsymmetrischen Fall ausbildet, erkennt man deutliche Änderungen in den Amplituden: die aus periodischen und stochastischen Anteilen sich zusammensetzenden Terme $\overline{u^{*2}}/U_\infty^2$ und $\overline{v^{*2}}/U_\infty^2$ besitzen einen Maximalwert von 0,25 bzw. 0,35.

Das zur selben Scherschicht-Kategorie zählende Modell einer senkrecht angestellten ebenen Platte (ohne Totwasser-Trennplatte, der Koordinatenursprung liegt analog zu Bild 6.1 für die y-Koordinate in der Plattenmitte, die x-Koordinate beginnt an der Abrißstelle) zeigt ein analoges Verhalten: die in den Bildern 6.15 und 6.16 eingetragenen Verteilungen weisen neben ähnlichen Strukturen auch gute Übereinstimmungen mit den Amplituden der Terme des Kreiszylinders auf.

Da die Länge x_r des Ablösebereichs mit 2,45 Plattenbreiten D etwa 80% größer als die Rezirkulationslänge des Kreiszylinders ist, erfahren auch die Positionen der Extremwerte für die longitudinale und transversale Schwankungsgröße des Plattenmodells entsprechende Verschiebungen in Stromabwärts-Richtung. Dieses Verhalten unterstreicht die bereits in Abschnitt 2.6 für Ablösegebiete mit einseitiger Scherschichtentwicklung gezogene Schlußfolgerung, daß der charakteristische Längenmaßstab für abgelöste Strömungen die Totwasserausdehnung x_r ist.

Die markanten Differenzen zwischen den u*- und v*-Komponenten in Strömungsklasse b rühren hauptsächlich von den Unterschieden in den periodischen Anteilen her. Die periodische Komponente $<\tilde{v}^2>/U_\infty^2$ ist mit 0,12 etwa viermal größer als der periodische Term in longitudinaler Richtung. Nähere Einzelheiten zu den systematischen Verhaltensweisen der periodischen Bewegungsanteile werden in Kapitel 9 erörtert. Die gesternten Größen werden dann nach Gleichung (4.17) in periodische und stochastische Komponenten zerlegt.

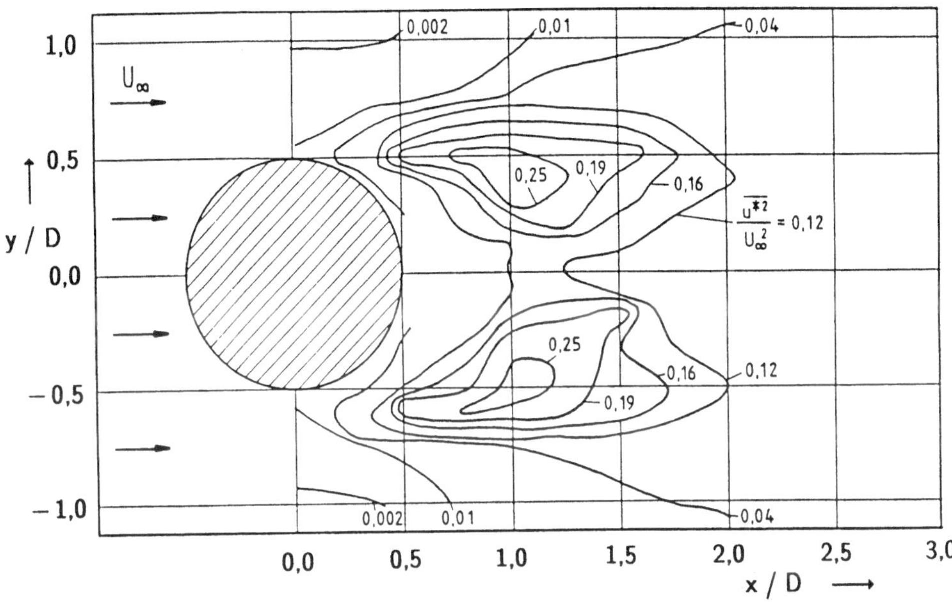

Bild 6.13: Verteilung der Normalspannung $\overline{u^{*2}}/U_\infty^2$ für den Kreiszylinder, Re $= 5{,}5 \cdot 10^4$.

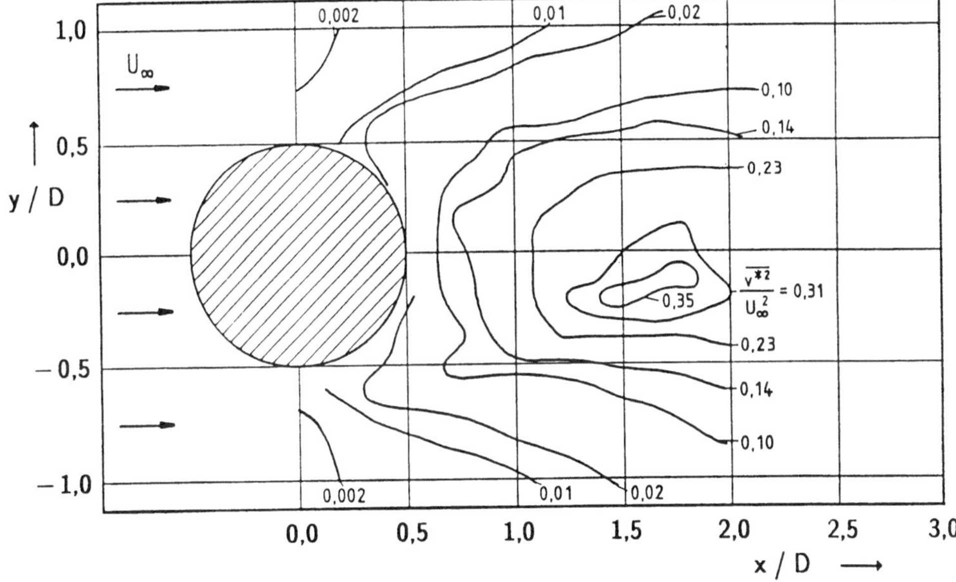

Bild 6.14: Verteilung der Normalspannung $\overline{v^{*2}}/U_\infty^2$ für den Kreiszylinder, Re $= 5{,}5 \cdot 10^4$.

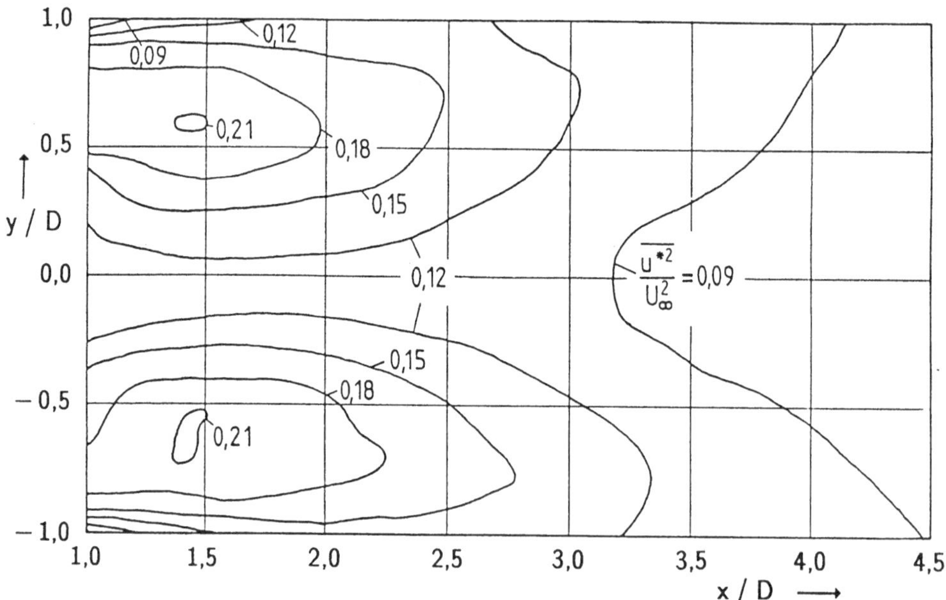

Bild 6.15: Verteilung der Normalspannung $\overline{u^{*2}}/U_\infty^2$ für die Platte, Re = $2{,}8 \cdot 10^4$.

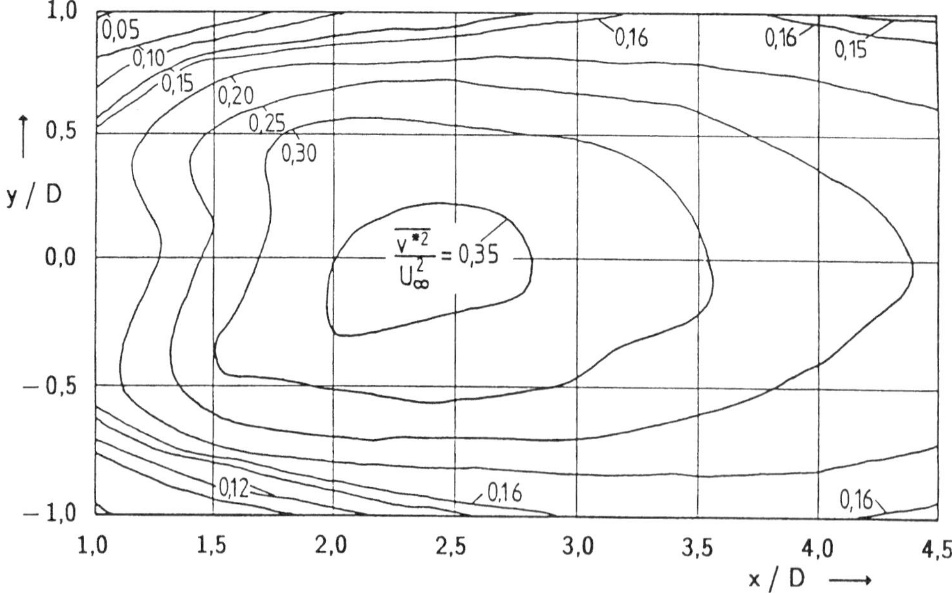

Bild 6.16: Verteilung der Normalspannung $\overline{v^{*2}}/U_\infty^2$ für die Platte, Re = $2{,}8 \cdot 10^4$.

Der Schubspannungsterm $\overline{u^*v^*}$ für die senkrecht angestellte Platte ist in Bild 6.17 dargestellt. Die Extremwerte übertreffen die bei einseitiger und axialsymmetrischer Scherschichtentwicklung nach Klasse a bzw. Klasse c beobachteten Maximalamplituden des Korrelationsterms um ca. 300%.

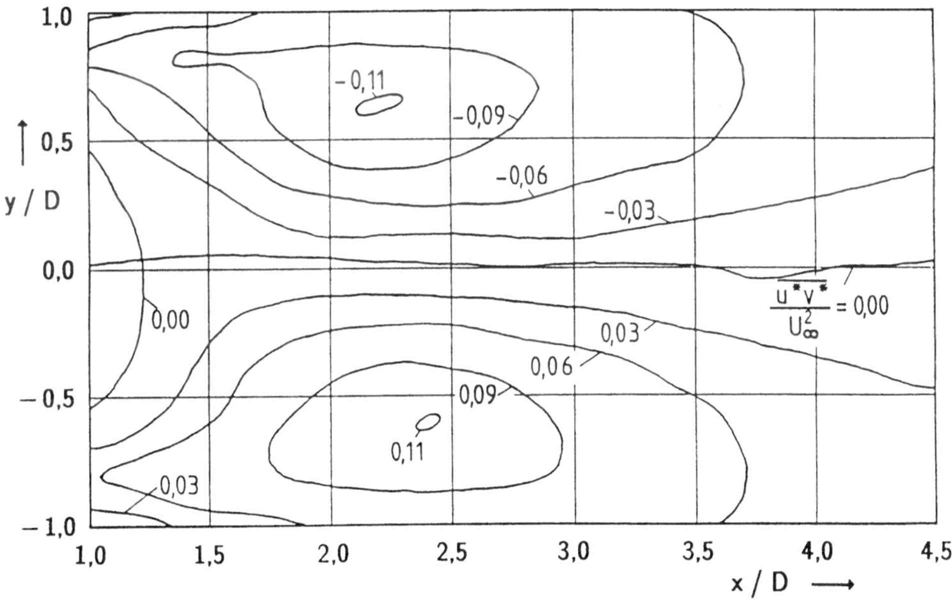

Bild 6.17: Verteilung der Schubspannung $\overline{u^*v^*}/U_\infty^2$ für die Platte, Re = 2,8 · 10^4.

7 Einflußparameter abgelöster Strömungen

Die geometrischen Abmessungen der in Kapitel 6 dargestellten Totwasserstrukturen besitzen eine große Bandbreite. So kann sich beispielsweise die mit der Körperabmessung normierte Längenausdehnung um eine Größenordnung ändern. Die Variation hängt von den jeweils geltenden Randbedingungen für das Strömungsfeld ab.

Die individuelle Strukturbildung innerhalb von Ablösegebieten vollzieht sich unter dem Einfluß einer großen Parametervielfalt. Die Ausdehnung der Rezirkulationsbereiche, die räumlichen Verteilungen und die Amplituden der Turbulenzterme hängen maßgeblich von der Scherschichtgeometrie und dem Zustand der Scherschichtströmung ab.

Die folgenden Abschnitte heben insbesondere den Einfluß der Körpergeometrie, die Bedeutung der Reynolds-Zahl und die Auswirkungen von Druckgradient sowie Außenturbulenz für den Strömungsverlauf in Ablösegebieten hervor.

Die Diskussionen konzentrieren sich vornehmlich auf die Bedeutung dieser Parameter für die Scherschichtentwicklung, da von ihr der wesentliche Einfluß bei der Strukturbildung von Ablösegebieten ausgeht. In diesem Zusammenhang werden nun systematische Verhaltensweisen zeitlich gemittelter Größen diskutiert.

7.1 Geometrieeinfluß

Die Geometrie des umströmten Körpers stellt eine wichtige Einflußgröße für die Abmessungen der Rezirkulationsgebiete dar. Sie bestimmt neben dem Ort auch den Winkel der ablösenden oder abreißenden Grenzschicht bezüglich der Hauptströmrichtung. Bild 7.1 verdeutlicht die Verhältnisse für die symmetrische Umströmung ebener Keilzylinder und die senkrecht angestellte ebene Platte gleicher Abmessung d. Die Größe "d" kennzeichnet die vom Anstellwinkel α abhängige Modellabmessung senkrecht zur Anströmrichtung.

Mit wachsendem Keilwinkel ergeben sich aufgrund des zunehmenden Anfangswinkels der abreißenden freien Scherschichten breitere und längere Rezirkulationsgebiete. Bei einem 15°-Keil zeigen die Ergebnisse der Laser-Doppler-Messungen einen geringen Abrißwinkel der Strömung. Er liegt in der Größenordnung des halben Keil-

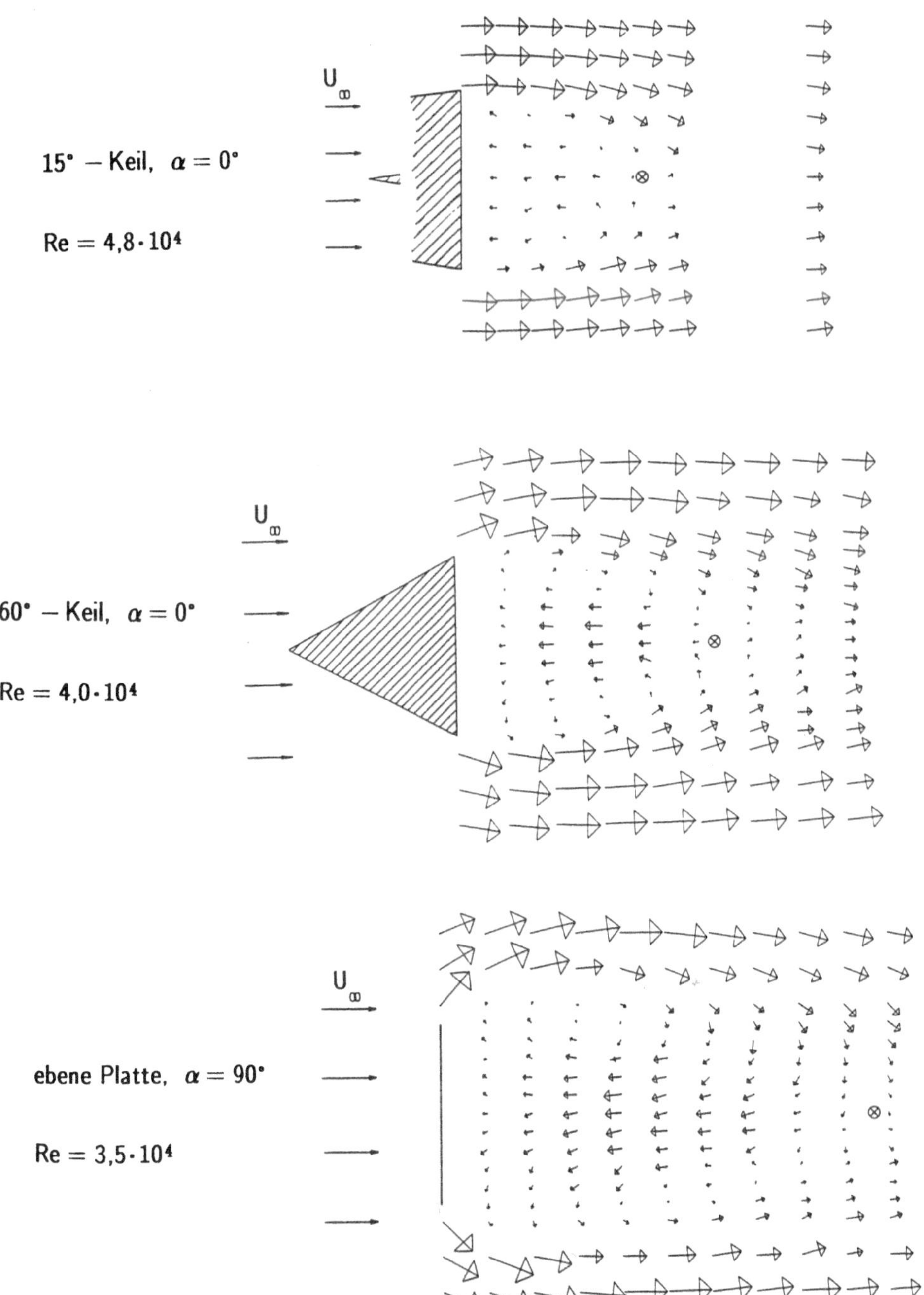

Bild 7.1: Ausdehnung von Ablösegebieten bei unterschiedlichen Anfangswinkeln der freien Scherschichten.

winkels. Somit ist die Längenausdehnung des Ablösegebiets mit $x_r = 1{,}0$ Basisabmessungen d relativ gering. Der 60°-Keil ruft einen merklich größeren Querimpuls innerhalb der Scherschichtströmung hervor, was zu einer Ablöselänge x_r von ca. 1,45 d führt. Den Grenzfall maximalen Keilwinkels mit $\beta = 180°$ stellt die senkrecht angestellte ebene Platte dar. Sie liefert mit $x_r = 2{,}45$ Plattenabmessungen d im Rahmen dieser Betrachtungen das längste Totwasser.

Ähnliche Verhältnisse treten bei axialsymmetrischen Körpern auf. Während bei einem symmetrisch angeströmten 50°-Kegel eine Ablöselänge von 1,78 Basishöhen entsteht, erreicht x_r für die Kreisscheibe den Wert von 2,55 Durchmessern. Der graphischen Darstellung von Bild 7.2 ist zu entnehmen, daß sich bei ebener Modellgeometrie kürzere Ablöselängen ausbilden.

Eine Ursache für die geringere Totwasserlänge ebener Anordnungen ist der stärkere Unterdruck im Ablösegebiet. Der Totwasserdruck bewirkt eine Krümmung der freien Scherschichten in Richtung zur Symmetrieachse, siehe hierzu auch die Darstellungen in Bild 3.2b und 3.2c. Es ist offsichtlich, daß mit wachsendem Unterdruck die Berandung des Rezirkulationsgebiets eine stärkere Krümmung erhält und somit die Länge x_r abnimmt. Während bei Axialsymmetrie die Druckbeiwerte c_p im Ablösegebiet Minimalwerte in der Größenordnung von $c_p = -0{,}5$ annehmen, liegen sie bei symmetrischer

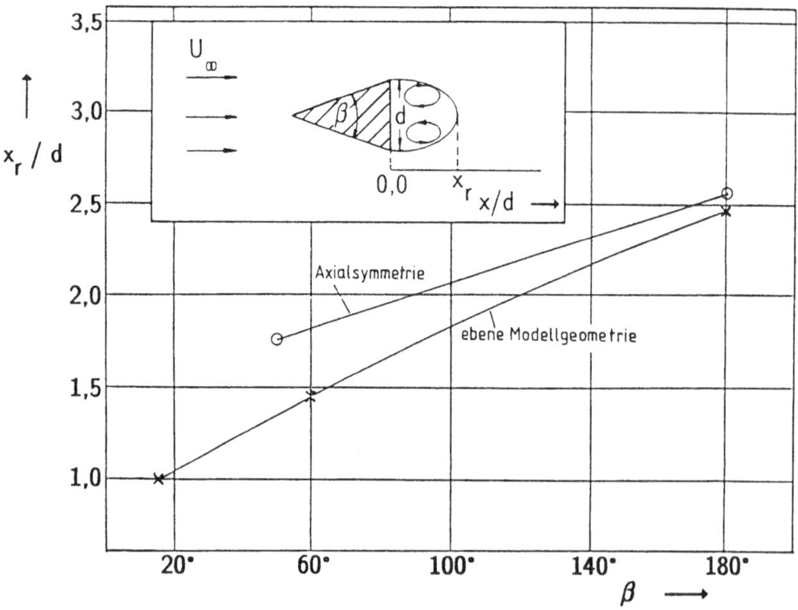

Bild 7.2: Abhängigkeit der Rezirkulationslänge x_r vom Kegel- und Keilwinkel β.

Umströmung ebener Konfigurationen in typischer Weise im Bereich von $c_p = -1{,}5$. Bild 7.3 stellt experimentell ermittelte Druckverläufe beider Strömungsklassen gegenüber. Bei Ähnlichkeiten in den Druckverläufen entlang den Oberflächen, in der linken Bildhälfte dargestellt, und innerhalb der Ablösegebiete, im Diagramm auf der rechten Bildseite zu sehen, treten deutliche Unterschiede im Druckniveau der Minimalwerte auf: im ebenen Fall (offene Kreissymbole) ist das Druckminimum stärker ausgeprägt als bei Axialsymmetrie (ausgefüllte Kreissymbole).

Der Druck im Totwasser steuert das Gleichgewicht von Entrainmentvorgängen und dem Ausströmen von Fluid aus dem Totwasserbereich. Die dynamischen Abläufe bei dem Austauschvorgang kommen in Kapitel 9 ausführlich zur Sprache.

Der scharfkantige Modellrand bei den untersuchten Kegeln, Keilen, Scheiben und Platten sorgt für eine Fixierung der Abrißstelle. In dem untersuchten Reynolds-Zahl-Bereich von $2 \cdot 10^4$ bis $2 \cdot 10^5$ ergeben sich daher bei turbulenzarmer Modellanströmung konstante Totwasserlängen. In diesem Zusammenhang sei auf Bild 5.2 und die weiteren Ausführungen in Abschnitt 7.2 hingewiesen.

Bei einer Neigung der Modellachse gegenüber der Anströmung entsteht nach Bild 7.4 eine asymmetrische Totwasserströmung. Im Ablösebereich bilden sich im zeitlichen Mittel bei ebener Geometrie zwei unterschiedlich starke Wirbel aus: unmittelbar hinter

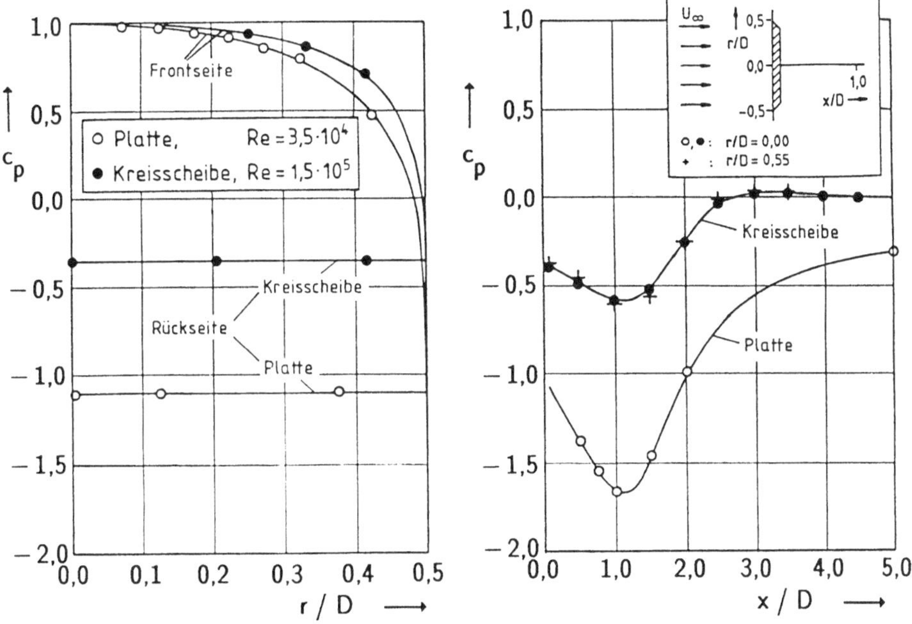

Bild 7.3: Druckverläufe entlang der Front- und Rückseite (links im Bild) sowie innerhalb des Ablösegebietes (rechte Bildseite) bei ebener Plattenumströmung und axialsymmetrischer Anströmung der Kreisscheibe.

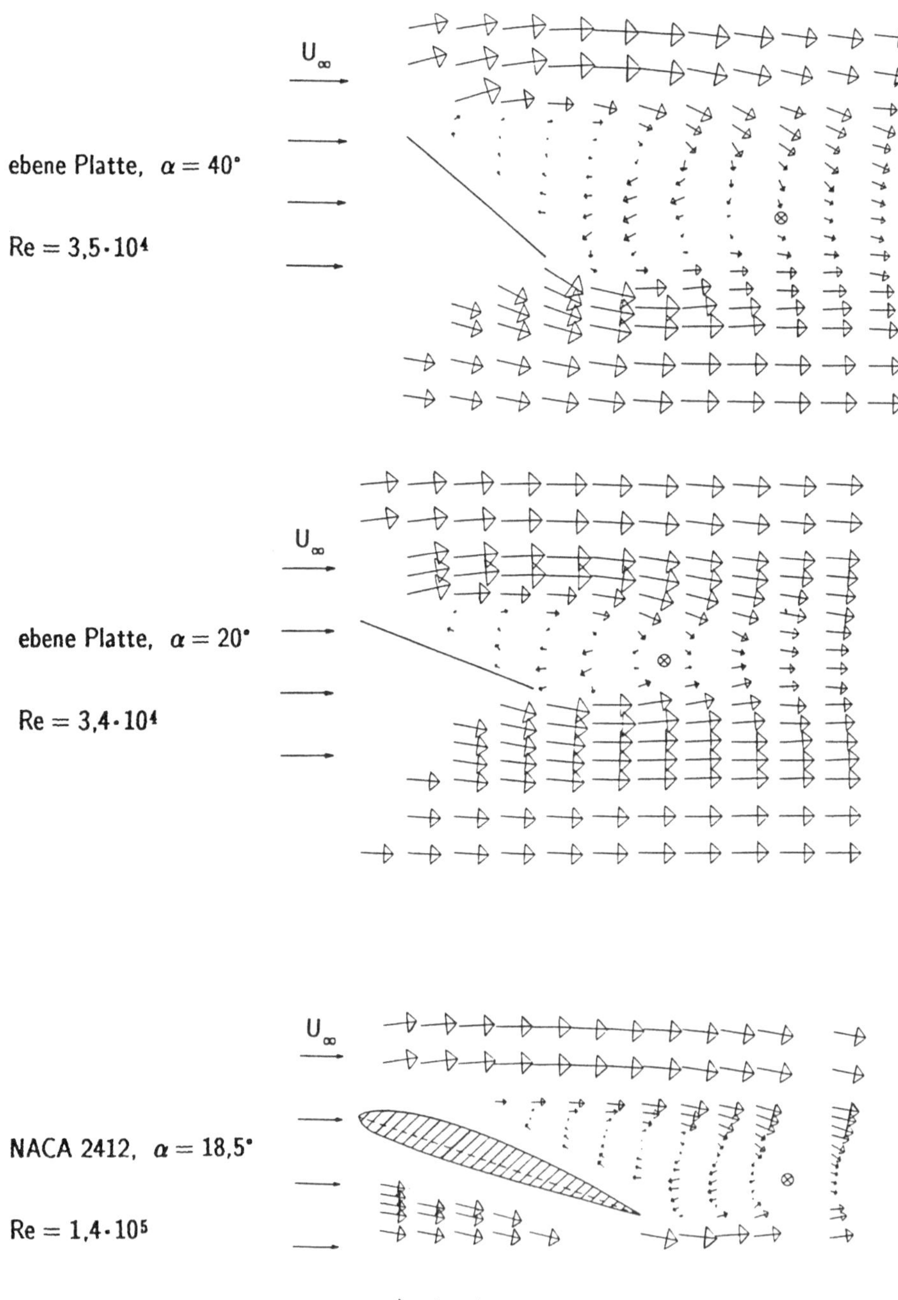

Bild 7.4: Asymmetrische Strömungen in dem Ablösegebiet der ebenen Platte und des NACA-Profils.

der Modellvorderkante befindet sich ein stärkerer als stromab der Hinterkante. Auch Bild 7.4 verdeutlicht, daß turbulente Ablösegebiete systematische Gesetzmäßigkeiten aufweisen: das Tragflügelprofil und die ebene Platte nehmen bei gleicher Anstellung ähnliche Totwasserstrukturen an.

Im Bereich der Modellvorderkante tritt eine starke Strömungsumlenkung in Verbindung mit einer anfänglichen Beschleunigung der Strömung längs der fiktiven Berandung des Ablösegebiets auf. Die Beschleunigungsphase nimmt mit sinkendem Anstellwinkel α ab, wodurch das Druckminimum zunehmend näher an die Vorderkante rückt. Stromab der größten Querausdehnung des Totwassers verzögert sich die Strömung bei ansteigendem Druck. In der von der Modellhinterkante ausgehenden Scherschichtströmung tritt die Verdrängungswirkung durch Modell und Totwasser mit abnehmendem Anstellwinkel α zunehmend in den Hintergrund. Die freie Scherschicht erhält somit einen geringeren Impuls, wodurch sowohl der Unterdruck im Totwasser als auch die Intensität der Scherschicht-Wechselwirkung abnehmen. Meßergebnisse von Geropp und Leder (1985) zeigen, daß hierbei die Amplituden der Turbulenzterme abnehmen.

Bild 7.5 stellt die Länge x_r des Rezirkulationsbereichs als Funktion des Anstellwinkels α dar. Bezieht man die Ausdehnung x_r auf die winkelunabhängige Modellabmessung D, so stellt man mit steigendem Winkel anhand der durchgezogenen Kurve eine Zunahme von x_r fest. Dies entspricht der Erwartung, da sich bei stärkerer Anstel-

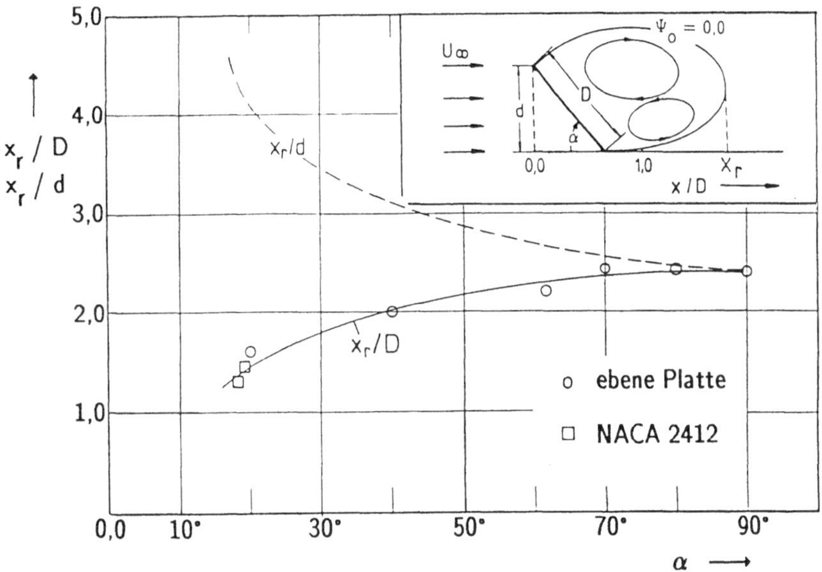

Bild 7.5: Längenausdehnung des Ablösebereichs als Funktion des Anstellwinkels α.

lung größere Querabmessungen der Modelle ergeben. Die physikalisch relevantere Größe zur dimensionslosen Auftragung der Ablöselänge x_r ist der Abstand der freien Scherschichten oder die Modellabmessung d senkrecht zur Anströmung. Bei dieser Darstellungsweise beobachtet man mit zunehmendem Winkel α aufgrund des sich stärker ausprägenden Totwasserunterdrucks eine Reduzierung von x_r/d, siehe gestrichelt eingetragenen Kurvenverlauf.

7.2 Einfluß der Reynolds-Zahl

Neben den in Abschnitt 7.1 diskutierten Abhängigkeiten vom Totwasserdruck, Abrißwinkel und Impuls der freien Scherschichten spielt der Zustand der Scherschichtströmung eine wichtige Rolle für die Struktur der Ablösegebiete. Die entscheidende Kennzahl hierfür ist die Reynolds-Zahl Re.

Betrachtet man die Umströmung eines Kreiszylinders, so verläuft unterhalb der Reynolds-Zahl von $Re \simeq 200$ die Strömung in der freien Scherschicht laminar, oberhalb von $Re \simeq 10^4$ ist sie voll turbulent. Den Zwischenbereich von $2 \cdot 10^2 < Re < 10^4$ füllt der transitionale Zustand aus. Wie bereits in Kapitel 3.2 erläutert, verlagert sich der Ort des laminar-turbulenten Umschlags im transitionalen Bereich mit wachsender Re-Zahl stromauf in Richtung zur Ablösestelle.

Ergebnisse von Laser-Doppler-Messungen unterstreichen diesen Vorgang: die Bilder 7.6 und 7.7 stellen Verteilungen des zeitlich gemittelten Schwankungsterms $\overline{u^{*2}}$ in Hauptströmungsrichtung innerhalb des Ablösegebietes von Kreiszylindern dar. Die Normierung erfolgt mit der Anströmgeschwindigkeit. Nach Gleichung (4.17) kennzeichnet das "*"-Symbol die Summe aus periodischen und stochastischen Schwankungsbewegungen. Den graphischen Darstellungen ist zu entnehmen, daß die Schwankungsbewegungen in beiden freien Scherschichten nach der Ablösung stark ansteigen. Das Maximum tritt stromab der größten Totwasser-Querausdehnung auf. In diesem Bereich weist die Scherschichtströmung bereits bei ansteigendem Druck in Richtung der Symmetrieachse. Bei weiterer Annäherung an die Symmetrieachse $y/D = 0{,}0$ fällt die Amplitude von $\overline{u^{*2}}$ stark ab. Im Rahmen der Experimentiergenauigkeit ergeben sich nahezu symmetrische Verteilungen. Dieses Verhalten wurde bereits in Abschnitt 6.2 erläutert. Vergleicht man nun die Ergebnisse bei $Re = 9{,}3 \cdot 10^3$ in Bild 7.6 mit den Messungen aus dem turbulenten Bereich bei $Re = 5{,}5 \cdot 10^4$ des Bildes 7.7, so beobachtet man bei ansteigender Reynolds-Zahl eine Stromauf-Verlagerung der Positionen für die Maximalwerte in $\overline{u^{*2}}$: der Extremwert an der Stelle $x/D = 1{,}5$ in Bild 7.6 verlagert sich

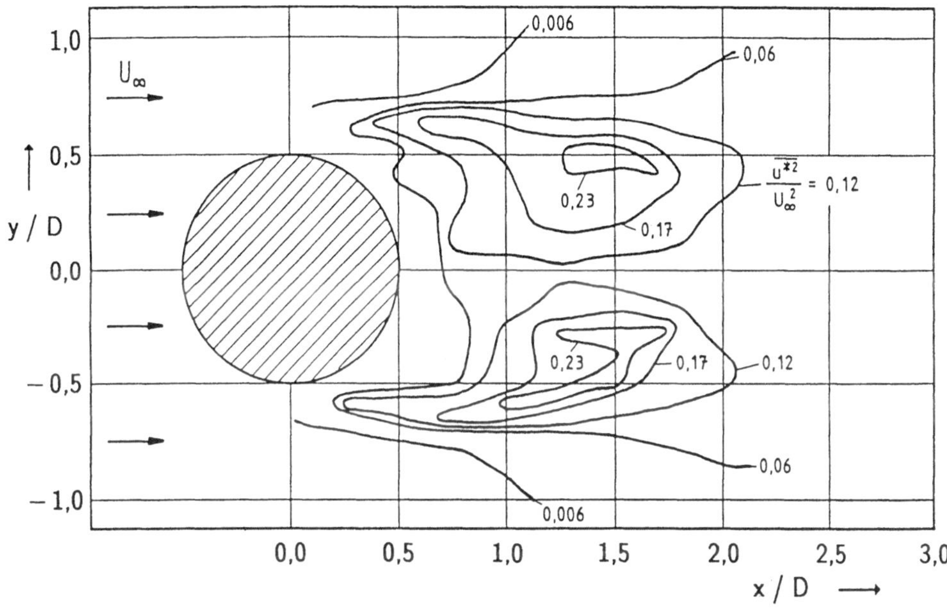

Bild 7.6: Verteilung der Schwankungsgröße $\overline{u^{*2}}/U_\infty^2$ für den Kreiszylinder, Re = 9,3 · 10³.

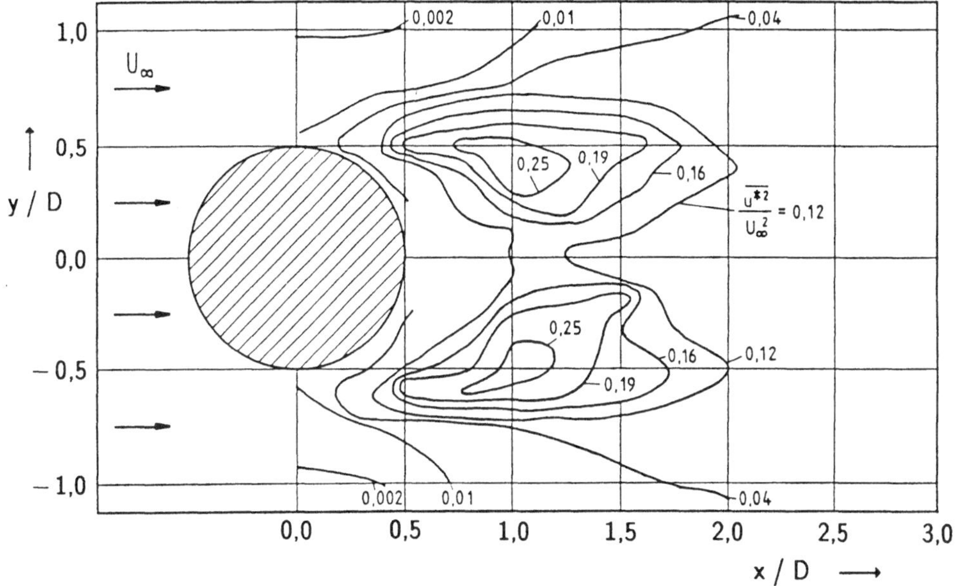

Bild 7.7: Verteilung der Schwankungsgröße $\overline{u^{*2}}/U_\infty^2$ für den Kreiszylinder, Re = 5,5 · 10⁴.

nach x/D = 1,0 bei Re = 5,5·10⁴. Der schnellere Übergang der Scherschichtströmung in den turbulenten Zustand bei höherer Reynolds-Zahl induziert in dem $\overline{u^{*2}}$-Term gleichzeitig einen stärkeren Gradienten in x-Richtung.

Je früher der laminar-turbulente Umschlag in der freien Scherschicht nach der Ablösung erfolgt, desto kürzer ist die Rezirkulationslänge. Der physikalische Grund für diese Verhaltensweise ist in dem schnelleren Abbau des Impulses innerhalb der ablösenden Grenzschicht aufgrund der Turbulenzbewegungen und der nachfolgenden intensiveren Durchmischung des Ablösegebiets mit energiereicherem Fluid der Außenströmung zu sehen.

Bild 7.8 stellt die Reynolds-Zahl-Abhängigkeit der Totwasserlänge x_r für den Kreiszylinder dar. Im laminaren Bereich steigt die Ablöselänge nach LDA-Messungen von Bates (1979) und Experimenten zur Visualisierung der Strömung im Wasserkanal von Leder (1983) bis zum Re-Wert von etwa 200 an. Gerrard (1978) ordnete aufgrund von Visualisierungen den Übergang zum transitionalen Zustand dem Reynolds-Zahl-Bereich von 250 bis 500 zu. Mit steigender Reynolds-Zahl fällt dann die Rezirkulationslänge im transitionalen Gebiet stark ab, um bei ausgebildeter Turbulenz oberhalb von Re ≃ $1{,}0 \cdot 10^4$ nach Laser-Messungen von Leder (1983) nur noch geringe Änderungen aufzuweisen.

Ähnliche Verhältnisse ergeben sich bei axialsymmetrischen Scherschichtentwick-

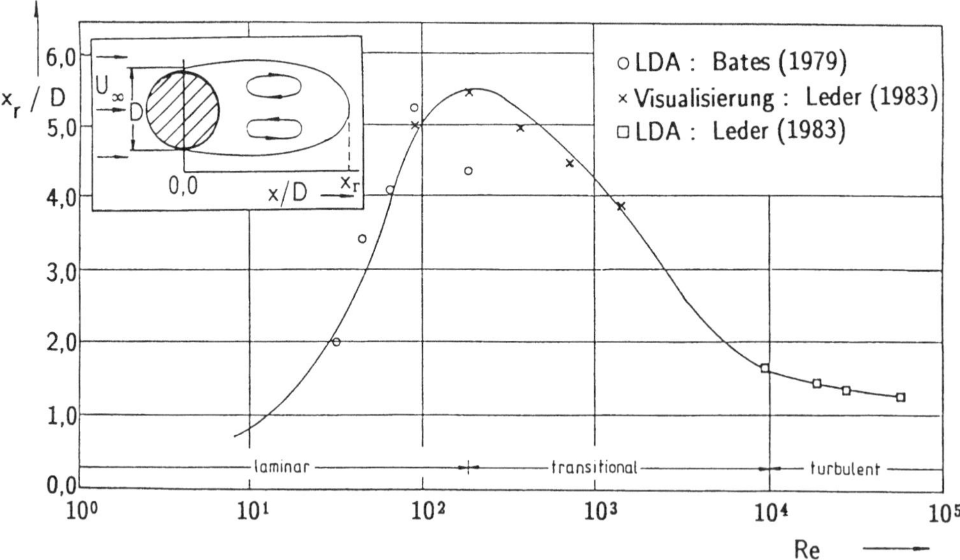

Bild 7.8: Reynolds-Zahl-Abhängigkeit der Rezirkulationslänge x_r des Kreiszylinders.

lungen. Besondere Beachtung verdient der Reynolds-Zahl-Bereich, in dem die anliegende Grenzschichtströmung turbulenten Charakter annimmt. Für die Kugelumströmung tritt der Grenzschicht-Umschlag nach Messungen von Wieselsberger, Betz und Prandtl (1923) bei $Re \simeq 2 \cdot 10^5$ auf. Er ist durch einen steilen Abfall des Widerstandsbeiwerts c_w charakterisiert, siehe Bild 7.9. Die Graphik stellt dem Verlauf des c_w-Werts die Reynolds-Zahl-Abhängigkeit der Rezirkulationslänge x_r im turbulenten Scherschichtbereich gegenüber: von $Re = 1{,}0 \cdot 10^4$ bis $5{,}0 \cdot 10^4$ zeigen sich lediglich geringfügige Totwasseränderungen. Dies entspricht dem typischen Verhalten bei turbulenter Scherschichtströmung. Mit wachsender Reynolds-Zahl stellt man anschließend einen zunehmend steileren Abfall in x_r fest, der auf die allmähliche Verlagerung der Ablösestelle von der Vorderseite zur Rückseite der Kugel zurückzuführen ist. Im überkritischen Bereich ergeben sich dann nahezu konstante Verhältnisse. Der Rezirkulationsbereich endet bei $Re = 2 \cdot 10^5$ bereits an der Stelle $x_r \simeq 0{,}7$ D.

Die Abnahme der Totwasserlänge bei der kritischen Reynolds-Zahl tritt nicht so abrupt auf wie im Widerstandsbeiwert. Eine Ursache hierfür ist die Modellaufhängung. Im Rahmen der Laser-Doppler-Messungen kam die in Bild 5.1 dargestellte Frontstielhalterung zum Einsatz. In der Nähe der kritischen Reynolds-Zahl treten starke instationäre Kräfte auf, die von der Halterung nicht ausreichend gedämpft werden. Oberhalb von $Re \simeq 1{,}0 \cdot 10^5$ führte das Kugelmodell daher leichte Schwingungen aus, die eine

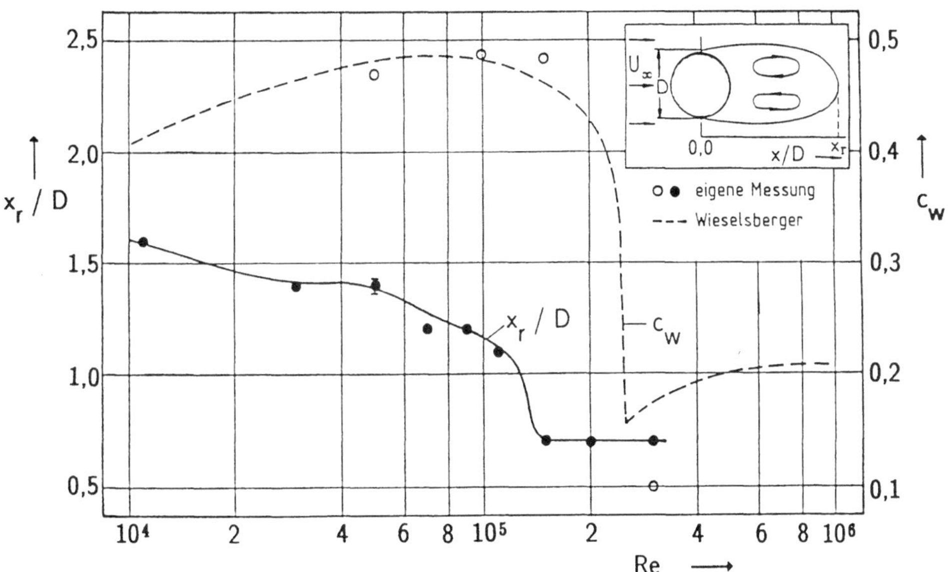

Bild 7.9: Abhängigkeit der Rezirkulationslänge x_r für Kugel von der Reynolds-Zahl.

Anfachung der Turbulenzbewegungen in der Scherschichtströmung bewirkten. Dies trägt zu einer Reduzierung der Totwasserlänge x_r schon vor dem Erreichen der kritischen Reynolds-Zahl bei.

In der Strömungsklasse a mit einseitiger Scherschichtentwicklung nach Abschnitt 3.3 stellt sich ein analoges Verhalten für die Wiederanlegelänge x_r ein. Aufgrund fehlender Wechselwirkungen innerhalb der Scherschichtströmungen und der somit reduzierten Austauschintensität zwischen Außenströmungs- und Ablösebereich entstehen bei einseitiger Scherschichtentwicklung nach Abschnitt 6.1 bekanntlich längere Rückströmbereiche als bei zweiseitiger oder axialsymmetrischer Ablösung.

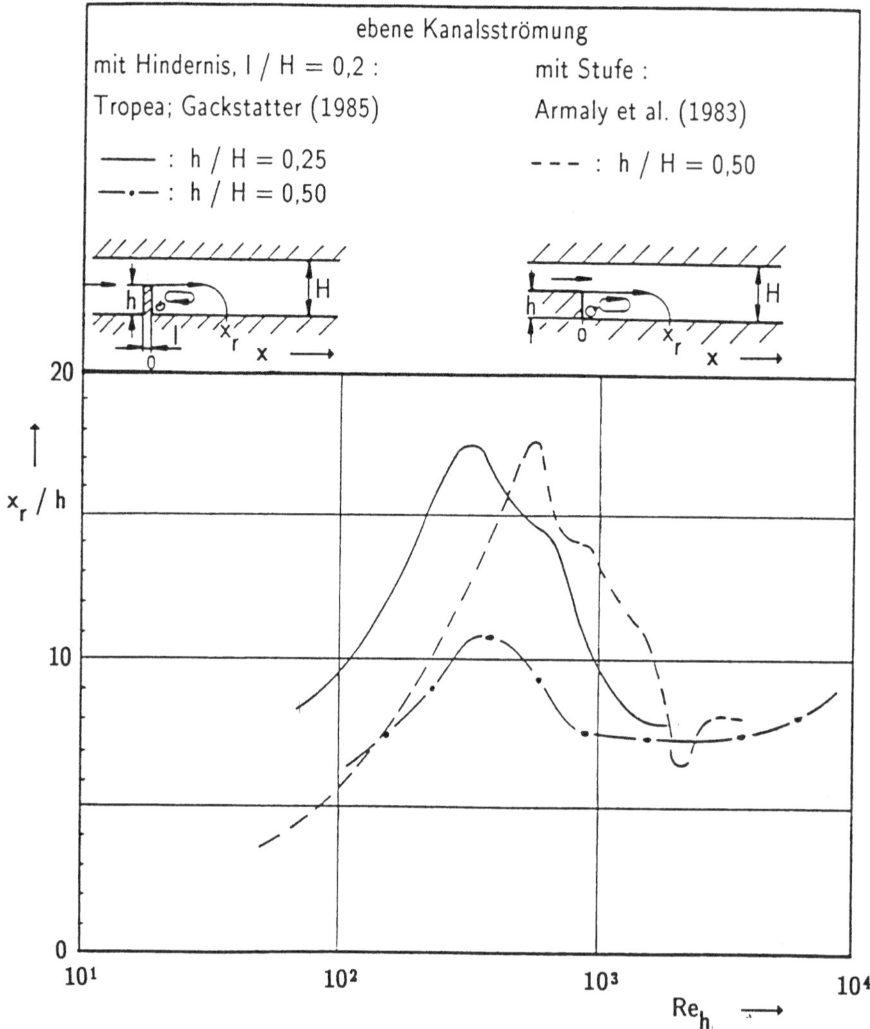

Bild 7.10: Reynolds-Zahl-Abhängigkeit der Rezirkulationslänge x_r bei ebener Kanalströmung mit Hindernis und rückwärtiger Stufe.

Untersuchungen zur Reynolds-Zahl-Abhängigkeit der Ablöselänge x_r in ebenen Kanalströmungen mit Hindernissen und rückwärtigen Stufen führten Tropea und Gackstatter (1985) bzw. Armaly, Durst, Pereira und Schönung (1983) aus. Die Ergebnisse sind in Bild 7.10 dargestellt. Der Vergleich mit Bild 7.8 zeigt gute qualitative Übereinstimmung in der Variation der Totwasserlänge, worin sich wiederum die Ähnlichkeit der Scherschichtströmungen widerspiegelt. Bei laminarer Scherschichtströmung steigt die Rezirkulationslänge mit wachsender Re-Zahl an. Der Übergang zur transitionalen Strömung erfolgt in dem Reynolds-Zahl-Bereich von $10^2 < Re < 10^3$. Er hängt von der Vorgeschichte der ablösenden bzw. abreißenden Grenzschichten ab, die u.a. von den Einbauten, der Anlauflänge und der Geometrie des Kanals beeinflußt wird. Nach einem steilen Abfall von x_r im Transitions-Gebiet ergeben sich bei ausgebildeter Turbulenz lediglich geringe Änderungen. Bereits die in Abschnitt 2.6 diskutierten Verteilungen für die normierte Wandschubspannung und den Druckverlauf innerhalb von Ablösegebieten wiesen universelle Verhaltensweisen auf. Als wichtige Gemeinsamkeit stellt sich nach diesen Ausführungen der turbulente Scherschicht-Charakter der Kanal- und Rohrströmungen dar. Die Reynolds-Zahlen der in den Bildern 2.7 und 2.8 eingetragenen Meßwerte liegen in dem Bereich oberhalb von $Re = 10^4$.

In den von Kanalwandung und Hindernis bzw. Stufe gebildeten Ecken entstehen aufgrund des für die Rückströmung positiven Druckgradienten Sekundärwirbel, deren Größen u.a. von dem Druckverlauf im Ablösegebiet abhängen. Tropea und Gackstatter (1985) stellten einen von der Sekundärablösung herrührenden Einfluß auf die Wiederanlegelänge x_r fest. Die Sekundärablösungen sind in den Detailskizzen des Bildes 7.10 als kreisförmige Eckenwirbel angedeutet.

7.3 Einfluß von Druckgradient und Blockierung

Neben den von der Modellgeometrie und der Reynolds-Zahl herrührenden Auswirkungen sind die auf die Strömungskonfiguration zurückführbaren Einflüsse durch Druckgradient und Blockierung für die Struktur von Ablösegebieten von Bedeutung. In Abschnitt 3.1 konnte festgestellt werden, daß ein in Strömungsrichtung ansteigender Druck eine elementare Voraussetzung für die Strömungsablösung ist. Der erste Teil dieses Abschnitts diskutiert systematische Abhängigkeiten der Rezikulationslänge von einem in Hauptströmungsrichtung wirkenden Druckgradienten, im zweiten Teil werden die von Blockierungen der Fluidströmung hervorgerufenen Einflüsse auf den Geschwindigkeitsgradienten quer zur Hauptströmung betrachtet.

Experimentelle Untersuchungen zum Einfluß des Druckgradienten in ebener Kanalströmung führten Driver und Seegmiller (1985) aus. Durch die der rückwärtigen Stufe gegenüberliegende Kanalwandung konnten der Strömung unterschiedliche axiale Druckverläufe aufgeprägt werden. Die Drehachse zur Verstellung der oberen Wandung befand sich im Bereich der Querschnittserweiterung. Bei einem Anheben der Deckenwandung steigt durch die Diffusorwirkung der Druck, bei einem Absenken sinkt er dagegen durch die Beschleunigung der Strömung aufgrund der Querschnittsverengung des Kanals.

Driver und Seegmiller (1985) stellten fest, daß bei einer Verzögerung der Außenströmung der Druckgradient in Strömungsrichtung innerhalb des Totwassers sinkt. Der geringere Druckanstieg im hinteren Bereich des Ablösegebiets bewirkt eine größere Totwasserlänge. Ist die obere Kanalwandung parallel zur unteren ausgerichtet, siehe die obere Skizze in Bild 2.8, beträgt die Ablöselänge sechs Stufenhöhen h, bei einer Anhebung der Deckenwandung um 10° steigt x_r auf 10 h an.

Der Druckgradient übt einen direkten Einfluß auf die Position des laminarturbulenten Umschlags der Scherschichtströmung aus. Je schneller sich der Druckanstieg vollzieht, desto näher rückt der Umschlagort stromauf zur Abriß- bzw. Ablösestelle. Nach Erkenntnissen aus Abschnitt 7.2 bewirkt dieser Vorgang eine Abnahme der Rezirkulationslänge x_r.

Die Korrelation zwischen Druckgradient und Rezirkulationslänge ist auch bei dem Vergleich der Verhältnisse in den Strömungsklassen mit einseitiger, zweiseitiger und axialsymmetrischer Scherschichtentwicklung zu erkennen. Die Bilder 7.11 und 7.12 stellen analog zu Bild 2.7 den Druckverlauf im Ablösegebiet bei axialsymmetrischer Umströmung bzw. ebener Modellgeometrie dar.

Der Vergleich der graphischen Darstellungen in den Bildern 2.7, 7.11 und 7.12 verdeutlicht die qualitativen Ähnlichkeiten der Druckverläufe innerhalb der drei Strömungsklassen: nach dem Durchlaufen eines Minimums innerhalb der Ablösegebiete steigt der Druck monoton bis zum Totwasserende bei $x/x_r = 1{,}0$ an. Weiter stromab findet ein allmählicher Ausgleich mit dem Druckniveau der Außenströmung statt.

Obwohl die Druckverläufe der drei betrachteten Strömungsklassen starke qualitative Ähnlichkeiten aufweisen, unterscheiden sich die absoluten Werte der Gradienten in dem für die Strömungsstruktur wichtigen Rekompressionsbereich. Die Rekompression vollzieht sich maßgeblich in dem Ablösebereich von etwa $x = 0{,}5\ x_r$ bis $x = 1{,}0\ x_r$.

Um von den graphischen Darstellungen auf die absoluten Beträge der Gradienten zu schliessen, müssen die Maßstäbe der Diagrammachsen berücksichtigt werden. Der Abszissen-Maßstab ist die Rezirkulationslänge x_r, die Ordinate ist mit $(\ 1 - c_{pmin}\ )$ normiert.

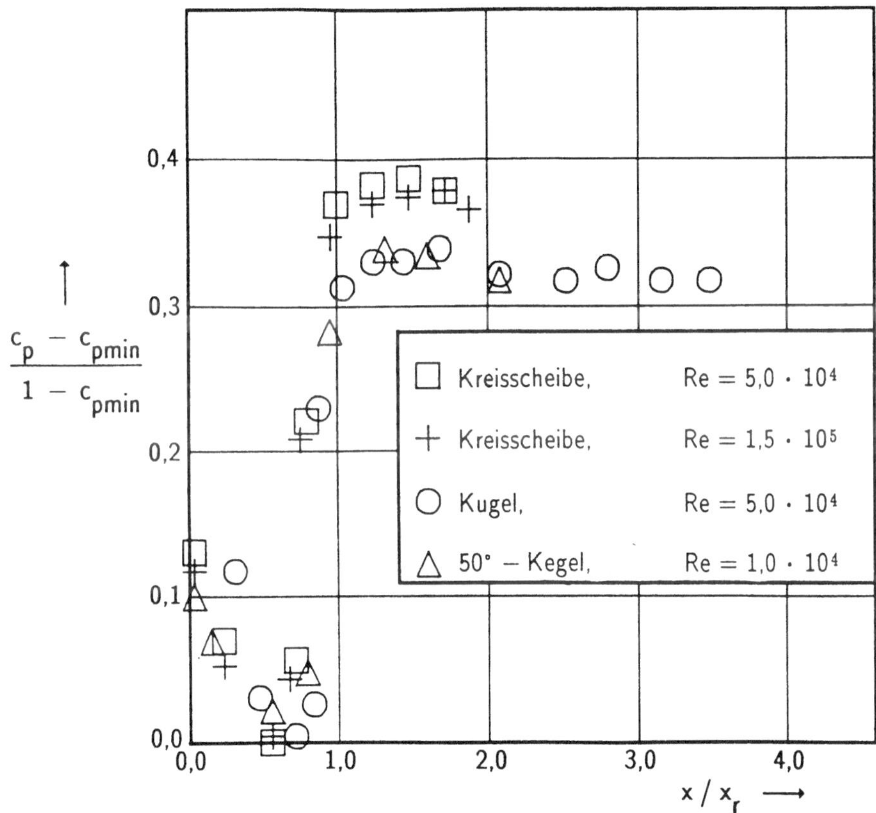

Bild 7.11: Druckverlauf in Ablösegebieten axialsymmetrischer Körper.

Die längste Totwasserausdehnung tritt in Klasse a bei einseitiger Scherschichtentwicklung auf. In ebener Kanalströmung stellt sich nach Bild 7.10 für den turbulenten Bereich eine mittlere Länge in der Größenordnung von sieben Stufenhöhen bzw. Hindernishöhen h ein. Der minimale Totwasserdruck c_{pmin} prägt sich in ähnlicher Größenordnung auf wie in Klasse c bei axialsymmetrischen Ablösegebieten. Dem Bild 7.3 ist der Wert von $c_{pmin} \approx -0{,}5$ zu entnehmen. Da im letzteren Fall die Rezirkulationslänge kleiner als 2,5 D ist, stellt sich bei axialsymmetrischer Scherschichtentwicklung ein etwa dreifach stärkerer Druckgradient als in Klasse a ein.

Nach Bild 7.2 ist die Ablöselänge bei zweiseitiger Scherschichtentwicklung in Klasse b am geringsten. Die minimalen Werte für die Totwasserlängen korrelieren mit den größten positiven Druckgradienten: wie dem Bild 7.3 zu entnehmen ist, setzt die Rekompression in Klasse b bei einem etwa dreifach stärkeren Unterdruck als im Fall c ein. Der Druckgradient im Rekompressionsgebiet ist in Klasse b somit ca. eine Größenordnung stärker als in Klasse a.

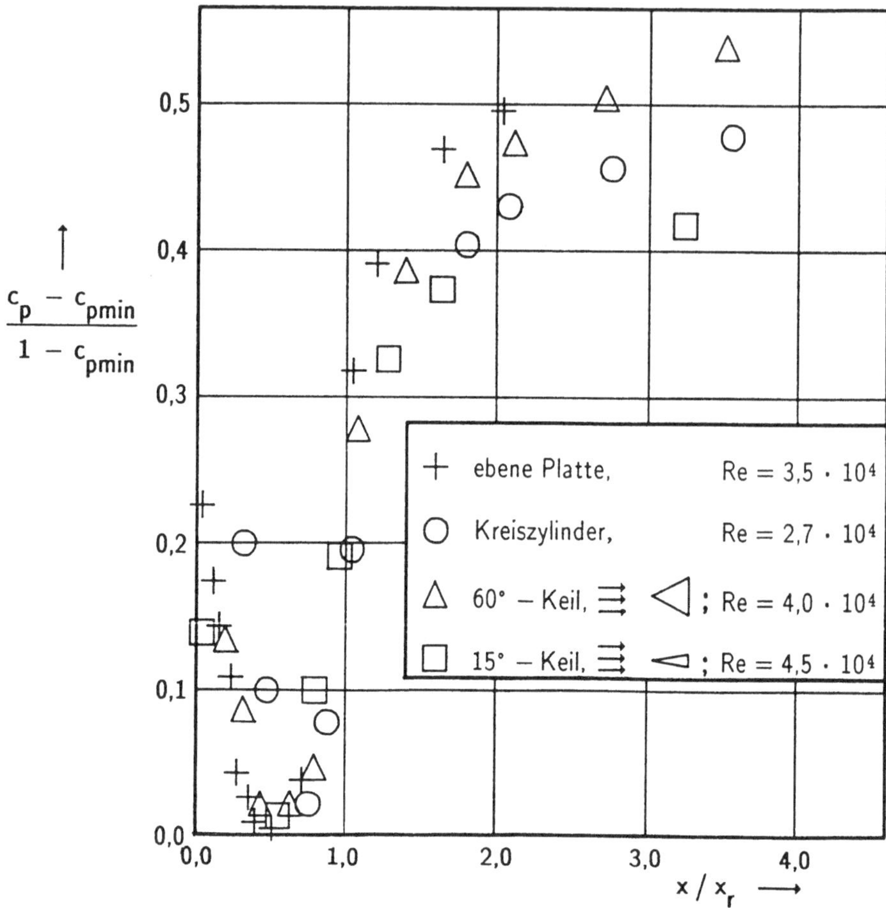

Bild 7.12: Druckverlauf in Ablösegebieten ebener Modelle.

Die folgenden Ausführungen gehen nun auf Auswirkungen bei einer Blockierung der Strömung ein. Sie treten insbesondere bei berandeten Anordnungen in Erscheinung, die u.a. bei geschlossenen Meßstrecken und Kanalströmungen vorliegen. Kenntnisse zu diesem Parameter-Einfluß sind hilfreich zur Abschätzung der Totwassereigenschaften in beispielsweise Wärmetauschern und Strömungsmaschinen.

Smits (1982) untersuchte den Einfluß der Blockierung auf die Wiederanlegelänge x_r am senkrecht angestellten Plattenmodell mit Totwassertrennplatte in einer geschlossenen Windkanalmeßstrecke. Die Reynolds-Zahl lag bei den Experimenten im turbulenten Bereich, Re war größer als $4 \cdot 10^4$. Das Blockierungsverhältnis ergibt sich aus dem Quotienten von Modellfläche senkrecht zur Anströmung und der Querschnittsfläche des Strahls. Die Untersuchungen von Smits (1982) erstreckten sich über den Parameterbereich für das Blockierungsverhältnis von etwa 1% bis 10%.

Die Ergebnisse von Smits (1982) zeigen, daß mit wachsender Blockierung der Geschwindigkeitsgradient senkrecht zur Hauptströmung innerhalb der freien Scherschicht steigt. Da steilere Gradienten die Ausbildung von Instabilitäten fördern, verstärken sich in der Folge bei ansteigender Turbulenzintensität die Austauschvorgänge zwischen Außenströmung und Ablösegebiet. Aufgrund der von der Blockierung hervorgerufenen Beschleunigung der Außenströmung sinkt der Totwasserunterdruck gleichzeitig ab. Somit ergeben sich mit steigender Blockierung kürzere Ablösegebiete. Für das Plattenmodell mit Trennplatte fällt die Totwasserlänge von ca. 16 Plattenhöhen h bei einer Blockierung von 1%, vergleiche hierzu auch die Ausührungen des Abschnitts 6.1, auf etwa 7 h bei der Blockierung von 10% ab.

In Bild 7.10 sind die Wiederanlegelängen x_r in ebener Kanalströmung bei zwei Blockierungsverhältnissen h/H für das Hindernis dargestellt. Die Meßergebnisse von Tropea und Gackstatter (1985) weisen bei einer stärkeren Blockierung deutlich kürzere Ablösegebiete auf: die "Strich-Punkt"-Kurve für h/H = 0,50 verläuft im laminaren und transitionalen Bereich unterhalb der durchgezogenen Kurve für h/H = 0,25. Bei turbulenten Scherschichtströmungen fallen die Unterschiede beider Geometrien erwartungsgemäß gering aus, da die von der Blockierung hervorgerufenen Anfachungen der Instabilitäten keinen Umschlag im Zustand der Scherschichtströmung mehr auslösen können.

7.4 Einfluß der Außenturbulenz

In der technischen Realität tritt häufig der Fall auf, daß die das Ablösegebiet erzeugende Konfiguration in einer turbulenten Anströmung liegt. Beispiele hierfür findet man u.a. bei Anwendungen im Bereich der Turbomaschinen und Wärmetauscher. Es ist daher von Bedeutung, in welcher Weise die charakteristischen Eigenschaften von Ablösegebieten sich bei erhöhten Turbulenzgraden der Außenströmung ändern.

Für die Diskussion dieses Parameter-Einflusses ist es zweckmäßig, zwei physikalische Mechanismen getrennt zu behandeln:

- a) die Auswirkungen auf die Position der Ablösestelle und
- b) die Änderungen in der Scherschicht-Entwicklung bei erhöhter Außenturbulenz.

Zuerst sei der Einfluß der Außenturbulenz auf die Ablösestelle betrachtet: es ist bekannt, daß bei einer stetigen Krümmung der Modelloberfläche, wie am Kreiszylinder oder an der Kugel, die Ablösestelle nicht fixiert ist. Schon geringe Änderungen im Turbulenzgrad der Anströmung bewirken eine Verlagerung. Mit wachsendem Turbulenzgrad erfahren anliegende Grenzschichten über die Turbulenzbewegungen der Außenströmung eine zusätzliche Energiezufuhr, wodurch sie stärkere Druckanstiege überwinden können. Die Ablösestelle wandert somit entlang der Modellkontur stromab. In den Fällen des Kreiszylinders und der Kugel nehmen die Ablösewinkel dabei kontinuierlich ab. Bei erhöhter Außenturbulenz verringert sich somit nach Abschnitt 7.1 die Ablöselänge.

Synchron zur Erhöhung des Turbulenzgrades sinkt bekanntlich auch die kritische Reynolds-Zahl. Oberhalb von Re_{krit} liegen die Ablösestellen bei Kugel- und Zylinderumströmungen auf den Modellrückseiten. Bild 7.9 verdeutlicht, daß in diesen Fällen sehr kurze Totwassergebiete entstehen.

Auch bei scharfkantigen Hindernissen kann der Turbulenzgrad über die Lage der Ablösestelle einen Einfluß auf die Struktur des Totwassers ausüben. Bergeles und Athanassiadis (1983) untersuchten die Totwasserausdehnung zweidimensionaler Hindernisse mit unterschiedlichen axialen Längenerstreckungen L, siehe mittleres Detailbild in Bild 2.7. Sie stellten bei ihren Experimenten fest, daß die freie Scherschicht nach dem Strömungsabriß von der Vorderkante des Hindernisses sich stromab auf die Oberseite des Modells anlegt, wenn L größer als die fünffache Hindernishöhe H ist. Tritt ein Wiederanlegen auf, reduziert sich die Rezirkulationslänge hinter dem Hindernis. Da die Wiederanlegelänge bei Erhöhung der Außenturbulenz sinkt, entsteht hierbei eine indirekte Abhängigkeit der Totwasserstruktur vom Turbulenzgrad der Anströmung.

Den von den Positionsänderungen der Ablösestelle verursachten Vorgängen sind Auswirkungen überlagert, die auf Störungen in der Scherschicht-Entwicklung zurückführbar sind.

Bearman und Morel (1983) untersuchten den Einfluß der Außenturbulenz auf die freie Scherschicht. Bei Erhöhung des Turbulenzgrades stellten sie einen stärkeren Fluidaustausch zwischen Ablösegebiet und Außenströmung fest. Die verstärkten Mischvorgänge an der Totwasserberandung führen, siehe hierzu auch Abschnitt 7.2, zu einer Verringerung der Ablöselänge. Die Größenabmessungen der Turbulenzwirbel spielen nach den Erfahrungen von Bearman und Morel (1983) eine untergeordnete Rolle, wenn die Skala der Turbulenzwirbel-Abmessungen kleiner als das charakteristische Längenmaß des umströmten Modells ist.

Messungen von Castro und Haque (1988) bestätigen diese Ergebnisse. Sie stellten fest, daß eine Erhöhung der Windkanalturbulenz von nahezu turbulenzfreier Anströmung auf 3% bei dem senkrecht angestellten Plattenmodell mit Totwassertrennplatte eine Reduzierung der Länge des Ablösegebiets von ca. 18 D auf 15 D verursacht. Ähnliche Erfahrungen machten Kiya und Sasaki (1983) mit Ablösegebieten, die auf der Ober- und Unterseite parallel zur Strömung angeordneter Platten mit der Dicke d unmittelbar hinter der stumpfen Vorderkante entstehen: eine Anhebung des Turbulenzgrades von 0,2% auf 0,4% reduzierte x_r um 5%. Beide Publikationen beziehen sich auf Reynolds-Zahlen in der Größenordnung von $2 \cdot 10^4$. Es ist zu erwarten, daß die Auswirkungen bei laminaren und transitionalen Scherschichtströmungen noch deutlicher in Erscheinung treten.

Zusammenfassend bleibt festzustellen, daß ein stärkerer Turbulenzgrad im Außenbereich sich auf die Strömung im Ablösegebiet als höhere effektive Reynolds-Zahl auswirkt. Die Strömungsstrukturen im Totwasser unterliegen mit zunehmendem Turbulenzgrad ähnlichen Änderungen wie bei einer Zunahme der Reynolds-Zahl im transitionalen und turbulenten Bereich der Scherschichtströmung: die Länge x_r des Rezirkulationsbereichs sinkt, wobei die Extremwerte der Turbulenzterme sich in entsprechender Weise stromauf verlagern, siehe Abschnitt 6.2.

Aus der Kenntnis dieser physikalischen Mechanismen sind Auswirkungen akustischer Anregungen und von Oberflächen-Rauigkeiten auf die Rezirkulationslänge x_r abschätzbar. Sowohl erhöhte Schallintensitäten als auch größere Rauhigkeiten auf Modellwandungen fördern einen früheren Umschlag der freien Scherschichtströmung vom laminaren in den turbulenten Zustand. Hierdurch verringern sich die Abmessungen der Totwassergebiete.

Meßergebnisse von Hoerner (1934) an Kugeln sowie von Achenbach und Heinecke (1981) an Kreiszylindern mit unterschiedlichen Wandrauhigkeiten verdeutlichen den Einfluß dieses unmittelbar auf den Zustand der Grenzschichtströmung einwirkenden Parameters. Es konnte festgestellt werden, daß die kritische Reynolds-Zahl mit wachsenden Rauhigkeitswerten sinkt. Der Übergang zur überkritischen Umströmungsform geht nach Bild 7.9 mit einer Verringerung der Rezirkulationslänge einher.

8 Erfassung periodischer und stochastischer Strömungsanteile

Die Betrachtungen in den Kapiteln 6 und 7 beziehen sich auf zeitlich gemittelte Strukturen der Ablösegebiete. Bei der Darstellung phänomenologischer Erscheinungsformen in Kapitel 2 kommt zum Ausdruck, daß Strömungsablösungen häufig von instationären Strömungsbewegungen begleitet sind, die u.a. zu starken dynamischen Beanspruchungen der umströmten Anordnungen führen. Hierdurch können gravierende Schäden an mechanischen Strukturen entstehen.

Die folgenden Abschnitte gehen nun näher auf zeitabhängige Verhaltensweisen abgelöster Strömungen ein, wobei die Ausführungen sich auf die Strömungsklassen b und c mit zweiseitiger bzw. axialsymmetrischer Scherschichtentwicklung beschränken. Bei einseitiger Ablösung nach Klasse a sind periodische Vorgänge vergleichsweise schwach ausgeprägt, was auch in den Beschreibungen der Abschnitte 2.6 und 3.3 zum Ausdruck kommt.

Nach der Darstellung fundamentaler Zusammenhänge zwischen dem Widerstandsbeiwert c_w und der die dynamischen Abläufe charakterisierenden Strouhal-Zahl Str in Abschnitt 8.1, werden in 8.2 einige Beispiele zur statistischen Auswertung experimentell gewonnener Meßwert-Ensembles vorgestellt. Die Ergebnisse stammen von dem in Abschnitt 5.4 erläuterten phasengekoppelten Laser-Doppler-Anemometer.

Systematische Beschreibungen der Meßergebnisse, die den dynamischen Strömungsablauf in Ablösegebieten ebener und axialsymmetrischer Modelle dokumentieren, erfolgen in Kapitel 9.

8.1 Relationen zwischen Widerstandsbeiwert und Strouhal-Zahl

Zwischen den Fluidbewegungen in Ablösegebieten und den an Körpern angreifenden aerodynamischen Kräften wie Auftrieb F_a und Widerstand F_w besteht ein unmittelbarer Zusammenhang. Die im Totwasser entstehenden und sich daraus ablösenden Wirbelstrukturen induzieren an den umströmten Anordnungen instationäre Kraftanteile. Somit spiegeln sich die in Kapitel 4.2 erläuterten zeitabhängigen Erscheinungen innerhalb der Geschwindigkeitsfelder auch in den dynamischen Verhaltensweisen der Auftriebs- und

Widerstandsbeiwerte c_a bzw. c_w wider. Neben reinen stochastischen und periodischen Beanspruchungen treten häufig Überlagerungen beider Anteile auf.

Das bei transsonischer Tragflügelumströmung in Erscheinung tretende Buffeting ist ein Beispiel für stochastische Anregungen. Durch stoßinduzierte Strömungsablösungen auf den Unterdruckseiten der Flügel werden in den mechanischen Strukturen unregelmäßige Schwingungen angefacht.

Ausgeprägte periodische Auftriebskräfte entstehen bei der Umströmung ebener Kreiszylinder im Reynolds-Zahl-Bereich der Kármánschen Wirbelstraße, der bis zu Werten von Re $\simeq$ 200 reicht. Bei transitionaler und turbulenter Scherschichtentwicklung, die entsprechende Re-Bereiche sind in Bild 7.8 eingetragen, überlagern sich den periodischen Bewegungen mit steigender Re-Zahl in zunehmendem Maße stochastische Anteile. Die Meßergebnisse von Sarpkaya und Kline (1982) sowie Schewe (1983) an Zylindern verdeutlichen die instationären Verläufe der Kraftbeiwerte.

Sirieix (1973) sowie McCroskey (1978) wiesen auf die Korrelation zwischen der die Periodizität des Strömungsfeldes kennzeichnenden Strouhal-Zahl Str und dem Widerstandsbeiwert c_w hin. Die dimensionslosen Kennzahlen sind in den Gleichungen (2.1) und (2.2) definiert. Der Zusammenhang beider Größen kommt in den Bildern 8.1 und 8.2 zum Ausdruck.

Bild 8.1 stellt die von der Reynolds-Zahl abhängigen Verläufe des Widerstandsbeiwerts c_w und der Strouhal-Zahl Str für ebene Körper dar. Die Meßergebnisse für den c_w-Wert der senkrecht angestellten ebenen Platte und des Kreiszylinders stammen von Wieselsberger, Betz und Prandtl (1923), sie sind als durchgezogene Linien dargestellt. Die Widerstandsbeiwerte des Kreiszylinders bei Re > 10^6 ermittelte Roshko (1961), siehe "Strich-Punkt"-Kurve in Bild 8.1. Die im Rahmen dieser Untersuchungen gewonnenen Meßwerte sind als Kreis- und Viereck-Symbole eingetragen.

Man erkennt, daß für die Platte sowohl der c_w-Wert als auch die Strouhal-Zahl im untersuchten Reynolds-Zahl-Bereich konstant bleiben. Gründe hierfür sind zum einen die ausgebildete Turbulenz innerhalb der Scherschichtströmungen und zum anderen die Fixierung der Abrißstellen an den Modellkanten. Die Verlagerung der Ablösestellen am Kreiszylinder führt dagegen zu Änderungen in den Totwasserabmessungen. Dies wirkt sich sowohl im Widerstand als auch in der Dynamik der Wirbelablösung aus: mit dem starken Abfall des c_w-Werts im kritischen Bereich ist ein steiler Anstieg in der Ablösefrequenz gekoppelt. Messungen von Bearman (1969) zeigen eine sprungartige Erhöhung des Str-Werts von etwa 0,19 auf 0,46. Die Ablösevorgänge unterliegen in diesem Bereich stärkeren Schwankungen als Bild 4.3 für die unterkritische Umströmung bereits verdeutlichte. Bei transkritischen Reynolds-Zahlen oberhalb von $4 \cdot 10^6$ ergeben

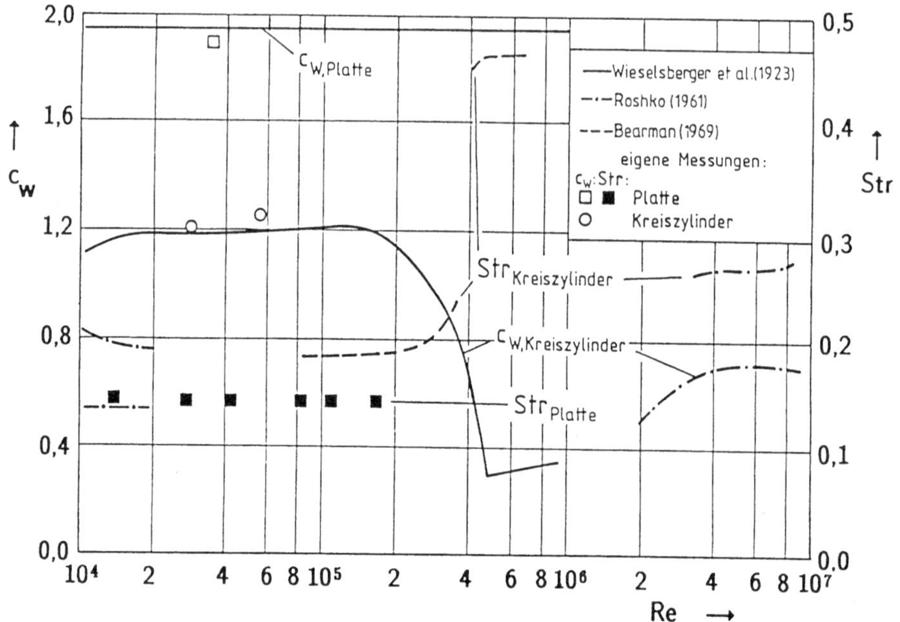

Bild 8.1: Widerstandsbeiwert c_W und Strouhal-Zahl Str für ebene Körper.

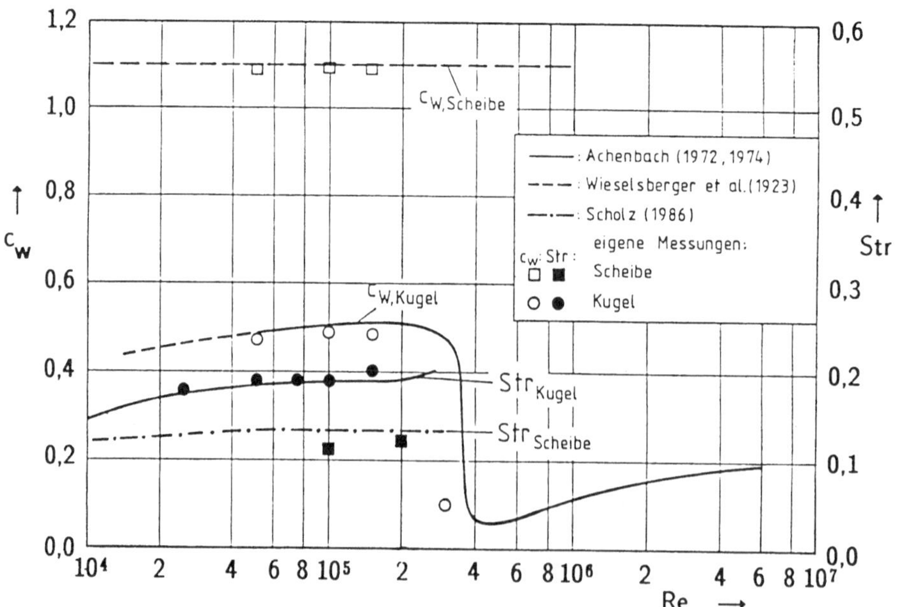

Bild 8.2: Widerstandsbeiwert c_W und Strouhal-Zahl Str für axialsymmetrische Körper.

sich nach Messungen von Roshko (1961) mit Str $\simeq$ 0,27 im Vergleich zum kritischen Fall geringere Strouhal-Zahlen. Sie liegen aber, aufgrund des gegenüber der unterkritischen Umströmung reduzierten Abstands der freien Scherschichten, deutlich oberhalb des im Reynolds-Zahl-Bereich von 10^4 bis 10^5 gemessenen Pegels. Die Ergebnisse weisen darauf hin, daß die charakteristischen Abmessungen der periodischen Strömungsstrukturen vom Abstand der freien Scherschichten abhängen: mit sinkendem Scherschichtabstand nimmt die Wellenlänge der Wirbelstrukturen ab. Somit steigt bei konstanter Ausbreitungsgeschwindigkeit der kohärenten Strukturen die Frequenz und damit die Strouhal-Zahl des quasiperiodischen Vorgangs. Bereits Abschnitt 3.3 erläuterte den Zusammenhang zwischen der Ablösefrequenz und der Laufzeit des Fluids zur Durchquerung des durch freie Scherschichten berandeten Ablösegebiets.

Die in Bild 8.2 dargestellten Meßergebnisse bei axialsymmetrischer Geometrie von Achenbach (1972, 1974) an der Kugel sowie von Wieselsberger, Betz und Prandtl (1923) und Scholz (1986) an einem Scheibenmodell deuten auf ähnliche Verhaltensweisen wie im ebenen Fall hin. Bereits bei unterkritischer Umströmung ist die Periodizität des Kugelnachlaufs nur schwach ausgeprägt. Dies konnte auch in Abschnitt 4.2 anhand von Fourier-Analysen schon festgestellt werden. Da bei kritischen und transkritischen Reynolds-Zahlen die Amplitude des periodischen Vorgangs sich weiter reduziert, konnten die Auswertungen aufgrund der bislang unzureichenden Meßauflösung nicht in den Reynolds-Zahl-Bereich oberhalb von Re_{krit} ausgedehnt werden. In Analogie zur Zylinderumströmung ist zu vermuten, daß die Strouhal-Zahl, falls die periodischen Vorgänge durch die intensiven Turbulenzbewegungen nicht gänzlich unterdrückt werden, oberhalb von Re $\simeq 10^6$ ebenfalls einen größeren Wert annimmt.

Der Vergleich zwischen ebener und axialsymmetrischer Umströmung in den Bildern 8.1 und 8.2 verdeutlicht, daß die den Ablösevorgang großräumiger kohärenter Strukturen charakterisierende Strouhal-Zahl nahezu unabhängig von der Geometrie des umströmten Körpers ist, was auch in den Ausführungen der Abschnitte 3.2 und 3.3 zum Ausdruck kommt. Die Kennzahl erreicht bei unterkritischer Anströmung eine Größenordnung von etwa Str $\simeq$ 0,2. Die beiden graphischen Darstellungen zeigen, daß bei stumpfen Körpern wie Platte oder Scheibe aufgrund des größeren Abrißwinkels der Scherschichten und somit breiteren Ablösegebiets, sich eine Tendenz in Richtung zu kleineren Strouhal-Zahl-Werten bemerkbar macht. Die Wellenlängen der Wirbelstrukturen wachsen mit zunehmendem Abrißwinkel leicht an.

Die Widerstandsbeiwerte erstrecken sich dagegen aufgrund der starken Unterschiede im Totwasserdruck über einen weiten Bereich: während für die Kugel der c_w-Wert von Re $\simeq 10^4$ bis oberhalb von 10^5 in der Größenordnung von 0,5 liegt, ist der Betrag für den

Kreiszylinder mit 1,2 mehr als doppelt so groß. Ein ähnlich großer Unterschied tritt im Fall von Scheibe und Platte mit $c_w = 1{,}1$ bzw. $c_w = 1{,}9$ auf.

Zum Abschluß dieses Abschnitts sei nochmals auf die Korrelation zwischen der Strouhal-Zahl und dem Widerstandsbeiwert hingewiesen. Sie tritt in Bild 8.1 für den Kreiszylinder deutlich in Erscheinung. Der Zusammenhang beider Kennzahlen erscheint auf den ersten Blick überraschend: während die Strouhal-Zahl die im makroskopischen Bereich auftretenden periodischen und quasiperiodischen Strömungsbewegungen charakterisiert und sich somit auf die großräumigen Wirbelbewegungen bezieht, ist der c_w-Wert ein Maß für die Energiedissipation im mikroskopischen Skalenbereich. In den dynamischen Analysen des Kapitels 9 treten die Wechselwirkungen zwischen den Bewegungen der unterschiedlichen Skalenbereiche in Erscheinung. Hierbei wird deutlich, daß bei zweiseitiger Scherschichtentwicklung von großräumigen Wirbelstrukturen im Strömungsfeld Sattelpunkte induziert werden, die lokale Extremwerte der stochastischen Schwankungen verursachen.

8.2 Statistische Auswertung von Meßwert-Ensembles

Mit dem in Abschnitt 5.4 beschriebenen phasengekoppelten Laser-Doppler-Anemometer lassen sich periodische und stochastische Strömungsanteile trennen. Ein typisches Meßwert-Ensemble ist in Bild 8.3 dargestellt. Es stammt aus dem Nachlauf der senkrecht angestellten ebenen Platte, von der Stelle $x/D = 2{,}6$ und $y/D = 0{,}0$. Jede einzelne Messung ist in der Graphik als ein Punkt eingetragen. In diesem Fall besteht das Ensemble aus 3916 Meßwerten für die transversale Geschwindigkeitskomponente v, die sich gleichmäßig auf den Periodenbereich $t/T = 0{,}0$ bis $t/T = 1{,}0$ verteilen. Schon in den Rohdaten ist eine ausgeprägte Periodizität erkennbar: das aufgrund stochastischer Strömungsbewegungen stark verbreiterte Band von Meßwerten führt mit der Ablösefrequenz $f_{abl} = 1/T$ innerhalb der Periodendauer T eine deutliche Schwingung um die Nullachse aus. Mit der mittleren Schwingungsdauer von T = 119 Millisekunden erhält man bei der Reynolds-Zahl von $Re = 2{,}8 \cdot 10^4$ eine Strouhal-Zahl von $\overline{Str} = 0{,}142$. Dies ist nach Bild 8.1 auch zu erwarten. Der Nullpunkt für die Zeitachse t/T wird durch die Position des Phasendetektors und den Triggerpegel festgelegt. Beide Größen bleiben für weitergehende Untersuchungen zum dynamischen Verhalten in Kapitels 9 unverändert. Somit ist der Bezugspunkt für die Zeitachse bei den Strömungsfeld-Vermessungen konstant.

Da die Meßposition für das in Bild 8.3 dargestellte Ensemble auf der Symmetrieachse liegt, ist der zeitliche Mittelwert $\overline{v}$ erwartungsgemäß nahezu Null. Die in der Graphik in Erscheinung tretende geringfügige Abweichung ist auf Asymmetrien in der Strömungskonfiguration zurückführbar, die nie gänzlich vermeidbar sind. So ist beispielsweise die Strömungsrichtung des Windkanals abhängig vom Betriebspunkt des Gebläses. Die Größenordnung der Änderung in der Anströmrichtung liegt im Bereich von etwa 0,1°.

Eine Aufteilung der an einem konstanten Raumpunkt ermittelten Meßwert-Menge in Untermengen, die sich hinsichtlich des Phasenwinkel-Intervalls unterscheiden, liefert die Mittelwerte bei konstanter Phase $<v>$. Bild 8.3 stellt Ergebnisse bei einer Unterteilung der Zeitachse in sechs und zwölf Phasen dar. Die jeweiligen $<v>_i$–Werte weisen in diesem Fall demnach einen Zeitabstand von ca. 20 ms bzw. 10 ms auf. Sowohl in den mit offenen Kreissymbolen dargestellten Ergebnissen für die Unterteilung in sechs als auch in den mit ausgefüllten Symbolen eingetragenen Auswertungen mit zwölf Einzelphasen treten die periodischen Geschwindigkeitsänderungen deutlich in Erscheinung. Abgesehen von der geringeren Auflösung des zeitlichen Ablaufs liefert eine Unterteilung in $n = 6$ Einzelphasen nahezu identische Ergebnisse wie Auswertungen bei $n = 12$ Phasen.

Bild 8.4 verdeutlicht, daß Entsprechendes auch für die u-Komponente des Geschwindigkeitsvektors gilt. Die Darstellung zeigt das aus 4000 Einzelmessungen bestehende Meßwert-Ensemble an der Stelle $x/D = 1{,}6$ und $y/D = -0{,}5$. Die periodische Schwingung der Mittelwerte bei konstanter Phase $<u>$ um den zeitlichen Mittelwert $\overline{u}$ tritt deutlich in Erscheinung. Die im Vergleich zu Bild 8.3 noch größere Streuung innerhalb des Meßwert-Ensembles deutet auf die stärkere Ausprägung des stochastischen Schwankungsterms $<u'>$ hin.

Die Zeitabhängigkeit der Reynoldsschen Spannungsterme $<u'^2>$ und $<v'^2>$ an der Stelle $x/D = 2{,}6$ und $y/D = 0{,}0$ ist in Bild 8.5 dargestellt. Es ist bemerkenswert, daß beide Anteile um den Mittelwert $<\overline{u'^2}>$ bzw. $<\overline{v'^2}>$ mit einer gegenüber dem Ablösevorgang verdoppelten Frequenz oszillieren. Diese Charakteristik ist mit der Ablösung sowohl eines links- wie rechtsdrehenden Wirbels innerhalb der Periodendauer T erklärbar. Hierbei induziert jeder Einzelwirbel jeweils einen kurzzeitigen Anstieg und Abfall in den Amplituden der Turbulenzterme. Der Vergleich mit Bild 8.3 für die Transversalkomponente belegt, daß die größten Werte in dem Spannungsterm $<v'^2>$ bei maximaler Beschleunigung $\partial<v>/\partial t$ auftreten, Minimalwerte korrelieren mit $\partial<v>/\partial t = 0{,}0$.

Auch in diesem Fall sind die Ergebnisse weitgehend unabhängig von der Phasenaufteilung. Um die Datenmenge und Anzahl der graphischen Darstellungen in dem

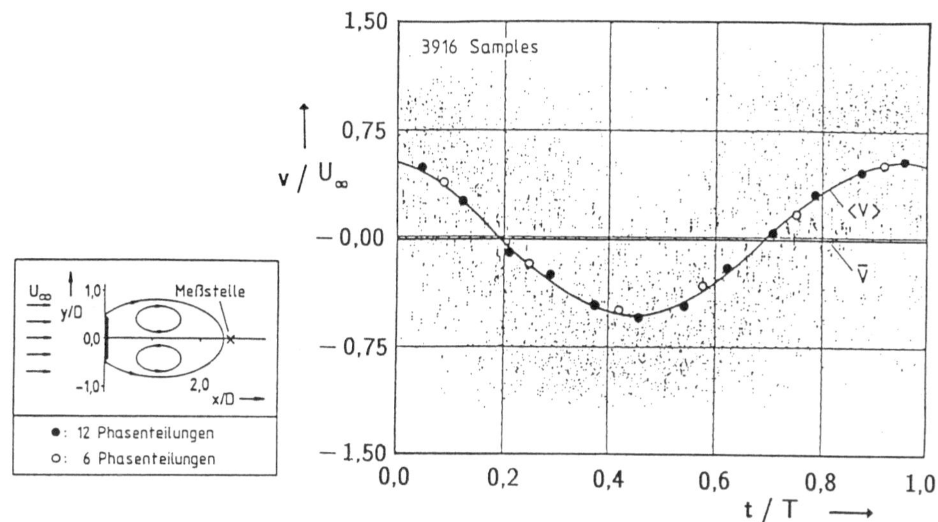

Bild 8.3: Zeitabhängige Darstellung des Meßwert-Ensembles für die v-Komponente an der Stelle x/D= 2,6 und y/D = 0,0 bei der senkrecht angestellten Platte, Re = $2{,}8 \cdot 10^4$.

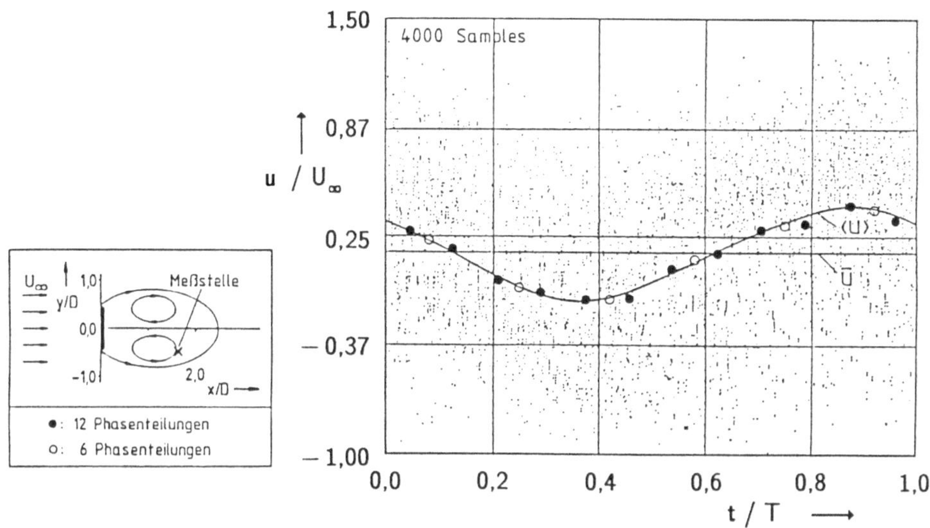

Bild 8.4: Zeitabhängige Darstellung des Meßwert-Ensembles für die u-Komponente an der Stelle x/D= 1,6 und y/D = -0,5 bei der senkrecht angestellten Platte, Re = $2{,}8 \cdot 10^4$.

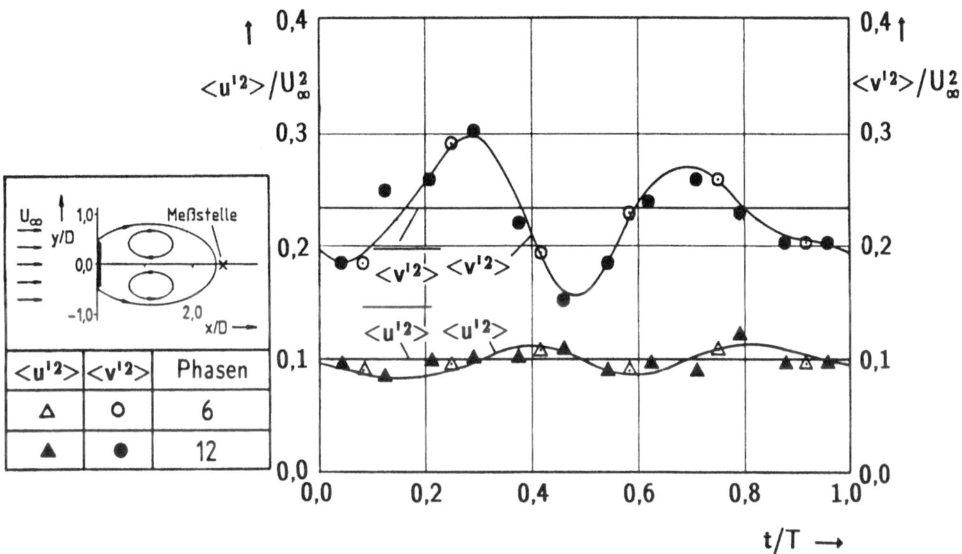

Bild 8.5: Zeitabhängige Darstellung der Normalspannungsterme <u'²> und <v'²> an der Stelle x/D=2,6 und y/D = 0,0 für die senkrecht angestellte Platte bei Re = 2,8·10⁴.

Kapitel 9 in einem überschaubaren Rahmen zu halten, wurden bei weiteren Auswertungen die dynamischen Abläufe in der Regel durch sechs Einzelphasen dargestellt. Trotz der groben Zeitauflösung sind die für das Verständnis der dynamischen Abläufe wesentlichen Strömungsvorgänge erkennbar.

Bei axialsymmetrischer Umströmung der Kugel treten periodische Anteile mit sehr viel geringeren Amplituden auf als bei einer zweiseitigen Scherschichtentwicklung. Dies ist den graphischen Darstellungen der Meßwert-Ensembles für die u-Komponente in den Bildern 8.6 und 8.7 direkt zu entnehmen. In den ebenfalls durch Turbulenzbewegungen stark verbreiterten Geschwindigkeitsspektren an den Stellen x/D = 1,8 und r/D = ±0,5 sind im Gegensatz zu den Bildern 8.3 und 8.4 mit dem bloßen Auge keine periodischen Modulationen zu beobachten. Erst durch die numerische Auswertung von Mittelwerten bei konstanter Phase sind harmonische Oszillationen mit einer Amplitude von etwa 4% der Anströmgeschwindigkeit U_∞ zu erkennen.

Der Vergleich beider Darstellungen in den Bildern 8.6 und 8.7 verdeutlicht, daß die mit dem LDA-Meßsystem aufgelösten periodischen Bewegungen trotz der geringen Amplituden eindeutig auf signifikante physikalische Strukturen im Strömungsfeld zurückführbar sind: in dem der Stelle x/D = 1,8 und r/D = 0,5 diametral gegenüberliegenden Raumpunkt x/D = 1,8 und r/D = – 0,5 tritt die Periodizität mit einer Phasenverschiebung von 180° auf.

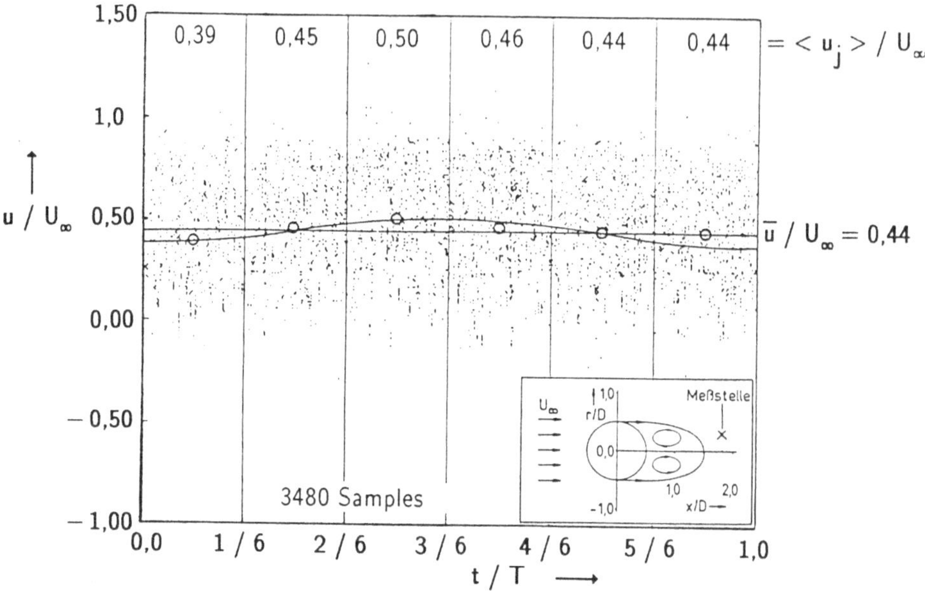

Bild 8.6: Zeitabhängige Darstellung des Meßwert-Ensembles für die u-Komponente der Kugel an der Stelle x/D = 1,8 und r/D = 0,5 bei Re = $5 \cdot 10^4$.

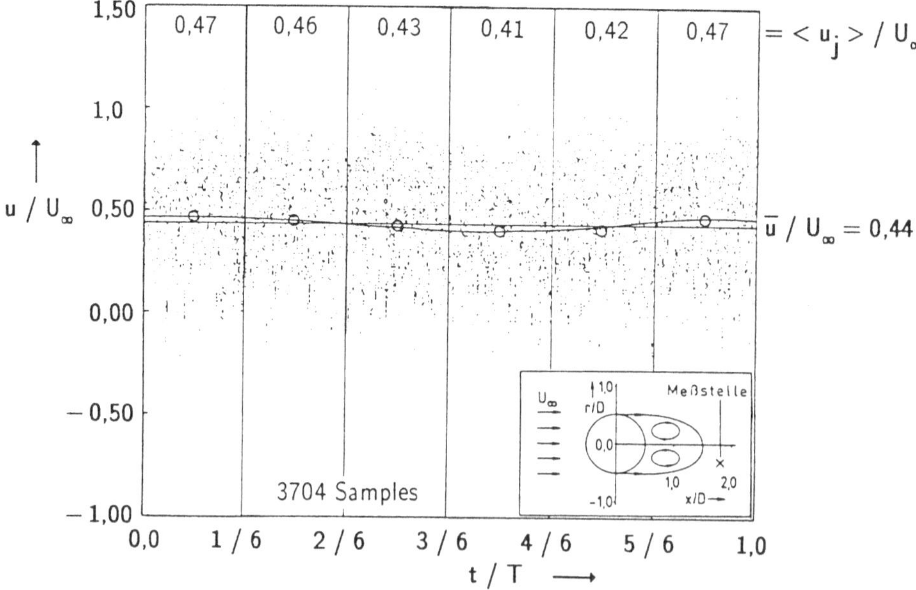

Bild 8.7: Zeitabhängige Darstellung des Meßwert-Ensembles für die u-Komponente der Kugel an der Stelle x/D = 1,8 und r/D = −0,5 bei Re = $5 \cdot 10^4$.

Größere Klarheit über die geometrische Gestalt der aus dem Totwasserbereich der Kugel sich ablösenden Strömungsstruktur erhält man durch räumlich ausgedehnte LDA-Messungen im Nachlauf. Einige Meßergebnisse hierzu sind in den Bildern 8.8 und 8.9 wiedergegeben.

Bild 8.8 stellt den periodischen Meßwert-Verlauf der u-Komponente an der Stelle x/D = 1,6 im von der Symmetrieachse aus gerechneten radialen Abstand von r/D = 0,3 bei vier um 90° versetzten Azimutalwinkel-Werten φ dar, siehe Detailskizze in Bild 8.8. Jedes Meßwert-Ensemble an den vier Raumpunkten umfaßt etwa 15 000 Samples, die für diese Untersuchungen in 18 Phasen-Intervalle aufgeteilt wurden. Geht man von der Kurve $\varphi = 270°$ aus, so erkennt man, daß der Meßwert-Verlauf an der Stelle $\varphi = 180°$ um 90° voreilt, bezüglich des Raumpunkts mit der Azimutalwinkel-Koordinate $\varphi = 90°$ tritt dagegen eine Phasendifferenz von 180° auf. Blickt man in Strömungsrichtung, so beobachtet man für das periodische Geschwindigkeitssignal eine im Uhrzeigersinn gerichtete Phasendrehung.

Die aus dem Ablösegebiet hervortretende Struktur überquert durch konvektiven Transport mit der Hauptströmung weiter stromab liegende Bereiche zu einem späteren Zeitpunkt. Dies kommt in Bild 8.9 zum Ausdruck. Dargestellt sind analog zu Bild 8.8 die zeitabhängigen Signalverläufe an vier Umfangsstellen, nun allerdings 1,6 Kugeldurchmesser weiter stromab an der Stelle x/D = 3,2. Das Maximum bei dem Azimutalwinkel $\varphi = 0°$ hat sich von t/T = 0,0 in Bild 8.8 nun zu t/T $\simeq$ 0,3 in Bild 8.9 verschoben. Eine entsprechende Phasenverschiebung tritt auch in den drei anderen periodischen Signalen auf. Somit liegen Punkte konstanter Phase offensichtlich auf einer helikal gekrümmten Raumkurve. Zusammen mit den in Kapitel 9 zu diskutierenden Ergebnissen der vollständigen Feldmessungen gelangt man zu der Schlußfolgerung, daß die im Nachlauf axialsymmetrischer Körper auftretenden periodischen Strömungsbewegungen auf der Ablösung helikaler Wirbelstrukturen beruhen. Die mittlere Wellenlänge der Helix kann aus der in axialer Richtung auftretenden Phasenverschiebung grob abgeschätzt werden. Sie beträgt etwa fünf Kugeldurchmesser D.

Bereits Sato und Okada (1966) folgerten aus Ergebnissen ihrer Hitzdaht-Messungen, daß im Nachlauf axialsymmetrischer schlanker Körper keine Ringwirbel, sondern Wirbel mit spiralförmiger Struktur auftreten. Auch Achenbach (1974) stellte mittels Hitzdraht-Messungen einen dominanten Drehsinn bei der Ablösung an Kugeln fest. Vermutlich führen schon kleinste Asymmetrien im Strömungsfeld, beispielsweise durch die Drehrichtung des Gebläses verursacht, zu einer bevorzugten Umlaufrichtung bei dem Ablösevorgang. Dieser Ablauf läßt sich nach Untersuchungen von Scholz (1986) sowie Leder und Geropp (1988c) auch an scharfkantigen Scheiben beobachten. Die Ergebnisse

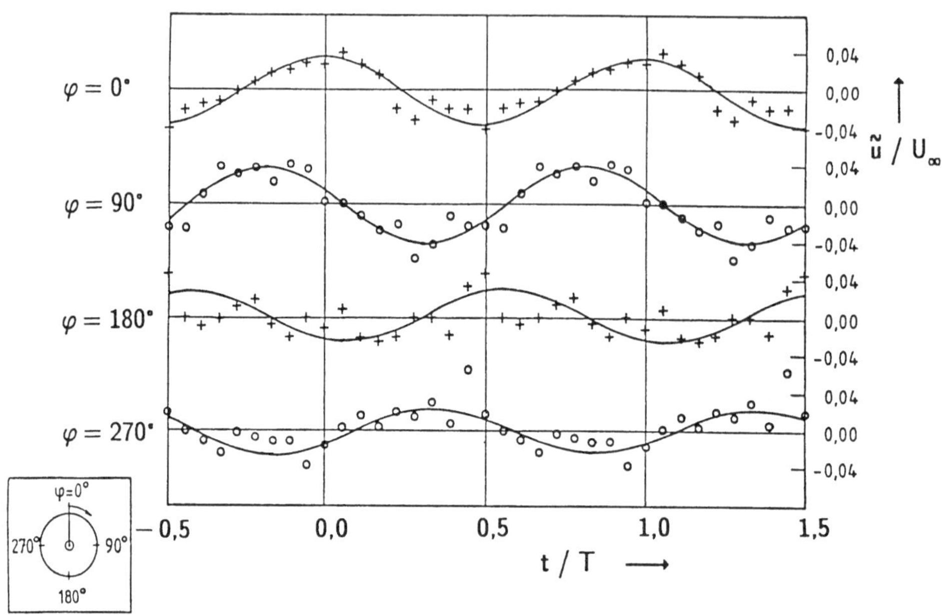

Bild 8.8: Zeitabhängige Darstellung des periodischen Terms $\tilde{u}$ an der Stelle x/D = 1,6 und r/D = 0,3 für vier Azimutalwinkel-Koordinaten φ im Kugelnachlauf bei Re = $5 \cdot 10^4$.

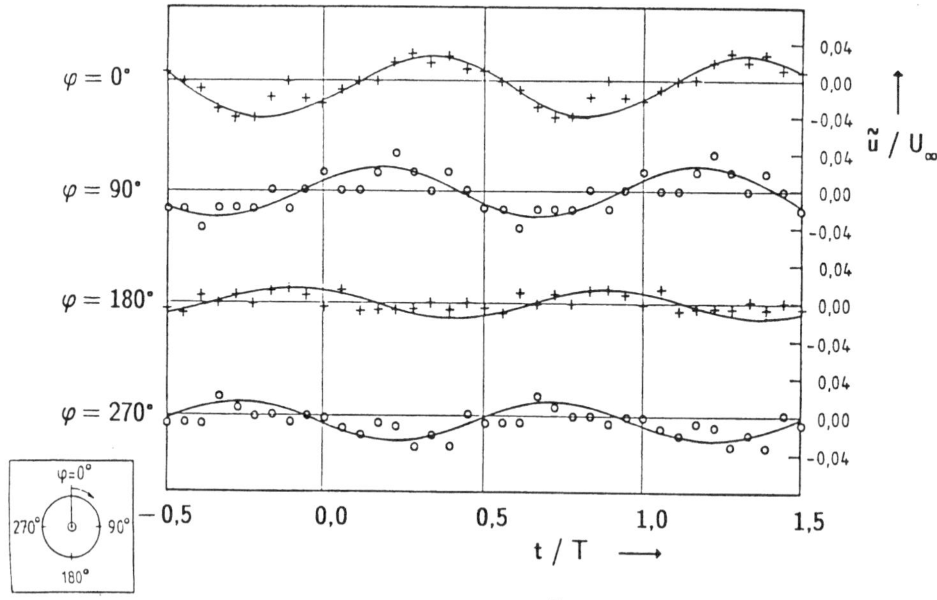

Bild 8.9: Zeitabhängige Darstellung des periodischen Terms $\tilde{u}$ an der Stelle x/D = 3,2 und r/D = 0,3 für vier Azimutalwinkel-Koordinaten φ im Kugelnachlauf bei Re = $5 \cdot 10^4$.

der Laser-Doppler-Messungen weisen darauf hin, daß axialsymmetrische Ringwirbel-Strukturen eine wesentlich geringere Stabilität als Helixwirbel besitzen.

Die in Kapitel 9 noch näher zu diskutierenden Meßergebnisse der LDA-Untersuchungen zeigen, daß die Amplituden der periodischen Bewegungen im Bereich der am Totwasserende liegenden Scherschichten Maximalwerte annehmen. Dies deutet auf den im Strömungsfeld sich vollziehenden Ablösevorgang zweiter Art hin, bei dem im axialsymmetrischen Fall eine helikale Wirbelstruktur entsteht, siehe Abschnitt 3.1. Bild 8.10 stellt eine Nebeldraht-Visualisierung des Kugelnachlaufs dar. Das Modell ist am linken Bildrand zu erkennen, die Außenströmung verläuft von links nach rechts. Zur Orientierung ist für den Betrachter die Symmetrieachse $r/D = 0{,}0$ mittels eines Stabes hervorgehoben. Der Fotografie ist zu entnehmen, daß von dem hinteren Ende des nahezu axialsymmetrisch ausgebildeten Totwassergebietes sich eine helikal gewundene Struktur ablöst.

Während bis zu $Re \approx 400$ der Kugelnachlauf sich noch axialsymmetrisch einstellt, zeigen die auf Visualisierungen beruhenden Untersuchungen von Magarvey und MacLatchy (1965), Pao und Kao (1976) sowie Taneda (1978), daß im Reynolds-Zahl-Bereich von 400 bis 10^6 stromab der Kugel dreidimensionale Strömungsstrukturen auftreten. Bei transkritischen Reynolds-Zahlen oberhalb von $Re = 3{,}8 \cdot 10^5$ geht nach Beobachtungen von Taneda (1978) die helikale Wirbelform in eine hufeisenförmige Ablösung über. Die Ablösung rotiert dann sowohl im als auch entgegen dem Uhrzeigersinn. Der Wechsel tritt stochastisch auf, wobei sich der Drehsinn gewöhnlich schon nach weniger als einer halben Umdrehung ändert.

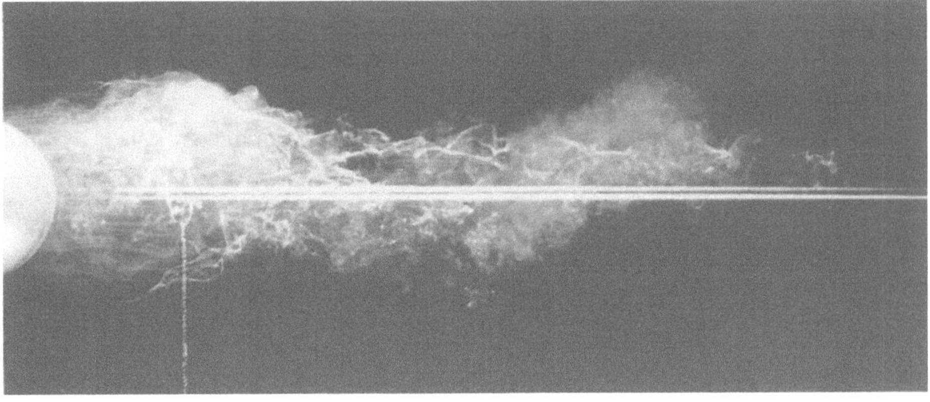

Bild 8.10: Nebeldraht-Visualisierung der von dem Totwasser der Kugel sich ablösenden helikalen Wirbelstruktur bei $Re = 1{,}0 \cdot 10^4$.

Zur Vervollständigung dieser Betrachtungen seien noch die in den Bildern 8.11 und 8.12 dargestellten Meßwertverläufe erläutert. Sie zeigen die entsprechenden periodischen Geschwindigkeitsverläufe $\tilde{u}(t/T)$ bei zweiseitiger Scherschichtentwicklung nach Fall b des Abschnitts 3.3. Wie schon dem in Bild 8.6 dargestellten Meßwert-Ensemble zu entnehmen war, sind die Amplituden der periodischen Terme bedeutend stärker ausgeprägt als im axialsymmetrischen Fall.

Bild 8.11 verdeutlicht die im Nachlauf der ebenen Platte an der Stelle $x/D = 3{,}0$ auftretende Oszillation in $\tilde{u}$. Die Meßkurven oberhalb der Symmetrieachse bei $y/D = 0{,}5$ weisen gegenüber den Verläufen in der unteren Halbebene eine Phasenverschiebung von 180° auf: die Maxima bei positiven y-Werten fallen mit Minima bei negativen y-Koordinaten zusammen.

Vier Plattenabmessungen D weiter stromab, an der Stelle $x/D = 7{,}0$, stellt man eine deutlich geringere Amplitude des periodischen Ablaufs fest. Die Dämpfung um ca. 50% in dem harmonischen Geschwindigkeitssignal ist hauptsächlich auf dissipative Vorgänge in dem Fluid zurückzuführen. Ähnlich wie im axialsymmetrischen Fall tritt auch hier eine Phasenverschiebung in Strömungsrichtung auf. Aus der zwischen den Bildern 6.11 und 8.12 zu beobachtenden Phasendifferenz ist die Wellenlänge der kohärenten Struktur zu größenordnungsmäßig fünf Modellabmessungen D abschätzbar.

Die Diskussionen in dem Abschnitt 9.1 werden verdeutlichen, daß auch im ebenen Fall eine Ablösung zweiter Art auftritt. Im Unterschied zum axialsymmetrischen Fall hat die vom Rezirkulationsbereich ausgehende Wirbelstruktur einen zweidimensionalen Charakter. Sie ähnelt der im laminaren Fall auftretenden Kármánschen Wirbelstraße.

Mit dem in Abschnitt 5.4 erläuterten Meßsystem können gleichzeitig zwei Komponenten des Geschwindigkeitsvektors ermittelt werden. Auf die in Ablöse- und Nachlaufbereichen zwischen der axialen und transversalen Komponente bestehenden Korrelationen soll nun näher eingegangen werden.

Trägt man beispielsweise das im Kugelnachlauf an den Koordinaten $x/D = 1{,}8$ und $r/D = -0{,}3$ ermittelte Ensemble der Geschwindigkeitsvektoren in ein Diagramm ein, das die u- und v-Komponente als Abszisse bzw. Ordinate enthält, so stellt man trotz der stark ausgeprägten stochastischen Schwankungen einen Zusammenhang zwischen dem Axial- und Radialanteil fest: die Meßwerte in Bild 8.13 weisen eine Orientierung längs einer um 45° geneigten Geraden auf. In diesem Fall ist zwischen den u- und v-Werten keine Phasenverschiebung zu beobachten. Mit wachsender Geschwindigkeit u in axialer Richtung ist auch ein Anstieg in der Querkomponente v verbunden.

Die mittleren Schwankungsbreiten beider Terme sind in den Bildern 8.13 bis 8.15 durch Balken hervorgehoben. Der vom Ursprung der Diagramme ausgehende Vektor

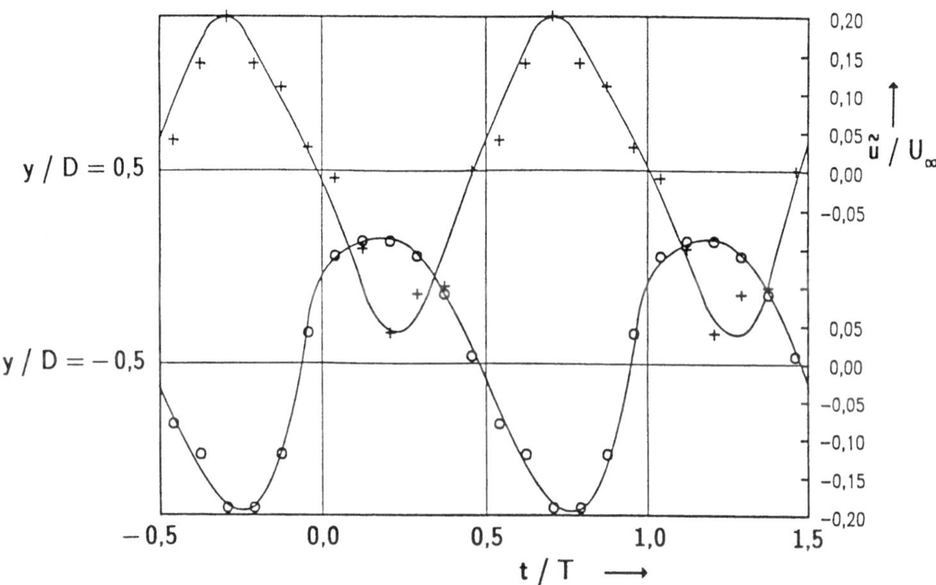

Bild 8.11: Zeitabhängige Darstellung des periodischen Terms $\tilde{u}$ an den Stellen mit den Koordinaten x/D = 3,0 und y/D = ±0,5 im Nachlauf der senkrecht angestellten Platte bei Re = $2{,}8 \cdot 10^4$.

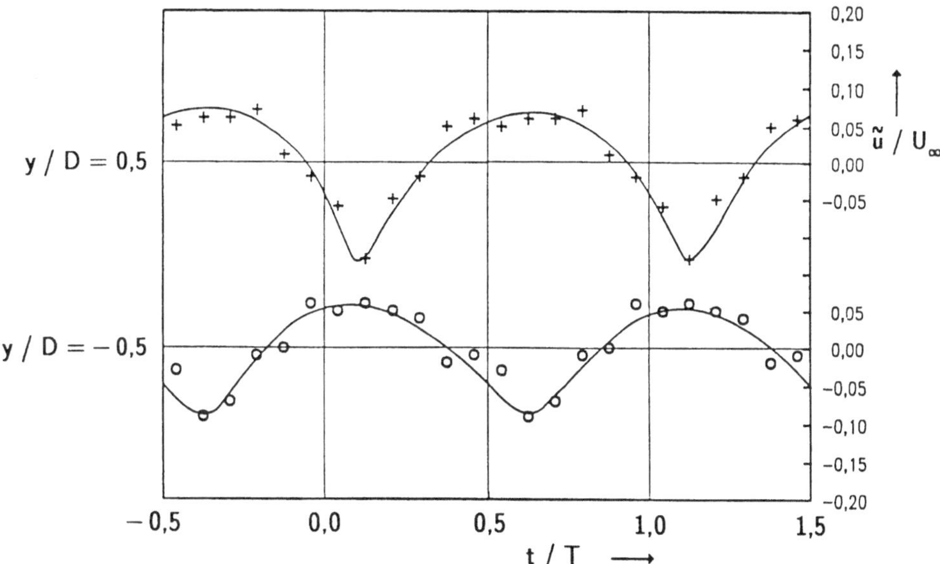

Bild 8.12: Zeitabhängige Darstellung des periodischen Terms $\tilde{u}$ an den Stellen mit den Koordinaten x/D = 7,0 und y/D = ±0,5 im Nachlauf der senkrecht angestellten Platte bei Re = $2{,}8 \cdot 10^4$.

stellt die an den jeweiligen Raumpunkten gemessene zeitlich gemittelte Strömungsgeschwindigkeit und -richtung dar.

Der nach Gleichung 8.1 definierte Korrelationskoeffizient $<r_{uv}>$ bei konstanter Phase ist ein Maß für die Ausprägung des Zusammenhangs zwischen der longitudinalen und transversalen Komponente:

$$<r_{uv}> = \frac{<u'v'>}{<\sqrt{u'^2}> \cdot <\sqrt{v'^2}>} \; . \tag{8.1}$$

Im axialsymmetrischen Fall besitzen die periodischen Komponenten bekanntlich nur geringe Amplituden. Somit stimmen zeitliche Mittelwerte und Mittelwerte bei konstanter Phase weitgehend überein. In Bild 8.13 erreicht der zeitlich gemittelte Korrelationskoeffizient im Kugelnachlauf an der Stelle $x/D = 1{,}8$ und $r/D = -\,0{,}3$ den Zahlenwert von $\bar{r}_{uv} = 0{,}47$. Bei $\bar{r}_{uv} = 1{,}0$ lägen alle Meßpunkte auf der mit positiver Steigung eingezeichneten Geraden. Wäre zwischen den beiden Größen kein Zusammenhang vorhanden, stellte sich daß Ensemble also als ungeordnete "Punktwolke" dar, ergäbe sich für den Koeffizienten $\bar{r}_{uv}$ der Wert Null.

In dem der Stelle $x/D = 1{,}8$ und $r/D = -\,0{,}3$ diametral gegenüberliegenden Punkt mit der Radialkoordinate $r/D = 0{,}3$ tritt zwischen der u- und v-Komponente eine Phasenverschiebung von 180° auf. In Bild 8.14 äußert sich dies durch eine in dem Meßwert-Ensemble in Erscheinung tretende Orientierung längs einer Geraden mit negativer Steigung: wächst die u-Komponente an, so fällt die Radialkomponente v ab. Erwartungsgemäß stimmt der Korrelationskoeffizient aufgrund der Symmetrie des zeitlich gemittelten Strömungsfeldsfeldes mit $\bar{r}_{uv} = -\,0{,}46$ vom Betrag her mit dem Wert aus Bild 8.13 gut überein.

Auf der Symmetrieachse des Strömungsfeldes bei $x/D = 1{,}8$ und $r/D = 0{,}0$ ist in dem Vektorensemble keine Vorzugsrichtung zu erkennen. Da an dieser Stelle die Schwankungen in transversaler Richtung sehr viel intensiver als in longitudinaler Richtung sind, weicht die äußere Gestalt der Meßpunktwolke in Bild 8.15 von der isotropen Kreisverteilung ab und nimmt ein ellipsenförmiges Erscheinungsbild an. Der Korrelationskoeffizient ergibt sich demnach zu $\bar{r}_{uv} = 0{,}0$. Bei einem Anstieg der u-Komponente treten sowohl ein Zuwachs wie eine Abnahme in v mit gleicher Wahrscheinlichkeit auf.

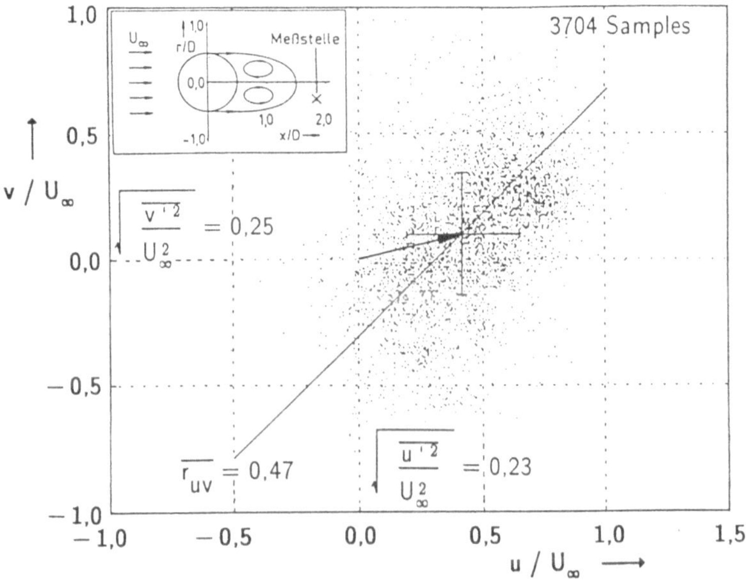

Bild 8.13: Geschwindigkeitsvektor-Ensemble an der Stelle x/D = 1,8 und r/D = −0,3 im Kugelnachlauf bei Re = $5{,}0 \cdot 10^4$.

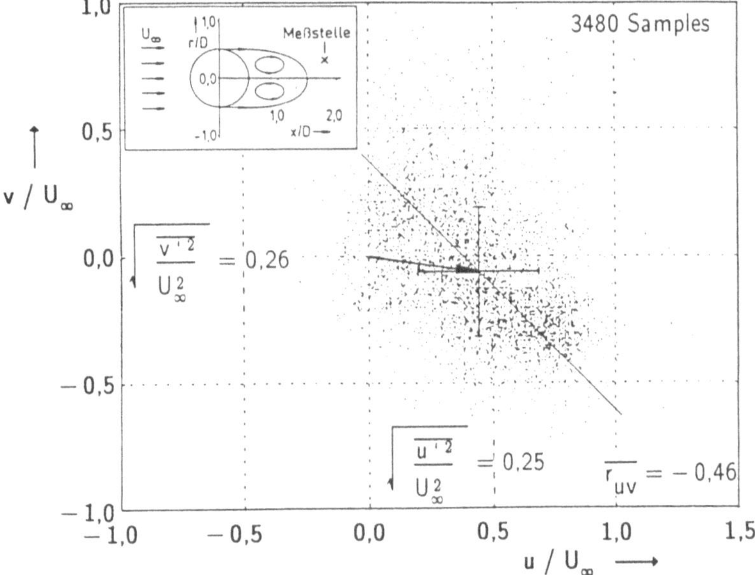

Bild 8.14: Geschwindigkeitsvektor-Ensemble an der Stelle x/D = 1,8 und r/D = 0,3 im Kugelnachlauf bei Re = $5{,}0 \cdot 10^4$.

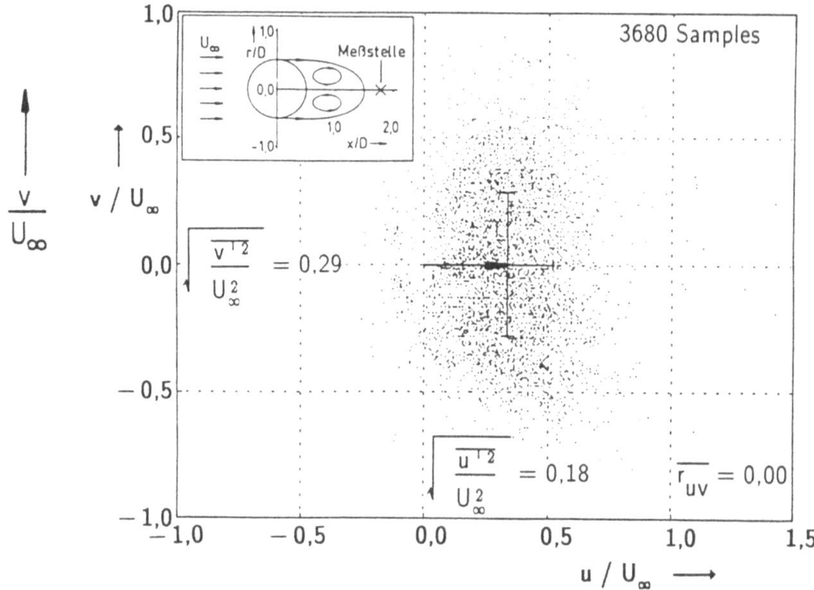

Bild 8.15: Geschwindigkeitsvektor-Ensemble an der Stelle x/D = 1,8 und r/D = 0,0 im Kugelnachlauf bei Re = $5{,}0 \cdot 10^4$.

9 Dynamische Vorgänge bei der Ablösung zweiter Art

In diesem Kapitel werden zeitabhängige Strömungsvorgänge in Ablösegebieten ausführlich erörtert. Um einen weitgehend vollständigen Überblick zu erhalten und um bei den anschließenden Auswertungen auch Differentiationen im Strömungsfeld ausführen zu können, ist es angebracht, die phasengekoppelten LDA-Untersuchungen auf einem dichten Meßpunktraster auszuführen. Da hierbei sehr große Datenmengen anfallen, allein im Fall des Plattenmodells basieren die verschiedenen Auswertungen auf mehr als fünf Millionen Meßdaten, sind rechnergestützte Analysen unumgänglich.

Die mittels numerischer Verfahren aufbereiteten experimentellen Informationen werden direkt in graphische Darstellungen umgesetzt und sind so in komprimierter Form weitergehenden Betrachtungen zugänglich. Hierfür werden in der Regel Isolinien-Diagramme gewählt, da mit ihnen große Datenmengen übersichtlich veranschaulicht werden können.

Neben dem in die Strömungsklasse b einzuordnenden Plattenmodell werden auch Ergebnisse axialsymmetrischer Scherschichtentwicklungen in die Diskussionen einbezogen. Das Kugelmodell dient als exemplarischer Vertreter aus der Strömungsklasse c.

Abschnitt 9.1 verdeutlicht den Strömungsablauf bei der Ablösung zweiter Art. Hierbei lösen sich Strukturen mit Geschwindigkeitsdefekt und Drehung aus dem hinteren Bereich des Totwassers ab. Abschnitt 9.2 stellt die zeitabhängigen, Abschnitt 9.3 die zeitlich gemittelten Verteilungen der Reynoldsschen Spannungsterme dar. Diese Daten können als Basis für genauere Turbulenzmodellierungen dienen. Die sich aus den zeitabhängigen Meßwerten ableitenden dynamischen Vorgänge bei der Produktion $<P>$ von Turbulenzenergie kommen in Abschnitt 9.4 zur Sprache.

9.1 Ablösung von Strukturen mit Geschwindigkeitsdefekt und Drehung

Durch Visualisierungen mittels der Nebeldraht-Technik läßt sich ein qualitativer Eindruck von den Abläufen im Totwasser gewinnen. Bild 9.1 stellt Ergebnisse von Untersuchungen an dem Plattenmodell dar, die entsprechenden Farbaufnahmen sind im Anhang auf Tafel 4 einzusehen. Die periodische Ablösung ist in sechs Einzelphasen

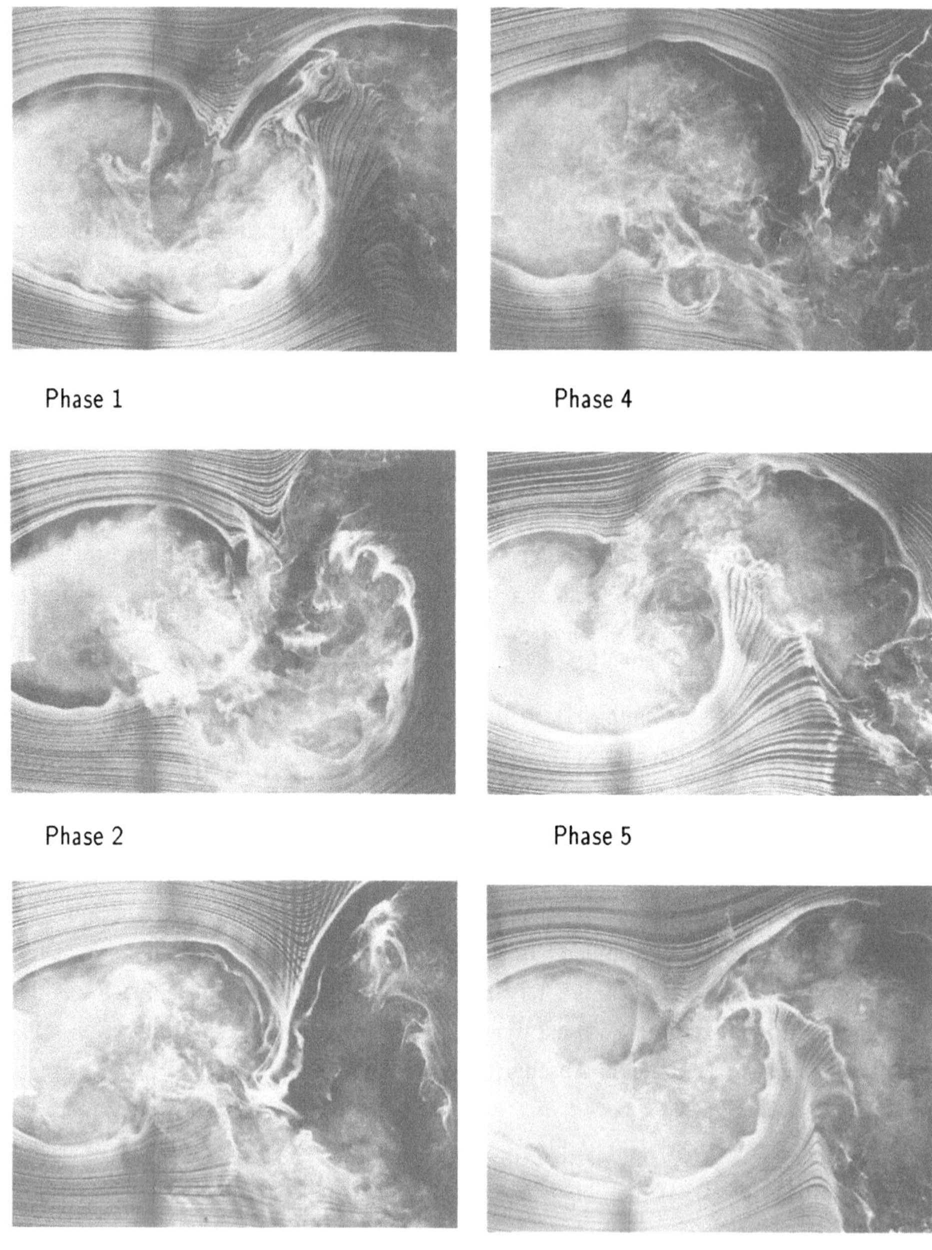

Bild 9.1: Visualisierung instationärer Strömungsvorgänge im Ablöse- und Nachlaufbereich des senkrecht angestellten Plattenmodells bei Re = $5{,}3 \cdot 10^3$, (s. Farbtafel 4 im Anhang).

unterteilt. Die Anströmung verläuft von links nach rechts, das Modell ist als roter Körper am linken Bildrand zu erkennen. Die Einfärbung des turbulenten Ablösebereichs mit gelbem Nebel erfolgt mit Hilfe des links der Bildmitte erkennbaren Wolframdrahts, der Nebeldraht zur Visualisierung der weiß eingefärbten Außenströmung befindet sich stromauf des Plattenmodells. Die Reynolds-Zahl liegt mit Re = $5{,}3 \cdot 10^3$ nach den Ausführungen des Abschnitts 7.2 im transitionalen Bereich.

In Phase 1 des Bildes 9.1 ist in der oberen Scherschicht ein Wechselwirkungs-Vorgang zu beobachten: weiß markiertes Fluidmaterial der unteren Scherschicht überquert am stromab liegenden Ende des zeitlich gemittelten Rezirkulationsgebietes die Symmetrieachse und trifft auf die obere Scherschicht. Hierdurch entsteht an der mit dem roten Dreieck hervorgehobenen Stelle ein Sattelpunkt, s. Farbtafel 4 im Anhang, an dem sich die von der oberen und unteren Scherschicht stammenden Fluidströme in zwei entgegengesetzt gerichtete Teilströme aufspalten. Während ein Teil sich mit positiver v-Komponente stromab verlagert und so zur Verbreiterung des Nachlaufs beiträgt, durchquert ein aus Fluid der oberen und unteren Scherschicht bestehender "Strömungszweig" mit einer aufgrund des Totwasser-Unterdrucks stark ausgeprägten Rückströmkomponente das Ablösegebiet. In Phase 2 trifft die Querströmung nun an einer im Vergleich zu Phase 1 weiter stromauf liegenden Stelle auf die untere Scherschicht. Die Wechselwirkung prägt sich mit zu Phase 3 ansteigender Intensität am unteren Rand des Ablösegebiets aus. Es ist deutlich zu erkennen, daß sich zu dem Zeitpunkt von Phase 3 gerade die Ablösung einer entgegen dem Uhrzeigersinn drehenden Wirbelstruktur vom hinteren Ende des Totwassergebiets vollzieht.

Von Phase 4 zu Phase 6 setzt sich der geschilderte Vorgang spiegelsymmetrisch fort: an dem in der unteren Scherschicht zum Zeitpunkt der Phase 4 voll ausgebildeten Sattelpunkt wird ein Teilstrom zur oberen Scherschicht umgelenkt, wo er in Phase 5 die Entwicklung eines in der oberen Strömungshälfte angeordneten Sattelpunkts initiiert. In Phase 6 löst sich der bei diesem Vorgang entstehende, nun im Uhrzeigersinn drehende Wirbel, von dem Totwassergebiet ab. Der gesamte Vorgang wiederholt sich anschließend von Phase 1 nach Phase 6 in quasiperiodischer Weise.

Die sechs Einzelbilder von Bild 9.1 stellen Momentaufnahmen des Ablösevorgangs dar. Da bei turbulentem Strömungsverlauf die Abmessungen der Wirbelstrukturen und damit auch die Verläufe der freien Scherschichten gewissen Schwankungen unterliegen, liefern Mittelwerte bei konstanter Phase signifikantere Aussagen über die physikalischen Vorgänge. Im Rahmen der Visualisierungsexperimente erhielte man diese durch Auswertungen vieler solcher Bilder. Bei dem gegenwärtigen Entwicklungsstand der für Strömungsforschungen zur Verfügung stehenden experimentellen Einrichtungen lassen sich

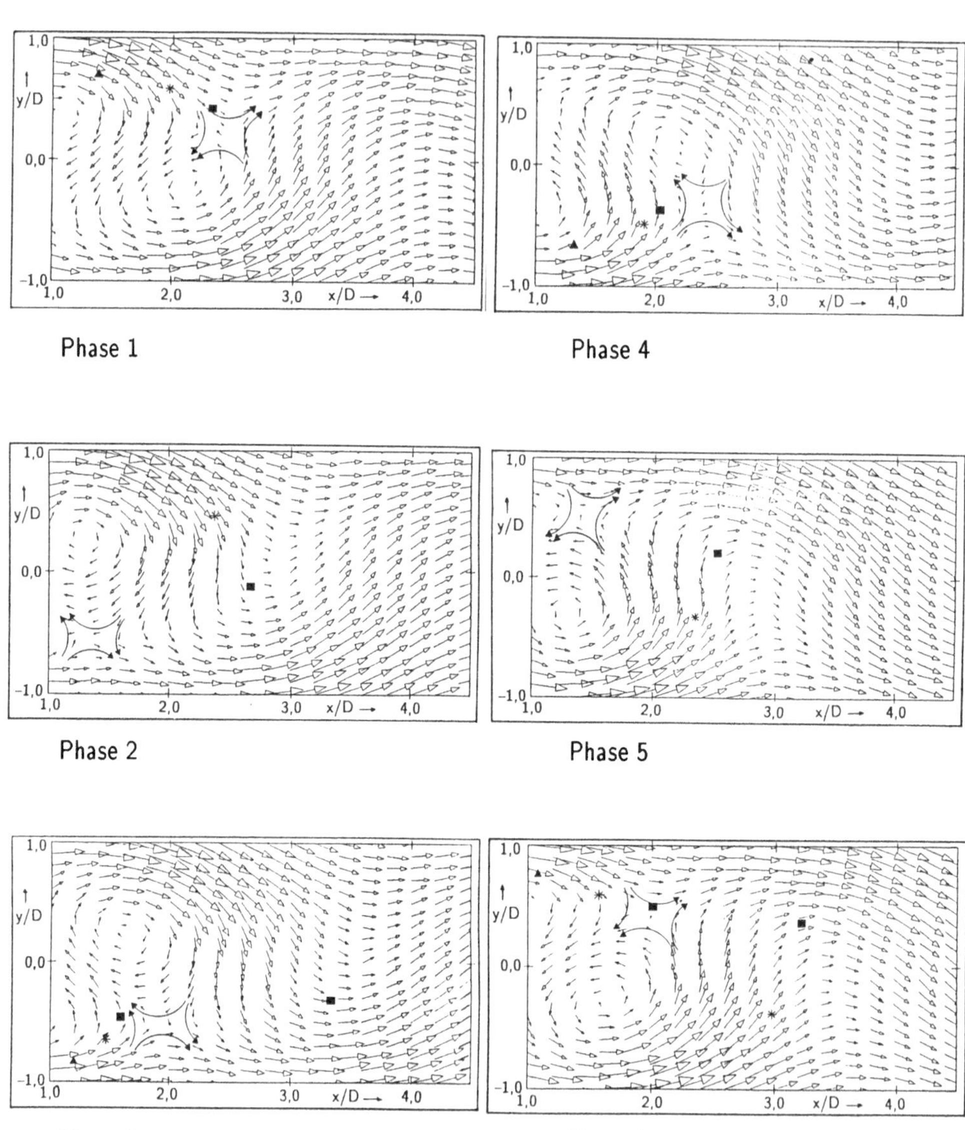

Bild 9.2: Phasenaufgelöste Vektordiagramme im Plattennachlauf bei Re $= 2{,}8 \cdot 10^4$. Momentane Stromlinien, sie sind mit großen, schwarzen Pfeilspitzen markiert, heben Sattelpunkte hervor.

o : Wirbelzentrum; ▲ : $\langle u'^2 \rangle / U_\infty^2 \geq 0{,}24$; ■ : $\langle v'^2 \rangle / U_\infty^2 \geq 0{,}29$; ∗ : $\langle u'v' \rangle / U_\infty^2 \geq 0{,}12$.

die gewünschten Daten mit der in Abschnitt 5.4 erläuterten phasengekoppelten Laser-Doppler-Anemometrie am genauesten ermitteln.

Die Vektordiagramme in Bild 9.2 stellen den quasiperiodischen Strömungsvorgang im Ablösegebiet und Nachlauf der senkrecht angestellten Platte bei Re = $2{,}8 \cdot 10^4$ anhand von sechs Einzelphasen dar. Die Daten stammen von phasengekoppelten Laser-Doppler-Messungen. Bei dieser Reynolds-Zahl nehmen die freien Scherschichten schon kurz nach dem Abriß turbulenten Charakter an. Den aus dem Bereich von $x/D = 1{,}0$ bis $x/D = 4{,}5$ und von $y/D = -1{,}0$ bis $y/D = 1{,}0$ aufgetragenen Mittelwerten bei konstanter Phase liegen mehr als dreihundert periodische Vorgänge zugrunde.

Obwohl die Reynolds-Zahlen nicht übereinstimmen, kann zwischen den in Bild 9.1 dargestellten Momentaufnahmen und den bei konstanter Phase ermittelten Vektordiagrammen des Bildes 9.2 weitgehende Übereinstimmung festgestellt werden. Phase 1 zeigt, analog zu Bild 9.1, die Ausbildung eines Sattelpunktes in der oberen Scherschicht. Die Lagen der Sattelpunkte sind durch kurze Pfeile, sie stellen momentane Stromlinien dar, kenntlich gemacht. Bei dieser Darstellungsform kommt die Wechselwirkung zwischen den beiden Scherschichten am hinteren Ende des zeitlich gemittelten Ablösegebiets gut zum Ausdruck: die beiden aufeinandertreffenden Scherschichten lenken sich gegenseitig um, wodurch im Ablösegebiet eine Querströmung entsteht, die aus Fluidmaterial der oberen und unteren Scherschicht besteht. In Phase 2 entsteht beim Auftreffen der Querströmung auf die im negativen y-Bereich liegende Scherschicht ein neuer Sattelpunkt, der zu Phase 3 eine stärkere Ausprägung erlangt. Die spiegelsymmetrischen Vorgänge von Phase 4 bis 6 wurden bereits anhand von Bild 9.1 erläutert.

Die einzelnen Darstellungen in Bild 9.2 verdeutlichen die Bewegungsabläufe der Sattelpunkte und Wirbelzentren. Letztere werden durch Kreissymbole hervorgehoben. Der Zeitunterschied zweier aufeinander folgender Phasen beträgt ca. 0,02 Sekunden. Für den im Uhrzeigersinn drehenden Wirbel ist der in Richtung der Hauptströmung verlaufende konvektive Transport von Phase 1 bis Phase 4 gut zu verfolgen: in Phase 1 befindet sich das Zentrum bei $x/D = 1{,}0$, in Phase 2 bei $x/D = 1{,}3$. Weitere 20 ms später liegt es etwa bei $x/D = 1{,}7$ und in Phase 4 erscheint der Mittelpunkt bei $x/D = 2{,}2$. Ein entsprechendes dynamisches Verhalten zeigt auch der entgegen dem Uhrzeigersinn drehende Wirbel von Phase 4 über 6 nach Phase 1. Nach der Ablösung vom Totwasser sind die Wirbelzentren bei dieser Darstellung nicht mehr direkt erkennbar, da sich ihnen im Nachlauf die konvektive Transportgeschwindigkeit überlagert.

Die Einzelbilder von Bild 9.2 enthalten die mittels Dreieck-, Viereck- und Stern-Symbolen gekennzeichneten Positionen der Maximalwerte der Reynoldsschen Spannungsterme. Die vollständigen Feldverteilungen werden in Abschnitt 9.2 ausführlich

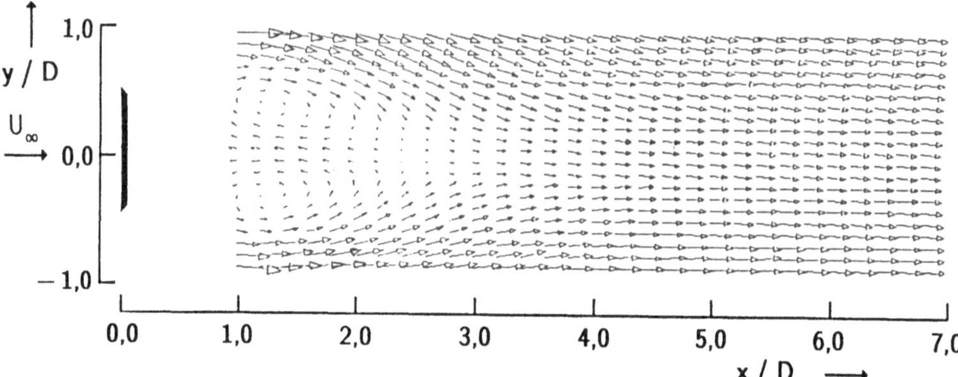

Bild 9.3: Zeitlich gemitteltes Strömungsfeld im Ablösegebiet und Nachlauf der senkrecht angestellten Platte bei Re = $2{,}8 \cdot 10^4$.

diskutiert. Im Zusammenhang mit den dynamischen Strömungsvorgängen soll jedoch bereits an dieser Stelle auf die Korrelation mit der Lage des Sattelpunktes hingewiesen werden: Maximalwerte in den Spannungstermen treten im Scherschichtbereich unmittelbar vor einem Sattelpunkt auf und bewegen sich mit ihm in enger Übereinstimmung durch das Strömungsfeld. Da Sattelpunkte, analog zu den Wirbelzentren, nach dem Verlassen des Ablösegebietes eine zunehmende Eigengeschwindigkeit erhalten, sind sie im Nachlaufbereich nicht mehr unmittelbar zu erkennen. Subtrahiert man von den Nachlaufprofilen die Konvektionsgeschwindigkeit der Wirbelzentren, können Sattelpunkte auch stromab des Totwassers beobachtet werden.

Die periodische Strömungsstruktur ergibt sich nach Gleichung (4.21) aus der Differenz von den in Bild 9.2 dargestellten Mittelwerten bei konstanter Phase und dem in Bild 9.3 eingezeichneten zeitlich gemittelten Strömungsfeld. Dem Vergleich mit Bild 7.1 ist zu entnehmen, daß die zeitlich gemittelte Totwasserlänge erwartungsgemäß keine Reynolds-Zahl-Abhängigkeit aufweist: wie schon für Re = $3{,}5 \cdot 10^4$ festgestellt wurde, ergibt sich im Rahmen dieser Untersuchungen bei Re = $2{,}8 \cdot 10^4$ ebenfalls eine Rezirkulationslänge von 2,45 Plattenabmessungen D.

Bild 9.4 zeigt die im Ablösegebiet und Nachlauf der Platte entstehende periodische Struktur: es bildet sich eine Abfolge links- und rechtsdrehender Wirbel, deren Zentren nahezu auf der Symmetrieachse liegen. Die in den Einzelbildern eingetragenen kleinen Kreissymbole heben die Mittelpunkte der einzelnen Wirbel hervor. Die graphische Darstellung verdeutlicht, daß die Phasengeschwindigkeit beim Ablösevorgang nicht konstant ist: die sich im Totwasser aufhaltenden und noch in der Bildungsphase befindlichen Wirbelstrukturen bewegen sich langsamer stromab als die bereits abgelösten kohärenten Strukturen. Man erkennt, daß der Abstand zwischen den beiden jüngsten

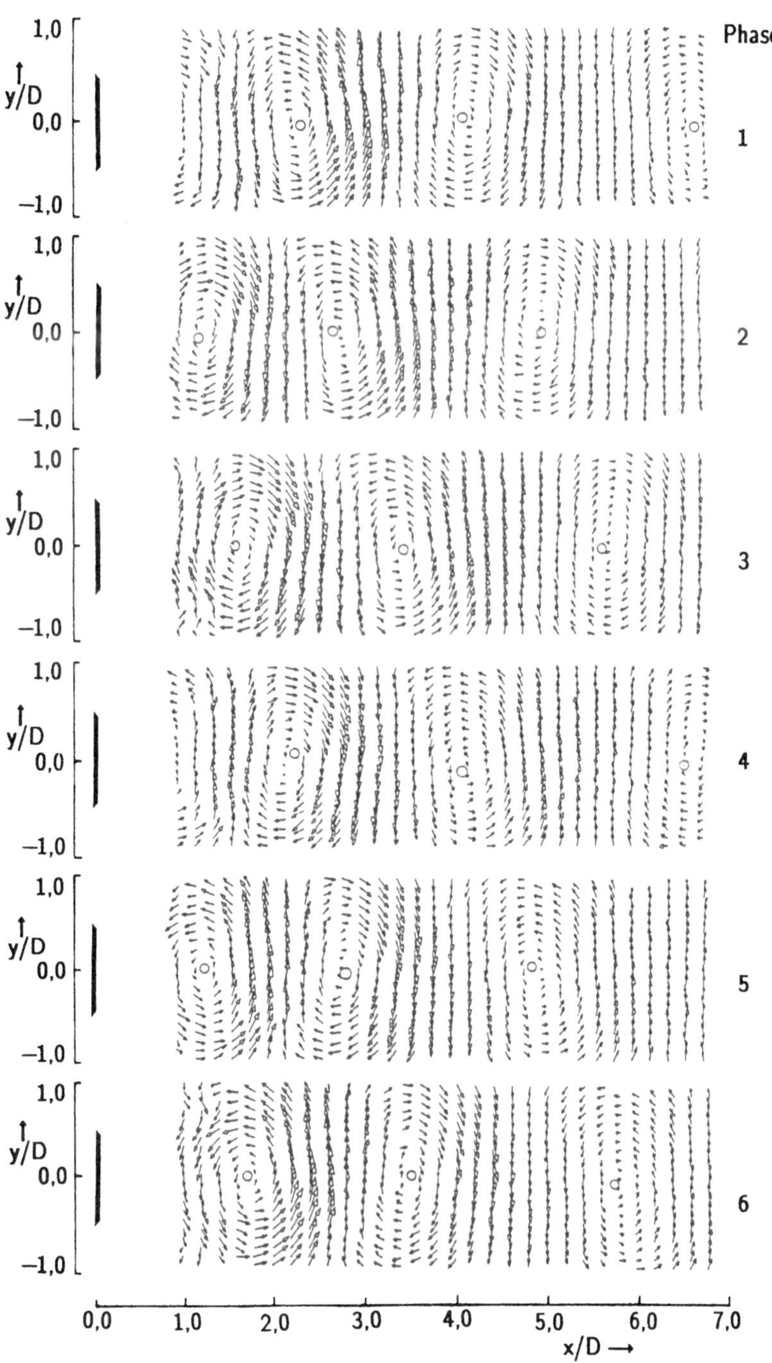

Bild 9.4: Periodisches Geschwindigkeitsfeld im Ablösegebiet und Nachlauf des Plattenmodells.

o : Wirbelzentrum

Wirbeln der Phase 2 in den folgenden Phasen kontinuierlich anwächst. Die vor allem in den Strömungsgebieten zwischen den Wirbeln zu beobachtende Fluidstreckung weist auf die Einwirkung starker Dehnungskräfte hin.

Die periodischen Strömungskomponenten sind im Bereich des Totwasserendes, an der Stelle $x/D \simeq 2{,}5$, am stärksten ausgeprägt. Stromauf dieser Position befinden sich die Wirbel noch in der Bildungsphase. Stromab klingen die Amplituden der periodischen Terme, aufgrund der in turbulenten Strömungen stark ausgeprägten Energiedissipation, deutlich ab.

Auf den am Totwasserende der Platte sich vollziehenden Ablösevorgang zweiter Art kann anhand der Bilder 9.5 und 9.6 näher eingegangen werden. Die Darstellungen zeigen die Isotachenfelder $<c_0> = \text{const.}$ bzw. die Isolinien-Verteilungen der bei der Modellumströmung entstehenden Drehung $<\omega_0>$.

Die nach Gleichung (6.1) berechneten Isotachenlinien $<c_0>$ bei konstanter Phase sind in Bild 9.5 dargestellt. Aufgrund der in der oberen und unteren Scherschicht auftretenden Übergeschwindigkeiten, zu erkennen an den Bereichen mit $<c_0>$ oberhalb von 1,0, bilden sich die Geschwindigkeitsprofile an diesen Stellen mit einem zweifachen Wendepunkt aus. Auf diese Besonderheit weisen auch der Abschnitt 3.1 und das Bild 3.2a hin. Aus dem Vergleich von Bild 9.2 mit 9.5 geht hervor, daß zu Phase 1 in der oberen Scherschicht in Strömungsrichtung ein starker Geschwindigkeitsabfall auftritt, der mit einem positiven Druckgradienten in der auf den Sattelpunkt gerichteten Scherschichtströmung gekoppelt ist. Da die Zähigkeit des Fluids größer als Null ist und die freien Scherschichten in Wechselwirkung treten, sind nach den Ausführungen von Abschnitt 3.1 die Kriterien für eine Ablösung zweiter Art erfüllt.

Vom hinteren Bereich des Totwassers löst sich hierbei eine Struktur mit Geschwindigkeitsdefekt ab. Der Ablösevorgang tritt nach Bild 9.5 in der Phase 6 auf, vollendet sich in Phase 1, wobei gleichzeitig über die Rückkopplung mit der Strömung im Ablösebereich in der gegenüberliegenden Scherschicht ein neuer Ablösevorgang induziert wird: im Nachlauf bei $x/D \approx 4{,}0$ ist zum Zeitpunkt von Phase 1, kurz unterhalb der Symmetrieachse $y/D = 0{,}0$, eine geschlossene Isotachenlinie mit $<c_0> = 0{,}40$ zu erkennen, die von dem in Phase 6 ablaufenden Ablösevorgang zweiter Art stammt. In Phase 2 hat sich diese Struktur weiter stromab verlagert und ist daher in dem hier dargestellten Ausschnitt des Strömungsfeldes nicht mehr zu beobachten. In Phase 3 erscheint der mit dem Geschwindigkeitsgradienten gekoppelte starke Druckanstieg nun in der unteren Scherschicht, stromauf des Sattelpunktes. Die Strömung in der oberen Scherschicht verläuft dagegen weitgehend parallel zu den Isotachen. In Analogie zu Phase 6 vollzieht sich in Phase 3 wiederum die Ablösung einer Struktur mit $<c_0> = 0{,}40$, die von Phase 4

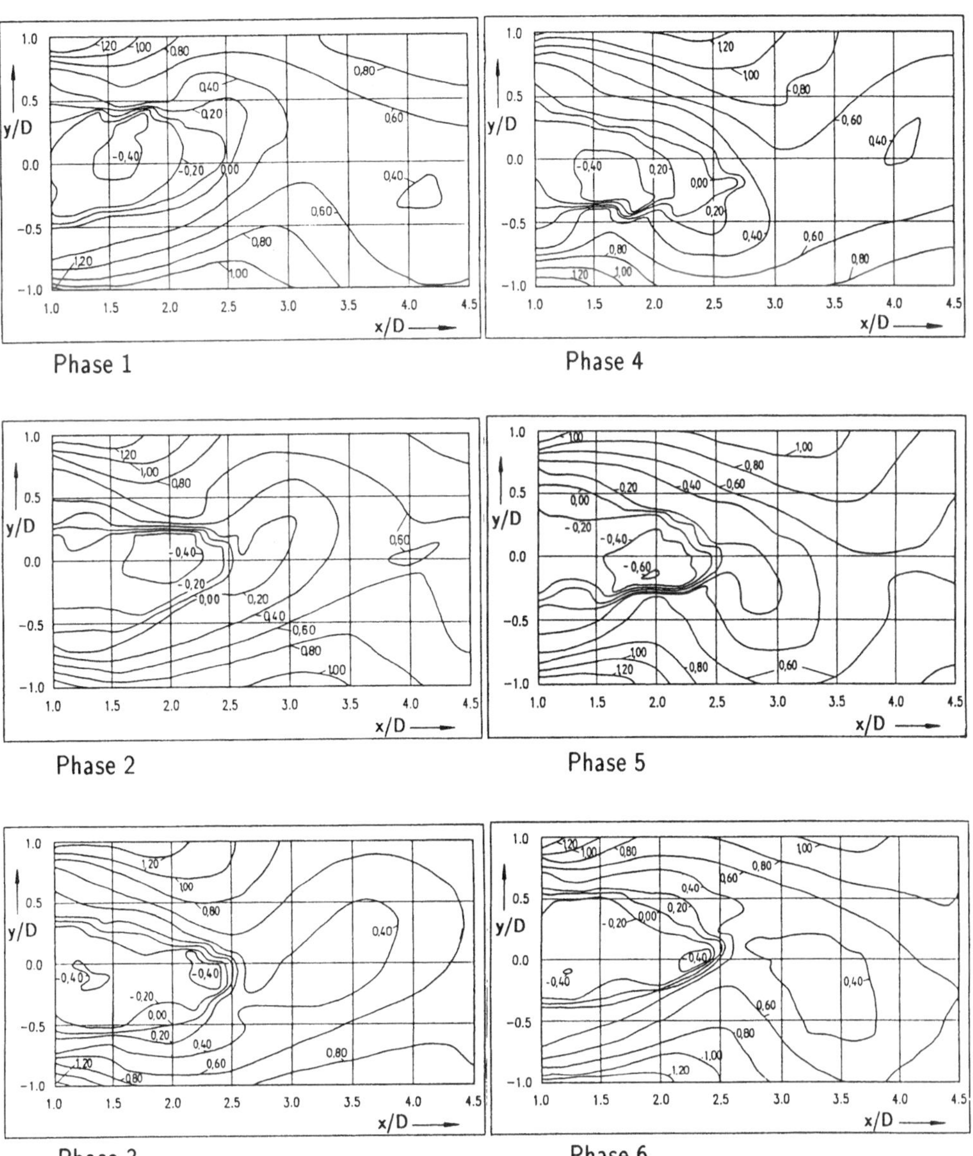

Bild 9.5: Isotachenfelder $\langle c_0 \rangle$ im Ablösegebiet und Nachlauf der senkrecht angestellten ebenen Platte bei Re $= 2{,}8 \cdot 10^4$. Negative Isotachenwerte weisen auf die Rückströmung im Totwasser hin. In den Phasen 3 und 6 vollziehen sich die Ablösungen der Defektstrukturen mit $\langle c_0 \rangle = 0{,}40$.

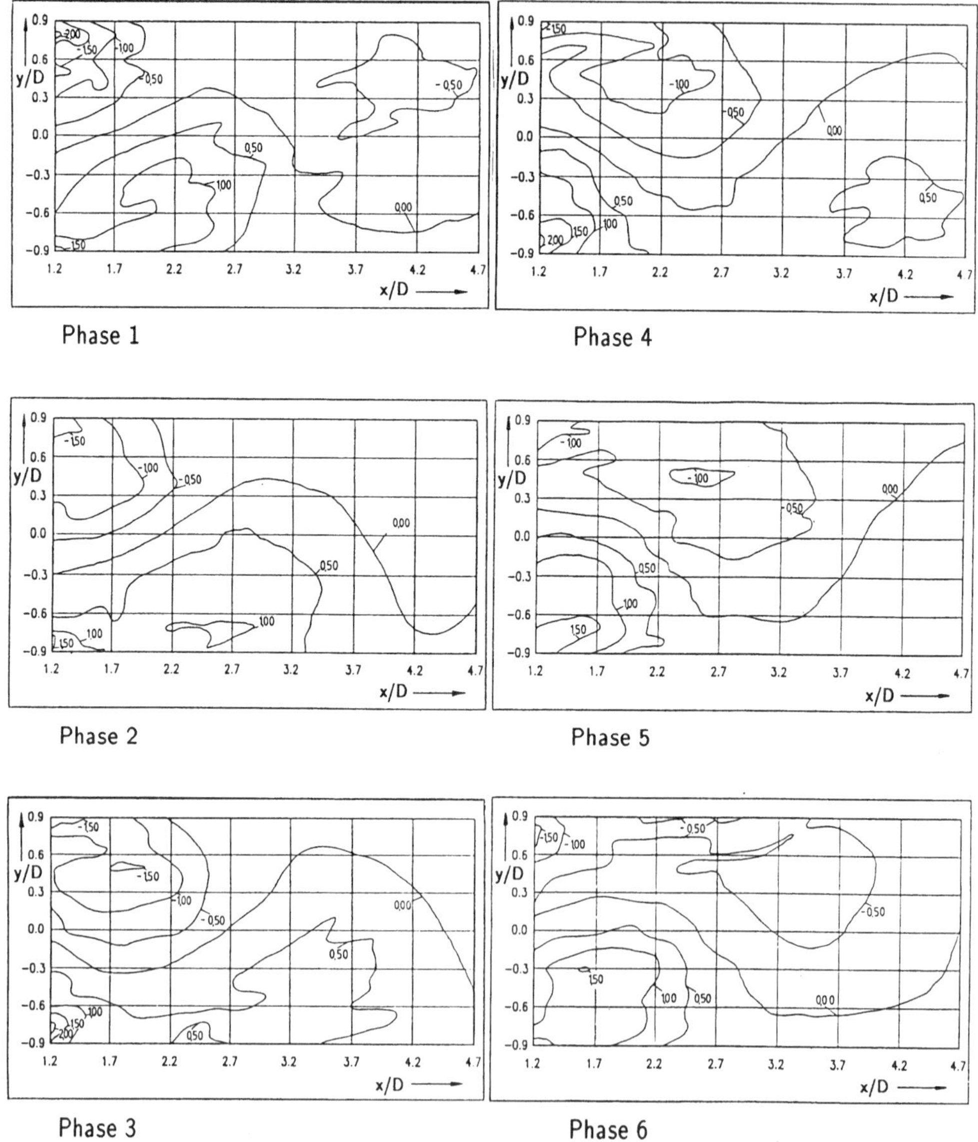

Bild 9.6: Linien konstanter Drehung $<\omega_0>$ im Ablösegebiet und Nachlauf der senkrecht angestellten Platte bei Re $= 2{,}8 \cdot 10^4$. Positive Werte kennzeichnen Drehbewegungen entgegen dem Uhrzeigersinn. In den Phasen 3 und 6 treten Ablösungen von Fluidbereichen mit $<\omega_0> = \pm\ 0{,}50$ auf.

über Phase 5, mit einem etwas oberhalb der Symmetrieachse angeordneten Mittelpunkt, durch konvektiven Transport den Bildausschnitt verläßt. Im Totwasser erreicht die Rückströmung eine Stärke von $<c_0> \approx -0{,}40$, was nach Gleichung (3.7) und Abschnitt 3.3 in dieser Größenordnung auch zu erwarten ist.

Dem Bild 9.5 ist zu entnehmen, daß im Nachlauf intensive Mischvorgänge auftreten: die Turbulenzbewegungen bewirken einen raschen Ausgleich des Geschwindigkeitsdefekts in den Nachlaufprofilen. Der Bereich mit $<c_0> = 0{,}40$ in den Phasen 6 und 3 ist 20 ms später, in den Phasen 1 bzw. 4, deutlich geschrumpft.

Aus Bild 9.6 geht hervor, daß die in Phase 3 und Phase 6 aus dem Totwasser hervortretenden Strukturen mit Geschwindigkeitsdefekt unterschiedliche Drehungen aufweisen. Die nach Gleichung (6.2) ausgewerteten Verteilungen $<\omega_0>$ bei konstanter Drehung zeigen, daß zum Zeitpunkt von Phase 6 sich eine Struktur mit $<\omega_0> = -0{,}50$ ablöst, die sich anschließend über Phasen 1 und 2 stromab durch das Strömungsfeld verschiebt. Die mit positivem Vorzeichen versehene Struktur mit $<\omega_0> = 0{,}50$, sie weist einen entgegen dem Uhrzeigersinn gerichteten Drehsinn auf, löst in Phase 3 ab und bewegt sich von Phase 4 nach Phase 5 stromab durch den dargestellten Nachlaufbereich.

Die in Abschnitt 8.2 diskutierten experimentellen Ergebnisse zeigen, daß bei axialsymmetrischer Umströmung die Periodizität im Vergleich zur zweiseitigen Scherschichtentwicklung schwach ausgeprägt ist. Daher treten in den bei konstanter Phase ermittelten Meßwerten nur geringe zeitabhängige Variationen auf. Der Vergleich von Bild 9.7 mit Bild 9.8 macht dies deutlich.

Bild 9.8 stellt das Strömungsfeld hinter der Kugel in einem Schnitt bei dem Azimutalwinkel $\varphi = 0^\circ$ zu dem gegenüber Bild 9.7 um die halbe Periodendauer T verschobenen Zeitpunkt $t = t + T/2$ dar. Beide Darstellungen weisen erwartungsgemäß große Ähnlichkeiten auf. Im Bereich des Totwasserendes sind jedoch Unterschiede zu bemerken: während zu Phase 1 die Nachlaufströmung an den Stellen $x/D = 1{,}6$ und $x/D = 1{,}8$ eine positive Strömungskomponente v aufweist, hat die Querströmkomponente in Phase 4 in diesem Bereich ein negatives Vorzeichen.

Bei dem vergrößerten Darstellungsmaßstab in den Bildern 9.10 und 9.11 treten die Strömungsverhältnisse im Ablösegebiet und in dem sich unmittelbar anschließenden Nachlauf deutlicher in Erscheinung. Die Länge des am oberen Bildrand eingezeichneten Maßstabs für die Anströmgeschwindigkeit U_∞ weist auf eine gegenüber den Bildern 9.7 und 9.8 vierfache Vergrößerung der Geschwindigkeitsvektoren hin.

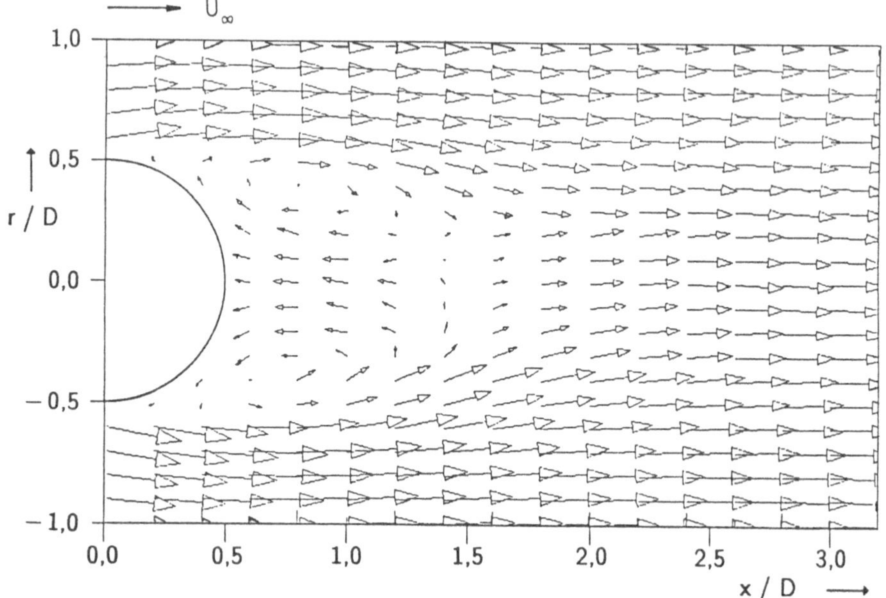

Bild 9.7: Vektordiagramm bei konstanter Phase 1/6 für die Kugelumströmung, Re = $5 \cdot 10^4$.

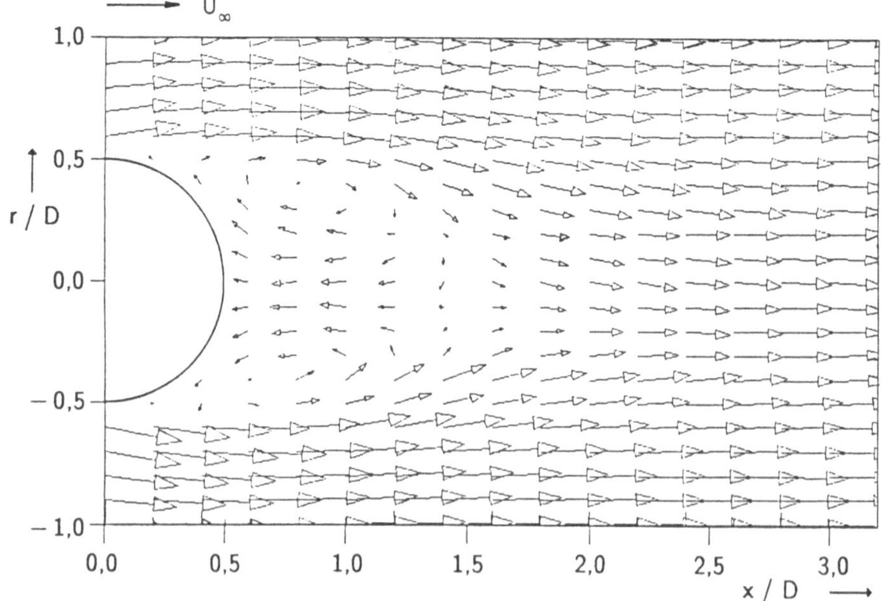

Bild 9.8: Vektordiagramm bei konstanter Phase 4/6 für die Kugelumströmung, Re = $5 \cdot 10^4$.

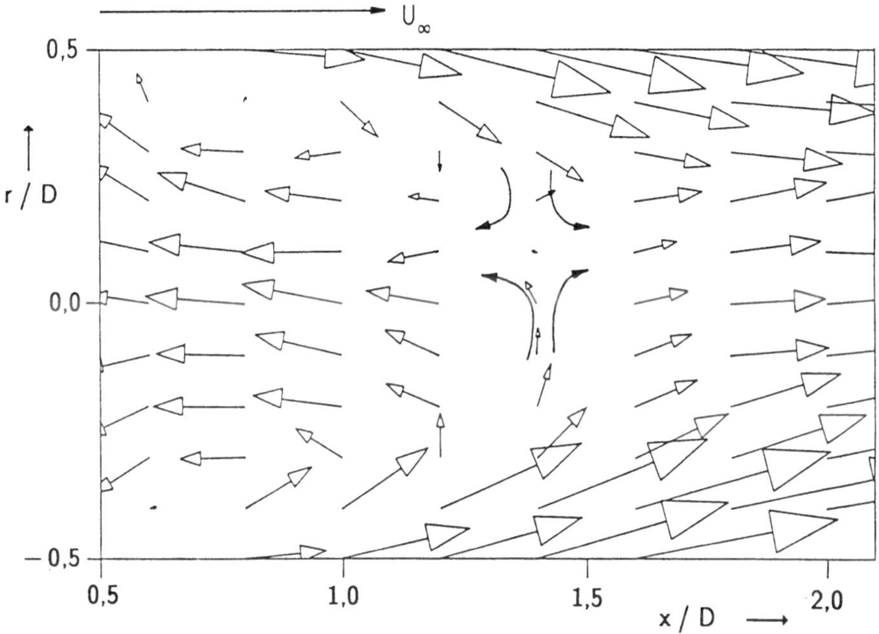

Bild 9.10: Vektordiagramm bei konstanter Phase 1/6 für die Kugelumströmung, Re = $5 \cdot 10^4$. Momentane Stromlinien, sie sind mit schwarzen Pfeilspitzen markiert, heben den Sattelpunkt hervor.

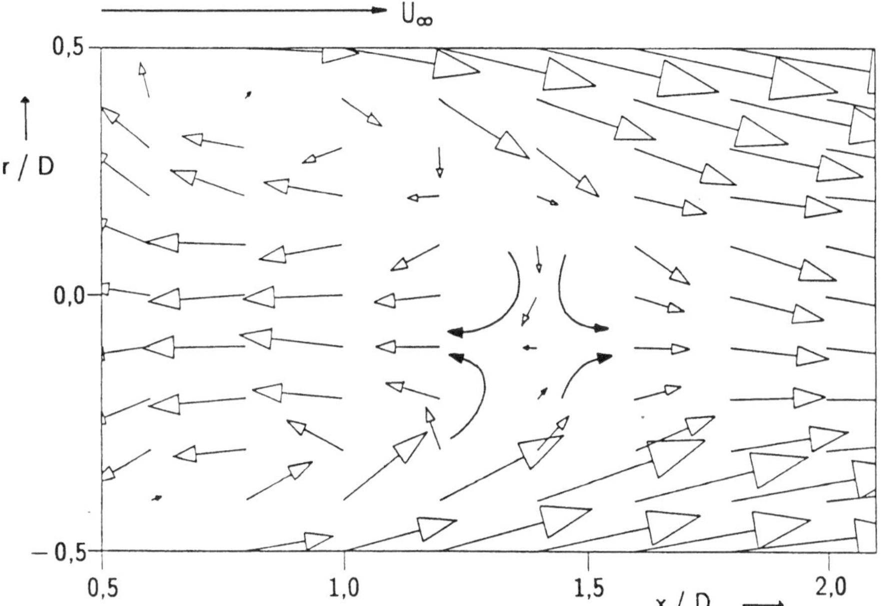

Bild 9.11: Vektordiagramm bei konstanter Phase 4/6 für die Kugelumströmung, Re = $5 \cdot 10^4$. Momentane Stromlinien, sie sind mit schwarzen Pfeilspitzen markiert, heben den Sattelpunkt hervor.

Die beiden graphischen Darstellungen verdeutlichen, daß, ähnlich wie bei ebener Modellgeometrie, auch bei Axialsymmetrie in der Scherschichtströmung ein Sattelpunkt entsteht. In dem hier dargestellten Fall der Kugelumströmung rotiert er im radialen Abstand von $r/D \approx 0{,}1$ um die x-Achse. In Phase 1 befindet er sich oberhalb der Symmetrieachse. Eine halbe Periodendauer später, in der vierten von insgesamt sechs Phasen, erscheint er spiegelsymmetrisch versetzt unterhalb der Achse. Die mit schwarzen Spitzen versehenen Pfeile deuten den Verlauf der momentanen Stromlinien in der Umgebung des Sattelpunktes an.

Der Ablösung zweiter Art geht auch im axialsymmetrischen Fall ein zweifacher Wendepunkt im Geschwindigkeitsprofil und ein positiver Druckgradient voraus, was auch in Abschnitt 6.1 zum Ausdruck kommt. Da die Periodizität in den Vektordiagrammen der Bilder 9.7 und 9.8 lediglich geringe Amplitudenvariationen hervorruft, stimmen die bei konstanter Phase ermittelten Isotachenfelder in erster Näherung mit der zeitlich gemittelten Auftragung nach Bild 6.4 überein. Aus Bild 6.4 geht zum einen die Ausbildung des zweifachen Wendepunktes aufgrund der Beschleunigung der Strömung in der freien Scherschicht hervor, zum anderen der sich anschließende Druckanstieg aufgrund der Verzögerung im Bereich des Totwasserendes.

Die im Ablösegebiet und Nachlauf der Kugel in der Ebene $\varphi = 0°$ entstehende periodische Strömungsstruktur ist in Bild 9.12 dargestellt. Sie berechnet sich, ebenso wie bei ebener Geometrie, nach Gleichung (4.21) aus den Differenzen der bei konstanter Phase ermittelten Geschwindigkeitsfelder und dem in Bild 6.3 eingetragenen zeitlich gemittelten Vektorfeld. Um die geringen Amplituden der periodischen Strömungsstruktur graphisch aufzulösen, mußten die in Bild 9.12 dargestellten Meßwerte mit einem gegenüber den Bildern 9.7 und 9.8 etwa zehnfachen Maßstabsfaktor multipliziert werden. Dies verdeutlichen auch die jeweils am oberen Bildrand eingezeichneten Maßstäbe für die Anströmgeschwindigkeit U_∞.

In der Außenströmung ist die periodische Komponente nahezu Null. Bei der Differenzbildung nach Gleichung (4.21) schrumpfen daher die in Bild 9.12 eingetragenen Geschwindigkeitsvektoren in dem Außenbereich näherungsweise zu diskreten Punkten. Im Ablösegebiet und Nachlauf der Kugel kann jedoch ein periodischer Strömungsvorgang beobachtet werden: in Phase 1 tritt in die hier dargestellte Ebene $\varphi = 0°$ am Totwasserende eine entgegen dem Uhrzeigersinn drehende Wirbelstruktur ein. Die Graphik verdeutlicht, daß maximale Amplituden in der Übergangszone vom Totwasser zum Nachlaufbereich auftreten, also in dem Gebiet, in dem sich die Ablösung zweiter Art vollzieht. In Phase 2 verlagert sich das Zentrum der in diese Ebene eintretenden Strömungsstruktur von $x/D \approx 1{,}6$ nach $x/D \approx 2{,}4$. In dem mit der positiven Radial-

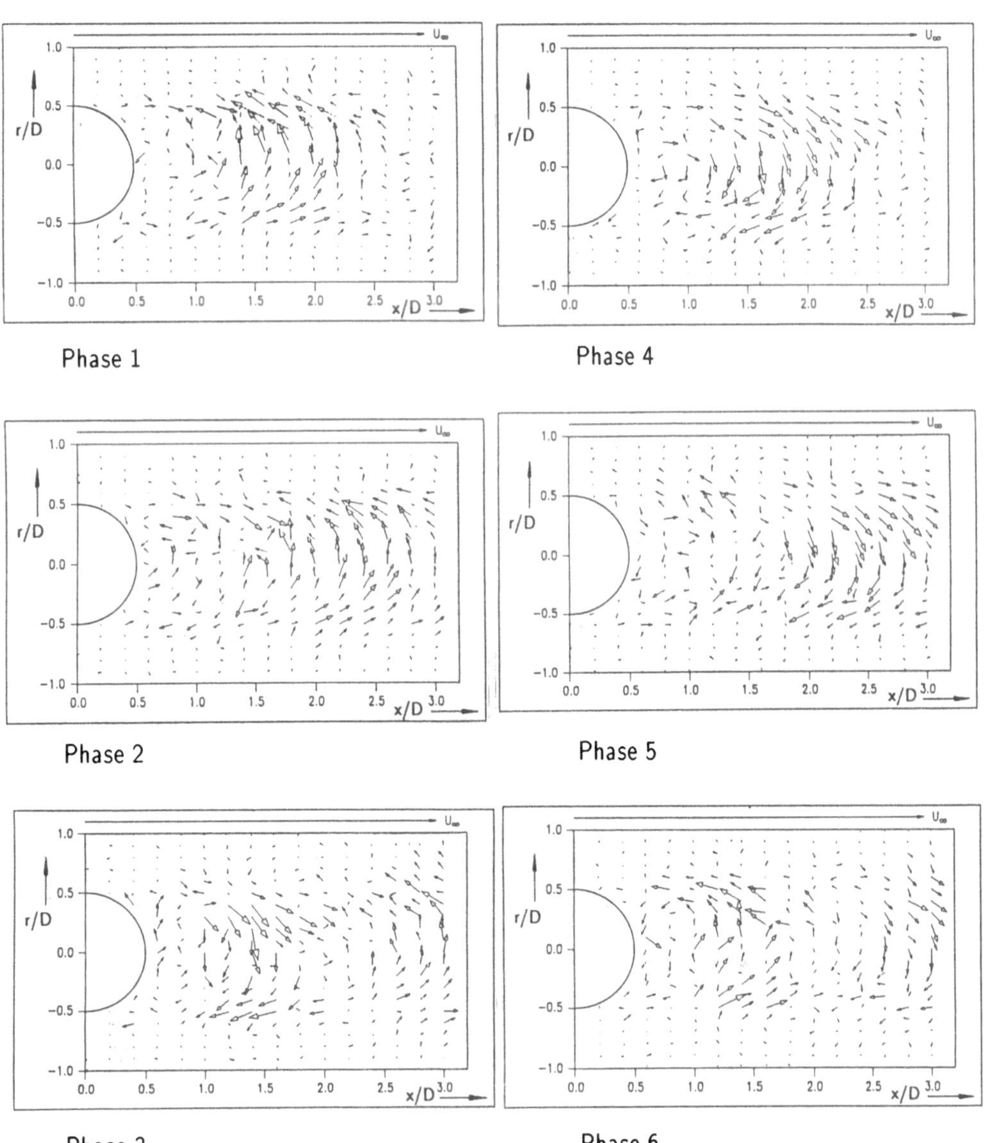

Bild 9.12: Mit dem phasengekoppelten Laser-Doppler-Anemometer ermittelte Diagrammfolge für das periodische Geschwindigkeitsfeld im Kugelnachlauf, $Re = 5 \cdot 10^4$.

koordinate r gekennzeichneten Bereich ist stromab des Kugelmodells der Beginn eines mit entgegengesetztem Drehsinn ablaufenden Entrainmentvorgangs zu beobachten, der sich über Phase 3 nach Phase 4 verstärkt fortsetzt. In Phase 4 leitet der bei negativer Radialkoordinate in Erscheinung tretende Sattelpunkt, siehe Bild 9.11, eine neuerliche, nun wieder entgegen dem Uhrzeigersinn gerichtete Fluidströmung ein, die sich über Phasen 5 und 6 stetig verstärkt, während die im Uhrzeigersinn verlaufende Strömungsstruktur gleichzeitig den dargestellten Strömungsbereich verläßt. Der Ablösevorgang setzt anschließend bei Phase 1 von neuem ein.

Einen guten Eindruck von der durch die Ablösung zweiter Art hervorgerufenen periodischen Strömungsstruktur bei axialsymmetrischer Scherschichtentwicklung erlangt man mit Hilfe von Bild 9.13. Dargestellt sind die nach Gleichung (6.1) berechneten Isotachenlinien des in Bild 9.12 veranschaulichten periodischen Geschwindigkeitsfeldes $<\tilde{c}_0>$, wobei die Komponenten $<u>$ und $<v>$ in Gleichung (6.1) durch die periodischen Anteile $<\tilde{u}>$ bzw. $<\tilde{v}>$ zu ersetzen sind. Aus Gründen der Übersichtlichkeit sind in Bild 9.13 ausschließlich die Isolinien $<\tilde{c}_0> = \pm 0{,}03$ eingetragen. Die von der periodische Struktur induzierten Maximalwerte treten im Bereich des zeitlich gemittelten Totwasserendes auf. Sie erreichen Maximalamplituden von etwa 8% der Anströmgeschwindigkeit.

Die in der Ebene $\varphi = 0°$ ermittelten Isoliniendiagramme verdeutlichen nochmals den bereits anhand des Bildes 9.12 kommentierten zeitabhängigen Transport der Wirbelstruktur. Darüber hinaus können anhand dieser Meßergebnisse auch räumliche Vorstellungen von der periodischen Strömungsstruktur entwickelt werden: nach den Erkenntnissen aus Abschnitt 8.2 mit den Bildern und 8.8 und 8.9 tritt im Geschwindigkeitssignal eine zur Koordinatenrichtung φ proportionale Phasendrehung auf. Somit kann der, bei konstanter Raumkoordinate φ zu unterschiedlichen Zeitpunkten gemessene Strömungsvorgang, auf eine räumliche Darstellung transformiert werden, bei der die Zeit t konstant ist. Der Zeitfortschritt ist dann äquivalent zu einer Drehung der Meßebene entgegen der Koordinatenrichtung φ.

Die Transformation der in Bild 9.13 eingetragenen Meßwerte zu einer räumlichen Darstellung erfolgt durch eine Drehung der zu konstanter Phase gehörenden Isolinien-Verteilungen um die Achse $r/D = 0{,}0$. Ordnet man Phase 1 die Darstellungsebene von Bild 9.13 zu, also dem Koordinatenwinkel $\varphi = 0°$, so erfährt das zu Phase 2 gehörende Diagramm eine Drehung um 60°, wobei die positive Radialkoordinate oberhalb, die negative Achsenrichtung unterhalb der Zeichnungsebene von Phase 1 liegt. Der Phase 3 ist eine Drehung um 120° bezüglich der Darstellungsebene zugeordnet, Phase 4 ein Wert von 180° usw.

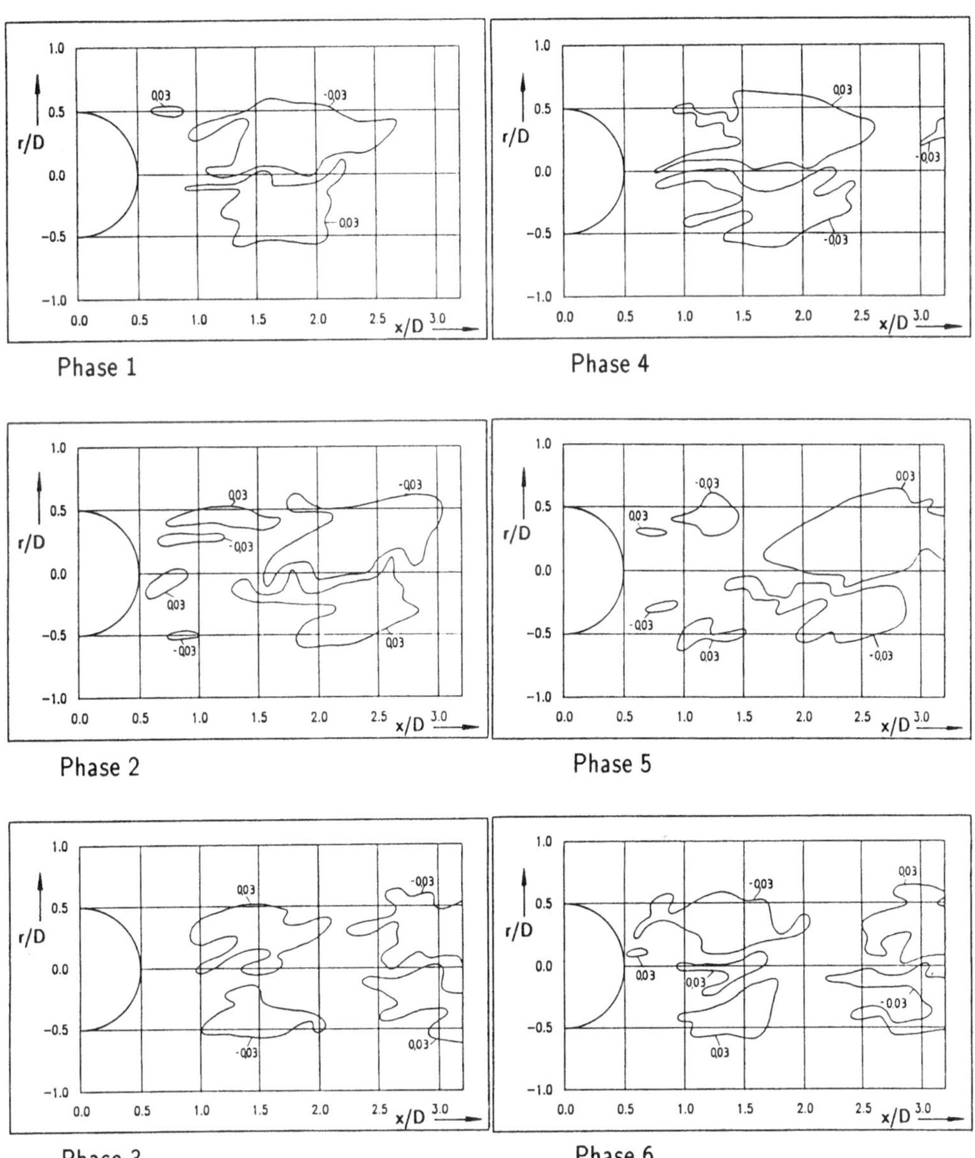

Bild 9.13: Isotachenfelder $\langle \tilde{c}_0 \rangle$ der periodischen Strömungsstruktur für die Kugel. Die Diagrammfolge verdeulicht die im Nachlauf auftretende helikale Wirbelform.

Führt man die geschilderten Orientierungen der zu Bild 9.13 gehörenden Einzeldiagramme gedanklich durch, so erkennt man im periodischen Geschwindigkeitsfeld bei der Kugelumströmung eine schraubenförmig gewundene Wirbelstruktur. Da Meßergebnisse an Scheibenmodellen, siehe Scholz (1986) sowie Leder und Geropp (1988c), die gleichen Rückschlüsse wie bei den Kugeluntersuchungen zulassen, kann bei axialsymmetrischer Scherschichtentwicklung im unterkritischen Reynolds-Zahl-Bereich von einer universellen Nachlaufstruktur in Form eines helikalen Wirbels ausgegangen werden.

9.2 Zeitabhängige Feldverteilungen der Reynoldsschen Spannungsterme

Zwischen den in Abschnitt 9.1 erläuterten zeitabhängigen Abläufen im Geschwindigkeitsfeld und den periodischen Änderungen in der Turbulenzstruktur besteht ein enger Zusammenhang. Die Korrelationen kommen in den Isolinien-Diagrammen dieses Abschnitts zum Ausdruck. Die Normierung der Reynoldsspannungen erfolgt mit dem Quadrat der Anströmgeschwindigkeit U_∞.

Bild 9.14 zeigt die Verteilungen der normierten Longitudinal-Komponente $<u'^2>$ für die ebene Platte. In Phase 1 stellt sich in der oberen Scherschicht ein Maximum ein. Es liegt, wie der Vergleich mit Bild 9.2 verdeutlicht, stromauf des Sattelpunktes und erreicht einen Maximalwert von $<u'^2>/U_\infty^2 = 0{,}24$. Die Positionen der Extremwerte sind in Bild 9.2 durch Dreieck-Symbole hervorgehoben. Im Nachlaufgebiet liegt die Amplitude des $<u'^2>$-Terms unterhalb von 0,10. Eine Ausnahme bildet hierbei der Bereich in der Umgebung der Struktur mit Geschwindigkeitsdefekt. Diese Struktur hatte sich in Phase 6 vom Totwasser abgelöst und erscheint in Phase 1 an der Stelle $x/D \simeq 4{,}0$, siehe hierzu auch das Bild 9.5. Die Maximalwerte erreichen in diesem Gebiet eine Amplitude von 0,12.

In Phase 2 nimmt der $<u'^2>$-Term in der oberen Scherschicht ab, während gleichzeitig mit der Ausbildung des Sattelpunktes in der unterhalb der Symmetrieachse liegenden Scherschicht der absolute Extremwert nun am unteren Totwasserrand entsteht. Die Amplitude von $<u'^2>$ erreicht in den Phasen 3 und 4 bei $x/D \simeq 1{,}2$ und $y/D \simeq -0{,}8$ einen absoluten Extremwert von 0,25. In der Folge baut sich die Normalspannung in diesem Strömungsbereich über Phase 5 und Phase 6 bis auf Werte unterhalb von 0,15 ab, während die Schwankungsamplitude innerhalb der oberen Scherschicht wieder kontinuierlich bis zum Maximum in Phase 1 anwächst.

Die in Abschnitt 6.2 erläuterten zeitlich gemittelten Strukturen weisen auf eine ausgeprägte Anisotropie der Turbulenzterme hin. Es ist daher zu erwarten, daß auch in

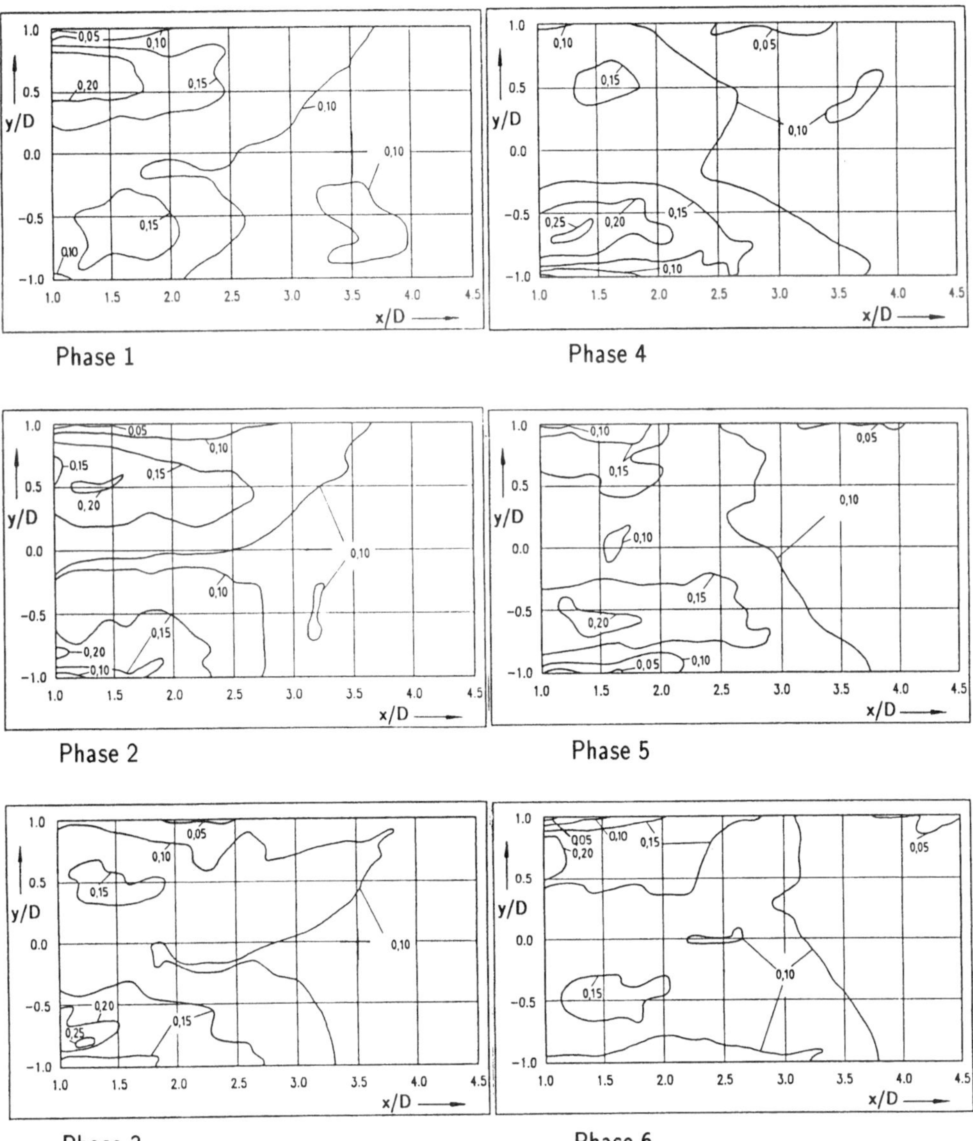

Bild 9.14: Zeitliche Entwicklung der Normalspannung $<u'^2>/U_\infty^2$ im Ablösegebiet und Nachlauf der senkrecht angestellten Platte bei $Re = 2{,}8 \cdot 10^4$.

der Dynamik der Strömungsabläufe deutliche Unterschiede auftreten. Dies kommt in Bild 9.15 zum Ausdruck. Die Graphik stellt die zeitliche Entwicklung der $<v'^2>$-Komponente dar.

In Phase 1 tritt der absolute Extremwert der normierten Transversal-Komponente $<v'^2>$ mit 0,30 in unmittelbarer Nähe des Sattelpunktes auf. Die Position ist in Bild 9.2 durch das Viereck-Symbol gekennzeichnet. Weiter stromab, in der Umgebung des Punktes mit den Koordinaten x/D = 4,0 und y/D = 0,5, ist ein lokales Maximum zu erkennen. An dieser Stelle befindet sich zu diesem Zeitpunkt gerade der Mittelpunkt der mit negativer Drehung $<\omega_0>$ versehenen Wirbelstruktur, die sich zum Zeitpunkt von Phase 6 vom Totwassergebiet abgelöst hat, siehe Bild 9.6. Die beiden Gebiete mit erhöhter Normalspannung $<v'^2>$ werden durch einen Entrainmentvorgang mit Fluid, das aus dem Bereich der Außenströmung stammt, voneinander getrennt. An der Stelle x/D $\simeq$ 3,0 durchdringt eine von der unteren Scherschicht ausgehende Querströmung mit reduzierter Turbulenz den Nachlaufbereich. Dies kommt auch in Phase 1 von Bild 9.1 zum Ausdruck. In Phase 4 läuft der spiegelbildliche Vorgang ab: der Entrainmentvorgang wird von der oberen Scherschicht mit einer turbulenzarmen Strömung aus dem Außenbereich eingeleitet, wodurch die $<v'^2>$-Komponente in dem betroffenen Strömungsbereich deutlich sinkt.

Die Weiterentwicklung der $<v'^2>$-Verteilung von Phase 1 ist in dem der Phase 2 zugeordneten Diagramm dargestellt: die im Nachlauf auftretende Wirbelstruktur verläßt mit gedämpfter Amplitude den Darstellungsbereich, während in der unteren Scherschicht nun ein neues Maximum heranwächst. An der Stelle x/D = 1,4 und y/D = – 0,5 ist an der Position des Sattelpunktes ein lokales Maximum zu erkennen. Mit der Stromab-Verlagerung des Sattelpunktes und der damit verbundenen stärkeren Ausprägung in Phase 3 steigt die Amplitude der Transversal-Komponente auf den absoluten Extremwert von $<v'^2>/U_\infty^2 = 0{,}30$ an.

In Phase 3 tritt wiederum ein Entrainmentvorgang deutlich in Erscheinung. Er geht in diesem Fall von der oberen Scherschicht bei x/D $\simeq$ 2,5 aus und verlagert sich in Phase 4 zu x/D $\simeq$ 3.0. In den Phasen 5 und 6 setzen sich die zu den Phasen 2 bzw. 3 erläuterten Vorgänge spiegelsymmetrisch fort.

Der mit der ablösenden Wirbelstruktur korrelierte Transport von Strömungsbereichen mit erhöhter Querschwankung $<v'^2>$ tritt in Bild 9.15 deutlich in Erscheinung. Die mit voranschreitender Zeit im Nachlauf zu beobachtende starke Abnahme der Gebiete mit erhöhter Schwankungsamplitude weist auf die starke Energiedissipation in dem reibungsbehafteten Fluid hin.

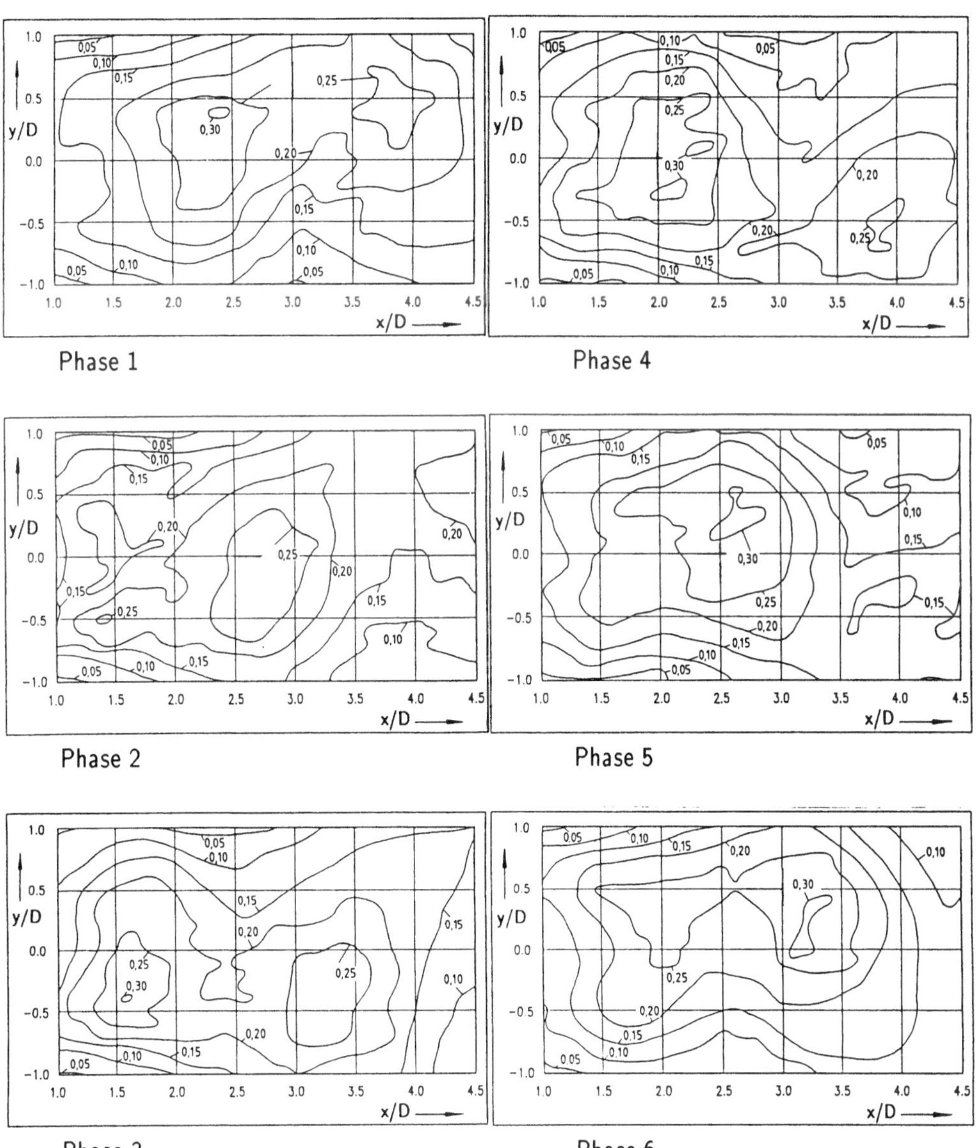

Bild 9.15: Zeitliche Entwicklung der Normalspannung $<v'^2>/U_\infty^2$ im Ablösegebiet und Nachlauf der senkrecht angestellten Platte bei $Re = 2{,}8 \cdot 10^4$.

Bereits anhand des Bildes 8.5 konnte festgestellt werden, daß die Änderungen in den Normalspannungstermen mit einer im Vergleich zur Ablösefrequenz halbierten Zeitskala ablaufen. Das Verhalten tritt insbesondere für den $<v'^2>$-Term in Bild 9.15 ausgeprägt in Erscheinung: die nach der Ablösung eines links- und rechtsdrehenden Wirbels einsetzenden beiden Entrainmentvorgänge induzieren jeweils einen kurzzeitigen Abfall in der Amplitude von $<v'^2>$, was zur Verdoppelung der Frequenz in der Zeitcharakteristik des Normalspannungsterms beiträgt.

Einen aufschlußreichen Einblick in die physikalischen Vorgänge bei der Ablösung zweiter Art gewinnt man durch folgende Detailuntersuchungen, deren Ergebnisse in Bild 9.16 veranschaulicht sind: Abschnitt 4.2 weist darauf hin, daß die Ablösungen kohärenter Wirbelstrukturen nicht streng harmonisch verlaufen, sondern daß die Ablösefrequenz f_{abl} eine gewisse Bandbreite aufweist. Die zeitlich gemittelte Ablösefrequenz für das Plattenmodell bei Re = $2{,}8 \cdot 10^4$ erreichte einen Wert von 8,4 Hz, wobei die Meßwerte für die Periodendauer T sich in Form einer angenäherten Gaußverteilung um den Mittelwert gruppieren. Berücksichtigt man bei der Auswertung der Reynoldsschen Spannungen nur die Meßwerte, die von Wirbelstrukturen stammen, die in ihren Periodendauern T und somit auch in ihren Abmessungen innerhalb einer gewissen Bandbreite übereinstimmen, so sinken die Amplituden im $<u'^2>$- und $<v'^2>$-Term. Die Differenzen zwi-

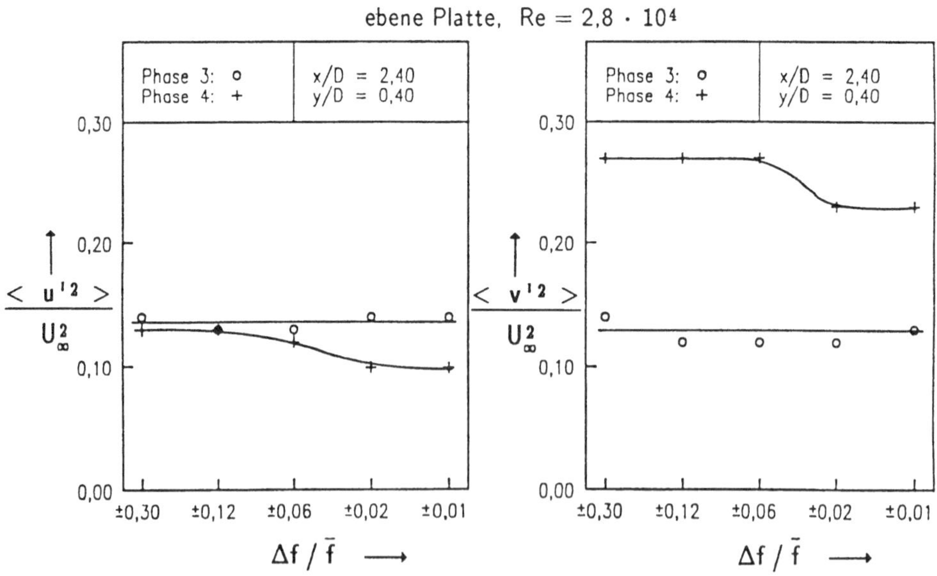

Bild 9.16: Einfluß der Bandbreite für die Ablösefrequenz auf die Amplitude der Reynoldsschen Normalspannungen.

schen den bei konstanter Phase aus den ungefilterten Meßwert-Ensembles ermittelten Reynoldsschen Spannungswerten und den bei schmalbandiger Filterung nach der Periodendauer T gewonnenen Termen des Spannungstensors werden als "Strukturspannungen" definiert. Die physikalische Ursache für die Ausbildung von Strukturspannungen entspringt somit den stochastischen Variationen in den Größenabmessungen der sich ablösenden Wirbel. Die von der "Strukturturbulenz" induzierten Spannungen überlagern die auf mikroturbulente Schwankungsbewegungen beruhenden Terme. Die Amplituden der Strukturspannungs-Terme sind orts- und zeitabhäng. Bild 9.16 ist zu entnehmen, daß die Spannungswerte unterhalb der Bandbreite von $\Delta f/f = \pm 0{,}02$ konstant sind, wenn also die Periodenlängen der einzelnen Ablösevorgänge auf ± 2% übereinstimmen.

Die in Bild 9.16 eingetragenen Verhälnisse für den Punkt P mit den Koordinaten $x/D = 2{,}4$ und $y/D = 0{,}4$ können als Beispiel dienen. Aus der Darstellung geht die Abhängigkeit der longitudinalen und transversalen Komponente von der Bandbreite der Ablösefrequenz $\Delta f/f$ zu den Zeitpunkten von Phase 3 und Phase 4 hervor. Während zum Zeitpunkt von Phase 3 sowohl im $\langle u'^2 \rangle$- als auch im $\langle v'^2 \rangle$-Term keine Strukturspannungen auftreten, die Meßwerte erweisen sich als unabhängig von $\Delta f/f$, tritt in Phase 4 ein signifikanter Anteil auf. Er liegt in diesem Fall in der Größenordnung von $\langle u'^2 \rangle_{struktur}/U_\infty^2 \simeq 0{,}03$ und $\langle v'^2 \rangle_{struktur}/U_\infty^2 \simeq 0{,}04$.

Die Ursache für dieses Verhalten ist mit der Dynamik bei der Wirbelablösung zu erklären: zum Zeitpunkt von Phase 3 befindet sich der Meßpunkt P inmitten der turbulenzarmen Entrainmentströmung, was auch in den Bildern 9.1 und 9.2 zum Ausdruck kommt. Da sich der Gradient in den auf mikroturbulente Bewegungen zurückgehenden Spannungstermen innerhalb dieses Strömungsbereichs nur schwach ausprägt, spielt die Wirbelgröße für den Meßwert nur eine untergeordnete Rolle. Von Phase 3 nach Phase 4 verlagert sich der Entrainmentvorgang stromabwärts, über den Punkt P hinweg. In Phase 4 liegt der Meßort P nun am Rand des Entrainmentbereichs, siehe Bild 9.2. Zu diesem Zeitpunkt entscheidet die Wirbelgröße darüber, ob P in der turbulenzarmen Entrainmentströmung liegt oder im hochturbulenten Ablösegebiet. Aufgrund der Strukturturbulenz überlagert sich den mikroturbulenten Bewegungen somit ein im makroskopischen Bereich angesiedelter Beitrag.

Da sowohl die Terme der Strukturspannungen als auch die aus mikroturbulenten Bewegungen sich ableitenden Spannungen auf stochastischen Vorgängen beruhen, werden sie bei den weiteren Betrachtungen nicht separat ausgewertet. Die Terme des Reynoldsschen Spannungstensors verstehen sich somit als Summe beider Komponenten. Die physikalischen Ursachen der stochastischen Spannungen lassen sich somit auf makro- und mikroturbulente Strömungsbewegungen zurückführen.

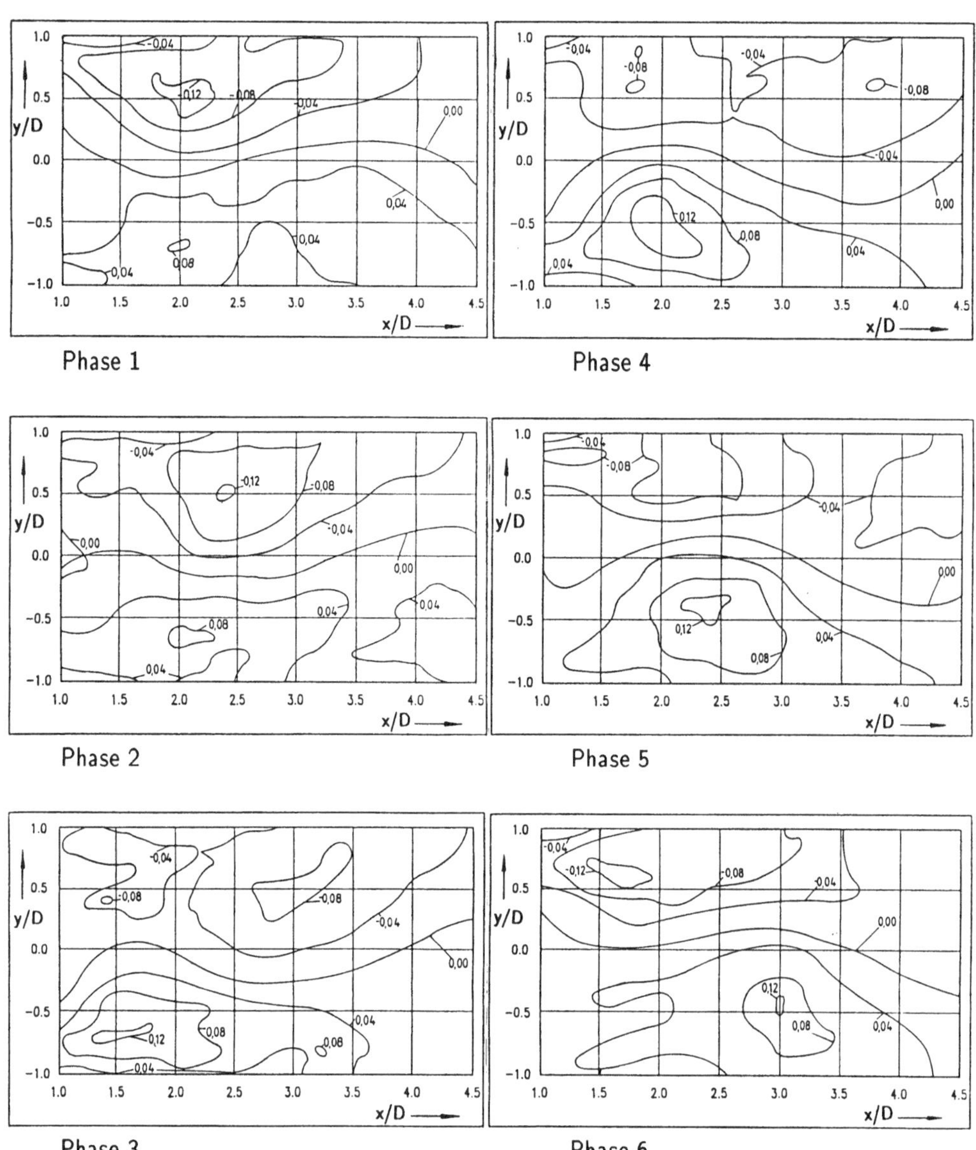

Bild 9.17: Zeitliche Entwicklung der Schubspannung $<u'v'>/U_\infty^2$ im Ablösegebiet und Nachlauf der senkrecht angestellten Platte bei $Re = 2{,}8 \cdot 10^4$.

Bild 9.17 stellt die Verteilungen der Reynoldsschen Schubspannungen $\langle u'v' \rangle$ dar. Maximalwerte dieses Terms befinden sich zwischen den Extremwerten der Normalspannungen: stromab der $\langle u'^2 \rangle$-Komponente und stromauf des $\langle v'^2 \rangle$-Anteils. Dies kommt insbesondere in den mit einem Stern-Symbol gekennzeichneten Positionsangaben des Bildes 9.2 zum Ausdruck.

Aus den in den Bildern 9.14, 9.15 und 9.17 dargestellten Verläufen der Reynoldsschen Spannungsterme läßt sich der nach Gleichung (8.1) definierte Korrelationskoeffizient $\langle r_{uv} \rangle$ berechnen. Die daraus resultierenden Verteilungen sind in Bild 9.18 eingetragen.

Der Korrelationskoeffizient weist eine ähnliche Struktur wie der Schubspannungsterm auf. Die in Phase 3 und Phase 6 auftretenden Ablösungen sind eine unmittelbare Folge der Entrainmentvorgänge. Dies wird in Bild 9.18 deutlich: absolute Extremwerte in der Größenordnung von $\langle r_{uv} \rangle = 0{,}70$ tauchen in den den Ablösungen unmittelbar vorangehenden Phasen, in Phase 2 bzw. Phase 5, auf. Nach den Erläuterungen von Abschnitt 8.3 sind hohe Korrelationswerte gleichbedeutend mit einem zielgerichteten Strömungsvorgang. Der von der oberen Scherschicht zum Zeitpunkt von Phase 2 ausgehende Querstrom bewirkt die Abtrennung der entgegen dem Uhrzeigersinn rotierenden Wirbelstruktur. Infolge des Entrainmentvorgang, der von dem unterhalb der Symmetrieachse angeordneten Zentrum maximaler Korrelation ausgeht, löst sich die Struktur mit positiver Drehung vom Rezirkulationsgebiet ab.

In Gleichung (4.22) tauchen, neben den durch stochastische Strömungsabläufe verursachten Reynoldsspannungen, auch Terme der durch die periodische Strömungsstruktur induzierten Spannungen auf. Die nachfolgenden Diagramme 9.19 bis 9.21 verdeutlichen zunächst die Verteilungen der periodischen Anteile bei zweiseitiger Scherschichtentwicklung, die anschließenden Grafiken beziehen sich auf den axialsymmetrischen Fall. Als Modelle dienen wiederum die senkrecht angestellte Platte und die Kugel. Die Normierung erfolgt, wie auch bei den stochastischen Termen, mit dem Quadrat der Anströmgeschwindigkeit U_∞.

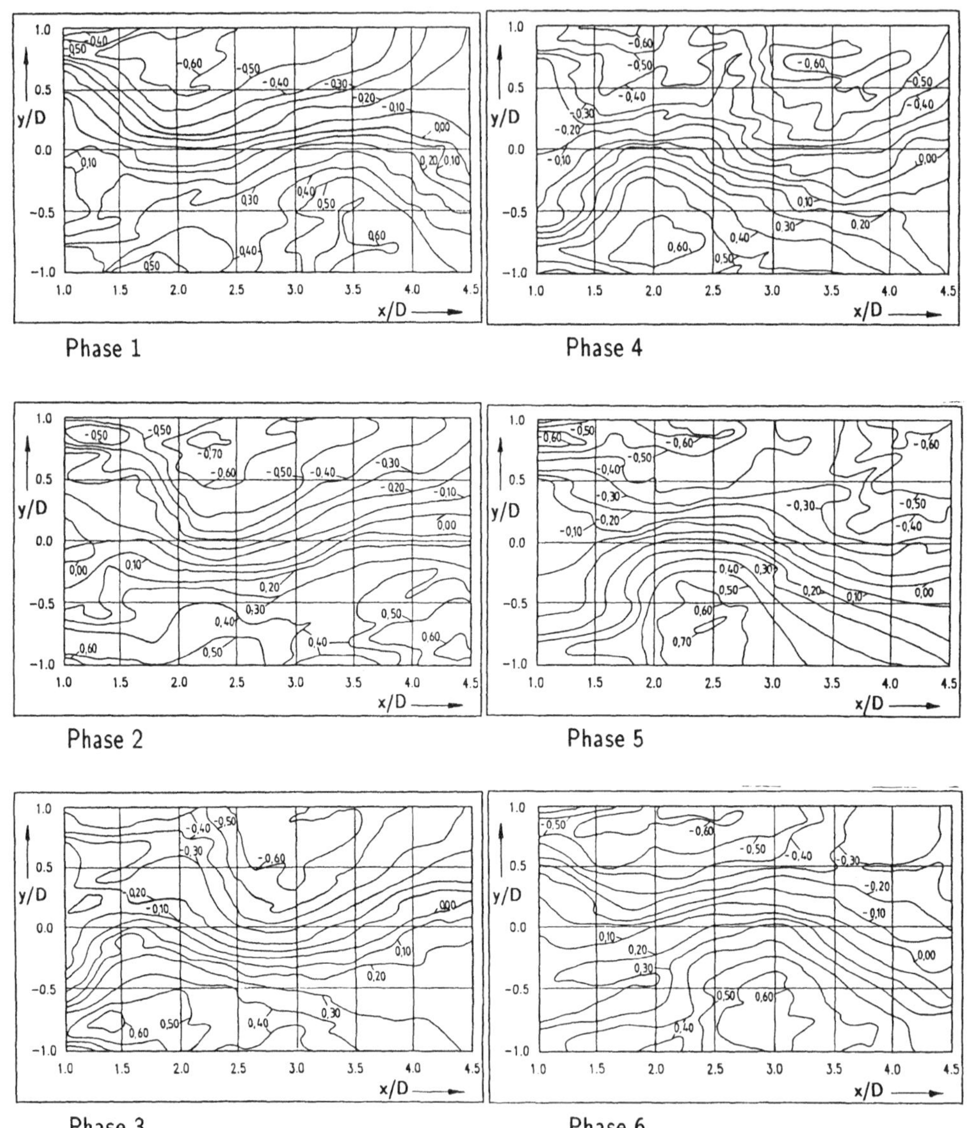

Bild 9.18: Zeitliche Entwicklung des Korrelationskoeffizienten <r_{uv}> im Ablösegebiet und Nachlauf der Platte bei Re = $2{,}8 \cdot 10^4$.

Bild 9.19 stellt die bei konstanter Phase ermittelten Verteilungen der Isolinien für die periodische Komponente $<\tilde{u}^2>$ im Ablösegebiet und Nachlauf der Platte dar. Wie bereits beim stochastischen Term, so treten auch in den Verteilungen des periodischen Anteils die Maximalwerte ober- und unterhalb der Symmetrieachse $y/D = 0{,}0$ auf. Die Gegenüberstellung von Bild 9.14 und Bild 9.19 verdeutlicht, daß der stochastische Anteil stärker ausgeprägt ist. Er besitzt im Vergleich zur periodischen Spannung eine etwa vierfach größere Amplitude.

Während absolute Maximalwerte im $<u'^2>$-Term im Laufe der Einzelphasen sich abwechselnd in den oberhalb und unterhalb der Symmetrieachse liegenden Scherschichten ausbilden, wodurch die Verteilungen bei konstanter Phase asymmetrische Strukturen annehmen, weist die periodische Komponente eine bemerkenswerte Symmetrie auf. Die Verteilungen in den um eine halbe Periodendauer T auseinander liegenden Phasendarstellungen sind nahezu identisch, siehe Bild 9.19.

Die Entwicklung der transversalen Komponente $<\tilde{v}^2>$ ist in Bild 9.20 dargestellt. Die Maximalwerte ordnen sich im Bereich der Symmetrieachse $y/D = 0{,}0$ an. Wie der Vergleich von Bild 9.20 mit Bild 9.15 erkennen läßt, erreichen die Maximalamplituden der auf stochastische sowie periodische Vorgänge zurückgehenden Normalspannungen, im Gegensatz zu den longitudinalen Termen, in etwa die gleiche Größe.

Zwischen den Verteilungen der periodischen und stochastischen Transversalbewegungen tritt eine Phasendifferenz von 90° oder T/4 auf: die Positionen der beispielsweise in Phase 3 ausgebildeten Maximalwerte im $<v'^2>$-Term, die Stellen $x/D = 1{,}6$ sowie $x/D = 3{,}3$, fallen mit Gebieten minimaler Amplitude in $<\tilde{v}^2>$ zusammen. Maximale Amplituden im periodischen Term $<\tilde{v}^2>$ entstehen in Strömungsbereichen mit stark ausgeprägtem Entrainment.

Bild 9.20 veranschaulicht den dynamischen Vorgang der Wirbelbildung und der anschließenden Ablösung. In Phase 1 entsteht im Ablösegebiet, an der Stelle $x/D \simeq 1{,}6$, eine periodische Struktur. Während sie sich über Phase 2 und Phase 3 allmählich bis zum Totwasserende, an die Stelle $x/D \simeq 2{,}5$, verlagert, verstärkt sich die Amplitude kontinuierlich. Die Ablösung zweiter Art kennzeichnet das Ende der Bildungsphase. Nach der Wirbelablösung sinken die Amplituden der periodischen Bewegungen in den Phasen 4 und 5 aufgrund der Energiedissipation innerhalb des viskosen Fluids kontinuierlich ab. In Phase 6 verläßt die betrachtete periodische Struktur unter weiterer Abschwächung den dargestellten Bereich.

Die Verteilungen des periodischen Schubspannungs-Terms $<\tilde{u}\tilde{v}>$ können anhand des Bildes 9.21 diskutiert werden. Die Mittelpunkte der in Bild 9.4 eingetragenen periodischen Wirbelstrukturen reproduzieren sich in Bild 9.21 aus den Schnittpunkten

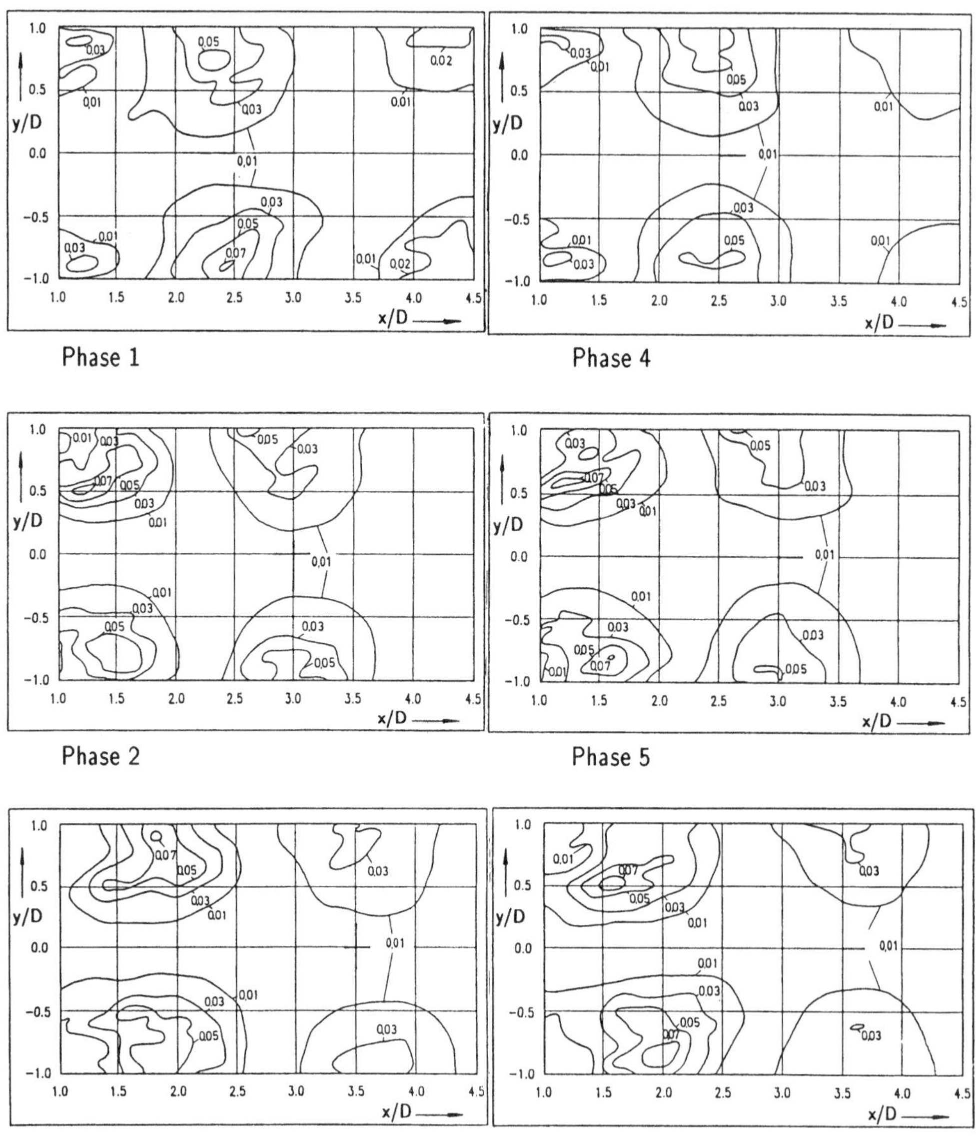

Bild 9.19: Zeitliche Entwicklung des periodischen Terms $<\tilde{u}^2>/U_\infty^2$ im Ablösegebiet und Nachlauf der Platte bei $Re = 2{,}8 \cdot 10^4$.

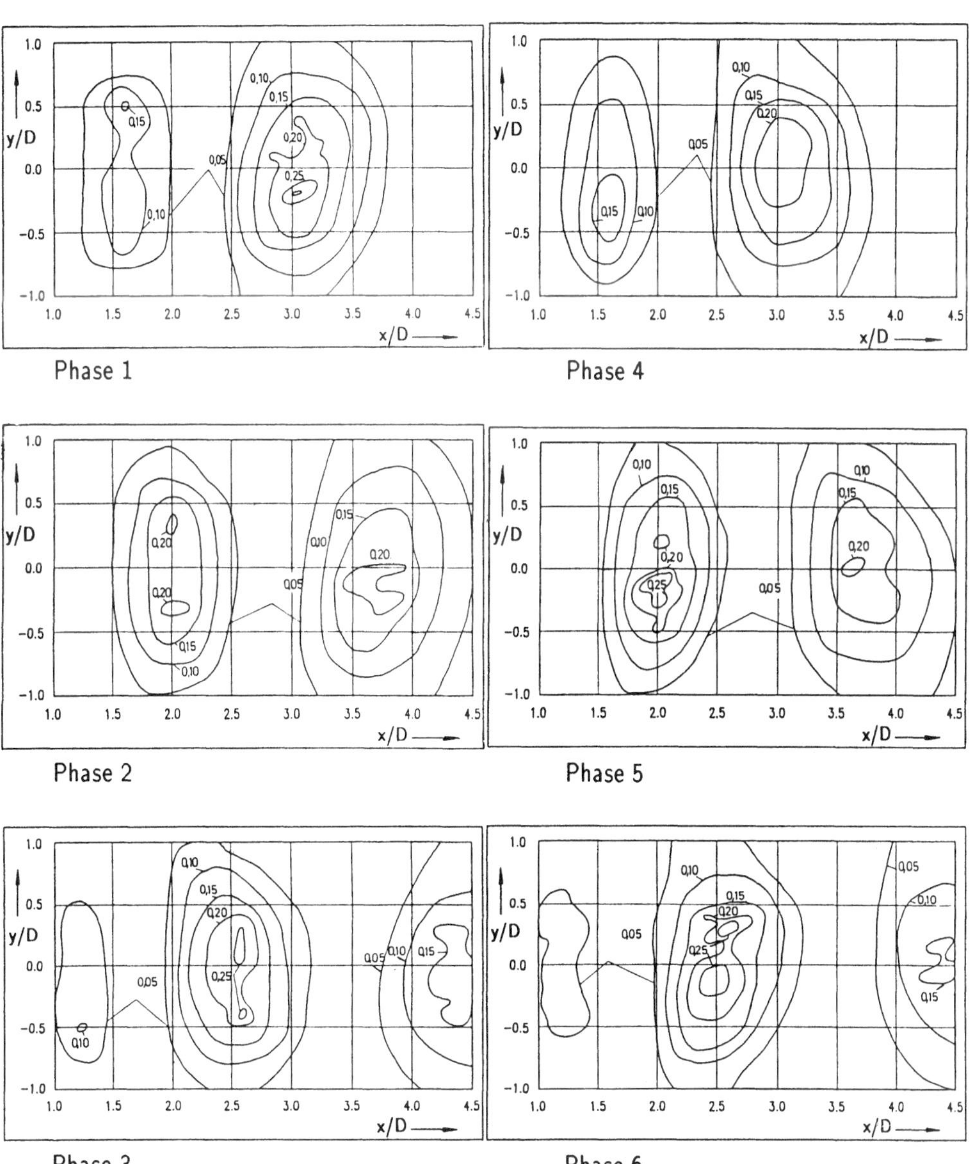

Bild 9.20: Zeitliche Entwicklung des periodischen Terms $<\tilde{v}^2>/U_\infty^2$ im Ablösegebiet und Nachlauf der Platte bei Re = $2{,}8 \cdot 10^4$.

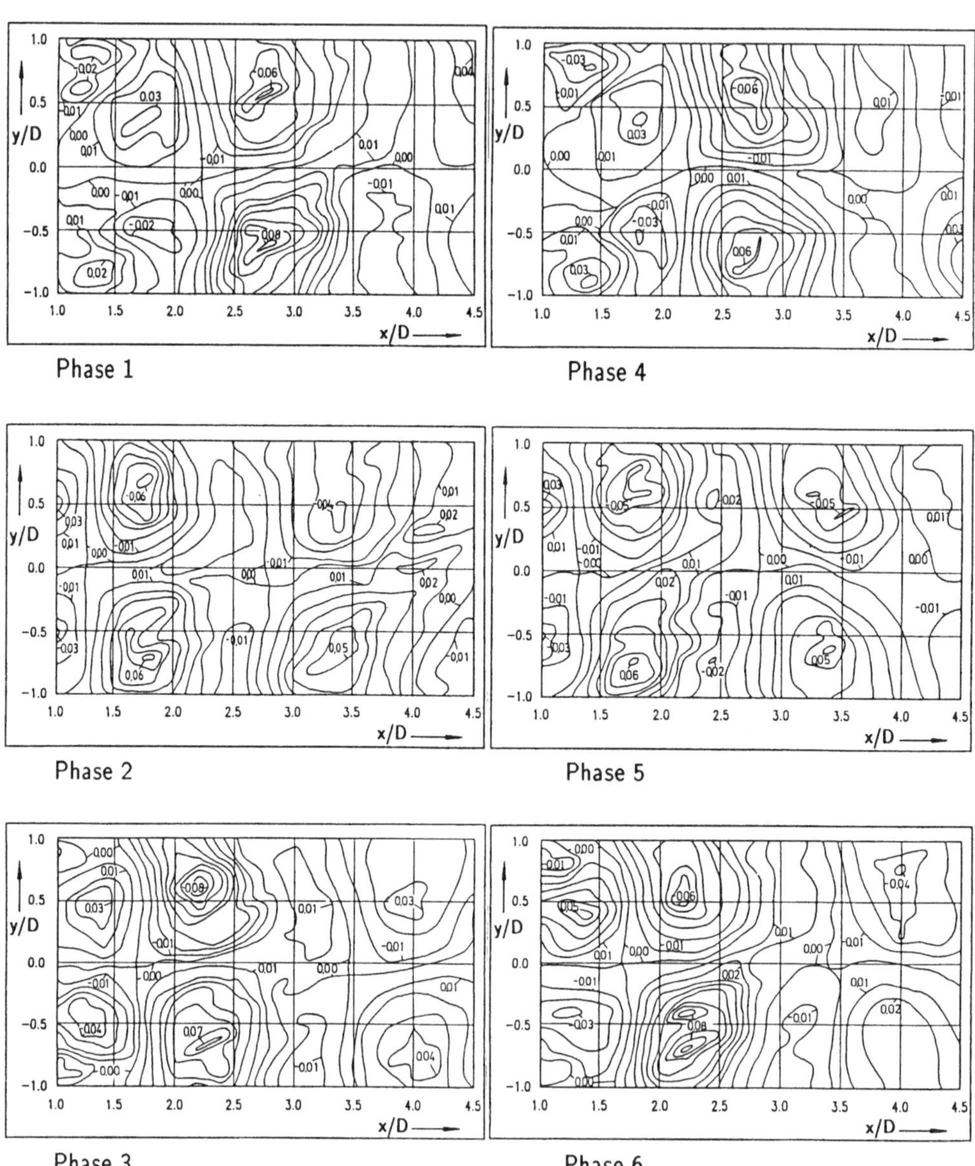

Bild 9.21: Zeitliche Entwicklung des periodischen Terms $<\tilde{u}\tilde{v}>/U_\infty^2$ im Ablösegebiet und Nachlauf der Platte bei Re = $2{,}8 \cdot 10^4$.

jeweils einer horizontal und vertikal verlaufenden Nullinie $<\tilde{u}\tilde{v}> = 0{,}00$. Anhand der Graphik ist feststellbar, daß der $<\tilde{u}\tilde{v}>$-Term in der stromabwärts weisenden Fronthälfte des Wirbels deutlich größere Amplituden annimmt als in der zum Plattenmodell ausgerichteten Wirbelhälfte: in Phase 3 ist das Zentrum der im Uhrzeigersinn drehenden Struktur bei $x/D \simeq 1{,}7$ zu erkennen. Im Frontbereich dieses Wirbels entsteht an der Entrainmentseite eine Maximalamplitude von $<\tilde{u}\tilde{v}>/U_\infty^2 = -\,0.08$, an der Rückseite ist die Amplitude dagegen nur halb so groß. Ähnliches gilt für die abgelöste Wirbelstruktur, deren Mittelpunkt zu diesem Zeitpunkt bei $x/D \simeq 3{,}5$ in Erscheinung tritt. Dem Maximalwert von 0,04 im Bereich der Vorderseite steht eine Amplitude von 0,01 in der hinteren Hälfte gegenüber.

Bei axialsymmetrischer Scherschichtentwicklung nach Klasse c sind die periodischen Bewegungsanteile bedeutend schwächer ausgeprägt. Zur Verdeutlichung der physikalischen Zusammenhänge werden wiederum Meßergebnisse von der Kugelumströmung herangezogen. Die mit dem Quadrat der Anströmgeschwindigkeit normierte Longitudinal-Komponente $<u'^2>$ in Phase 1 stellt Bild 9.22 dar, die eine halbe Periodendauer T später ermittelte Verteilung ist in Bild 9.23 eingetragen.

Die in den beiden Graphiken als Mittelwerte bei konstanter Phase geplotteten Verteilungen weisen nur geringe Unterschiede zu den in Bild 6.9 dargestellten zeitlich gemittelten Meßwerten auf. Bei genauer Analyse von Bild 9.22 und Bild 9.23 kann festgestellt werden, daß zum Zeitpunkt von Phase 1 der in der oberen Scherschicht auftretende Bereich mit dem Maximalwert von 0,09 eine etwas größere Ausdehnung hat als in Phase 4, dafür prägt sich in Phase 4 der unterhalb der Symmetrieachse angeordnete Bereich mit maximaler Normalspannung stärker aus als in Phase 1. Die periodischen Änderungen in den Extremwerten hängen mit der in Abschnitt 9.1 erläuterten Rotationsbewegung des Sattelpunktes zusammen, siehe hierzu die Bilder 9.10 und 9.11: Maximalwerte in $<u'^2>$ gehen auch bei axialsymmetrischen Umströmungen mit dem Auftreten von Sattelpunkten einher. Wie schon bei zweiseitiger Scherschichtentwicklung nach Klasse b, so tritt auch bei Axialsymmetrie die Korrelation zwischen der Position des Sattelpunktes und der Lage des absoluten Extremwerts in den Reynoldsschen Spannungstermen signifikant in Erscheinung.

Auswirkungen der Rotationsbewegung des Sattelpunktes um die Symmetrieachse $r/D = 0{,}0$ übertragen sich auch auf die Verteilungen für den Normalspannungsterm $<v'^2>$ und den Schubspannungsterm. Die Bilder 9.24 und 9.25 zeigen Verteilungen der Transversal-Komponente zu den Zeitpunkten von Phase 1 bzw. Phase 4. Die in den Bildern 9.26 und 9.27 eingetragenen Meßwerte stellen die beiden um 180° auseinander liegenden Phasen für den Korrelationsterm $<u'v'>$ dar.

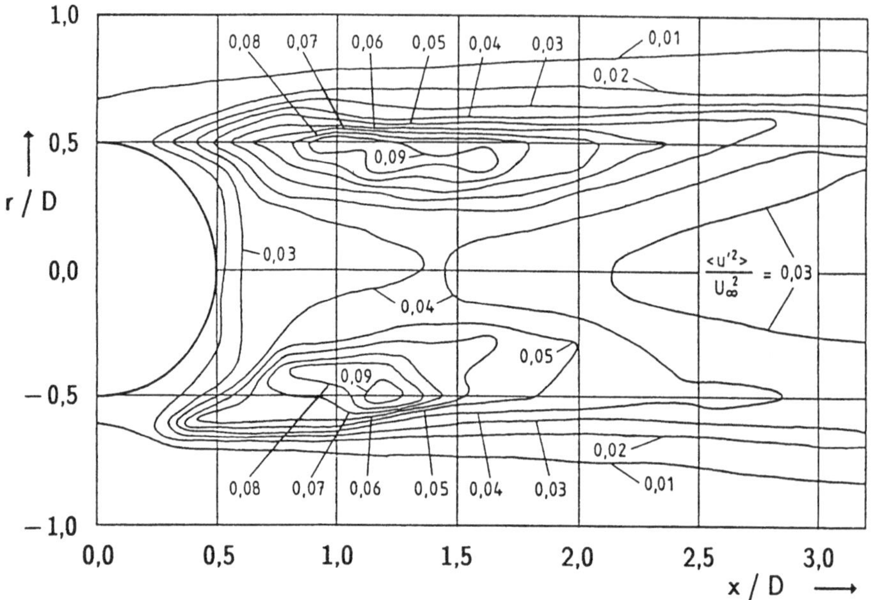

Bild 9.22: Verteilung der Normalspannung $<u'^2>/U_\infty^2$ für die Kugel, Phase 1/6, Re = $5 \cdot 10^4$.

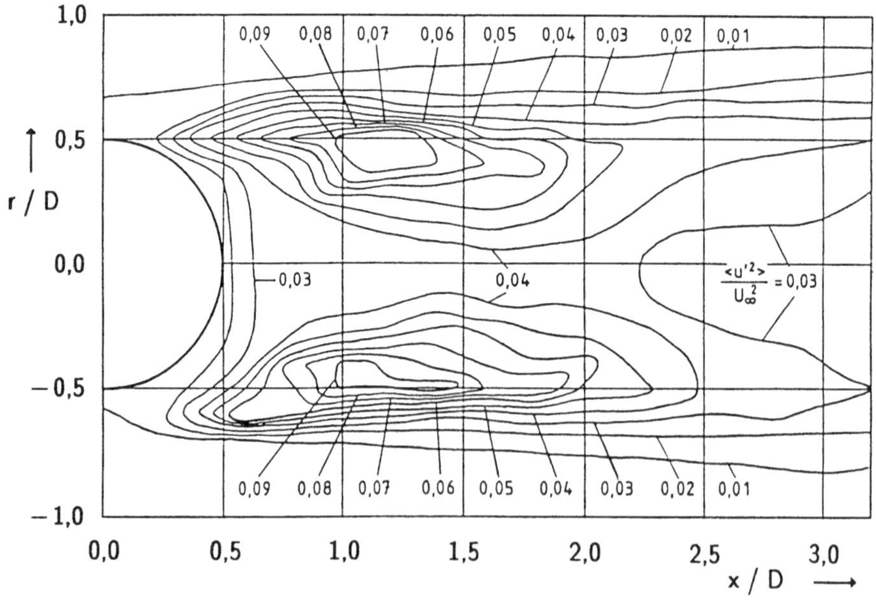

Bild 9.23: Verteilung der Normalspannung $<u'^2>/U_\infty^2$ für die Kugel, Phase 4/6, Re = $5 \cdot 10^4$.

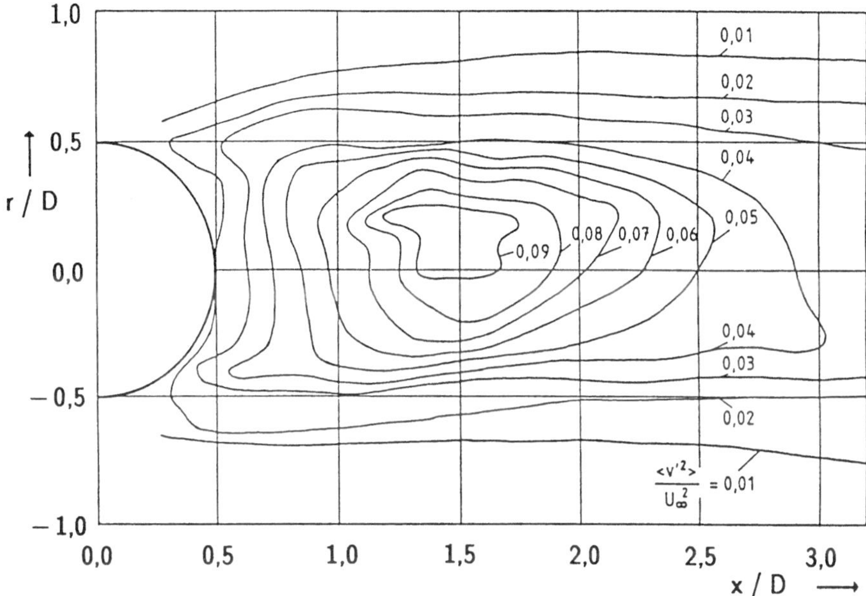

Bild 9.24: Verteilung der Normalspannung $<v'^2>/U_\infty^2$ für die Kugel, Phase 1/6, Re = $5 \cdot 10^4$.

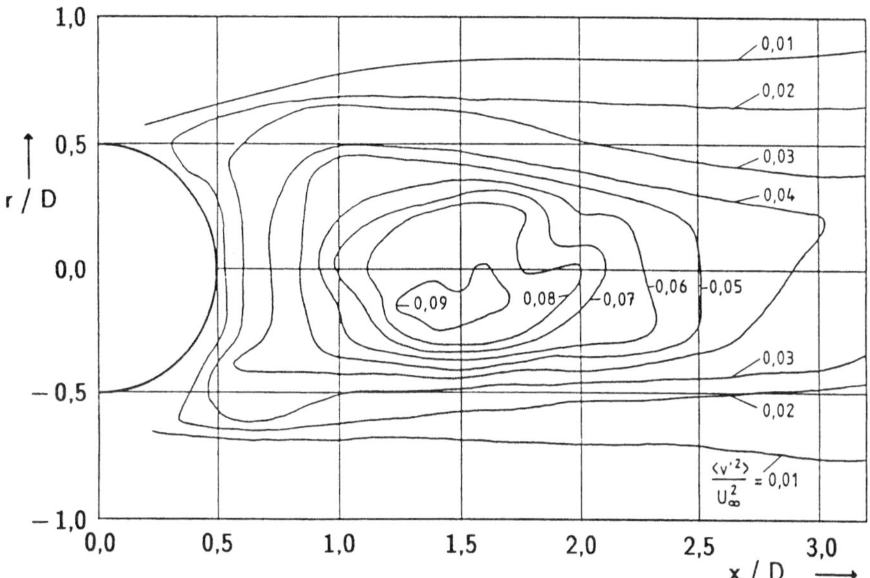

Bild 9.25: Verteilung der Normalspannung $<v'^2>/U_\infty^2$ für die Kugel, Phase 4/6, Re = $5 \cdot 10^4$.

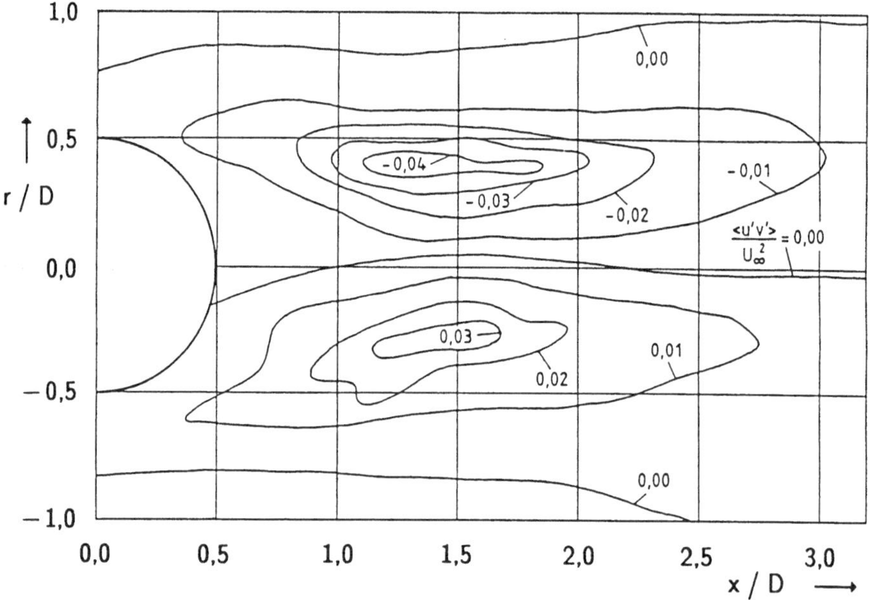

Bild 9.26: Verteilung der Schubspannung $<u'v'>/U_\infty^2$ für die Kugel, Phase 1/6, Re = $5 \cdot 10^4$.

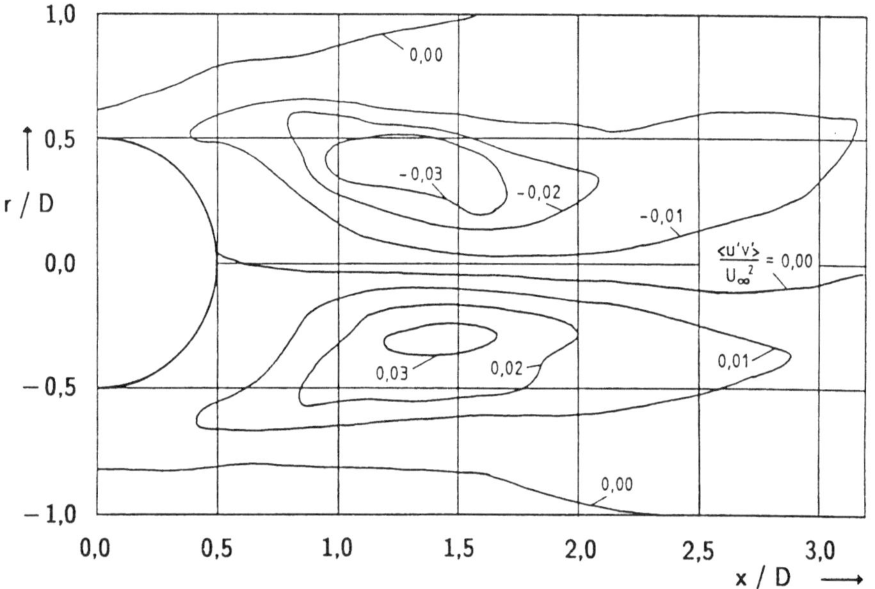

Bild 9.27: Verteilung der Schubspannung $<u'v'>/U_\infty^2$ für die Kugel, Phase 4/6, Re = $5 \cdot 10^4$.

In Phase 1, Bild 9.24, liegt der Extremwert der Transversal-Komponente oberhalb der Symmetrieachse, eine halbe Periodendauer später, in Phase 4, tritt die Maximalamplitude im $<v'^2>$-Term in dem Gebiet mit negativer Radialkoordinate r in Erscheinung.

Auch der Schubspannungsterm reiht sich in die schon mehrfach diskutierte Systematik ein, nach der Maximalwerte in den Reynoldsspannungen sich in der Umgebung eines Sattelpunktes ausbilden: zum Zeitpunkt von Phase 1 tritt der Extremwert der Schubspannung oberhalb der Symmetrieachse in die Ebene $\varphi = 0°$ ein, siehe Bild 9.26. Mit fortschreitender Zeit verlagert sich der Sattelpunkt aufgrund seiner Rotationsbewegung um die Symmetrieachse in den mit negativer Radialkoordinate r/D gekennzeichneten Strömungsbereich. Mit der Abnahme der Amplitude in dem Schubspannungsterm oberhalb der Symmetrieachse geht ein kontinuierlicher Anstieg in dem unterhalb der Achse liegenden Bereich einher. In Phase 4, siehe Bild 9.27, erreicht die Schubspannung ihren Maximalwert in der unteren Halbebene: die unterhalb der Achse r/D = 0,0 liegende Isolinie $<u'v'>/U_\infty^2 = 0{,}02$ umrandet in Phase 4 ein deulich größeres Gebiet als in Phase 1.

9.3 Zeitlich gemittelte Amplituden periodischer und stochastischer Spannungen

Kapitel 6 diskutiert zeitlich gemittelte Strömungs- und Turbulenzstrukturen unterschiedlicher Modellkörper. Diese Ergebnisse beruhen auf Auswertungen von zeitlich gemittelten Meßwert-Ensembles. Die in Abschnitt 6.2 erläuterten Verteilungen der mit einem "*" gekennzeichneten Reynoldsspannungen bestehen somit aus der Summe zweier Anteile. Sie werden durch periodische und stochastische Strömungsbewegungen verursacht. Mit den in Abschnitt 9.2 dargelegten Ergebnissen lassen sich die Summenterme nun in zeitlich gemittelte periodische und zeitlich gemittelte stochastische Spannungen aufspalten. Beide Anteile gehen in das fundamentale Gleichungssystem (4.22) zur Beschreibung periodisch-stochastischer Vorgänge ein.

Die folgenden Graphiken verdeutlichen die zeitlichen Mittelwerte der in Abschnitt 9.2 besprochenen dynamischen Abläufe. Sie entsprechen den Mittelungen über die jeweils sechs in den Diagrammen dargestellten Einzelphasen.

Bild 9.28 gibt die zeitliche Mittelung der in Bild 9.14 eingetragenen stochastischen Fluidbewegungen in longitudinaler Richtung wieder. Entsprechende Auswertungen für den periodischen Term $<\tilde{u}^2>$, siehe hierzu auch Bild 9.19, sind dem Bild 9.29 zu entnehmen.

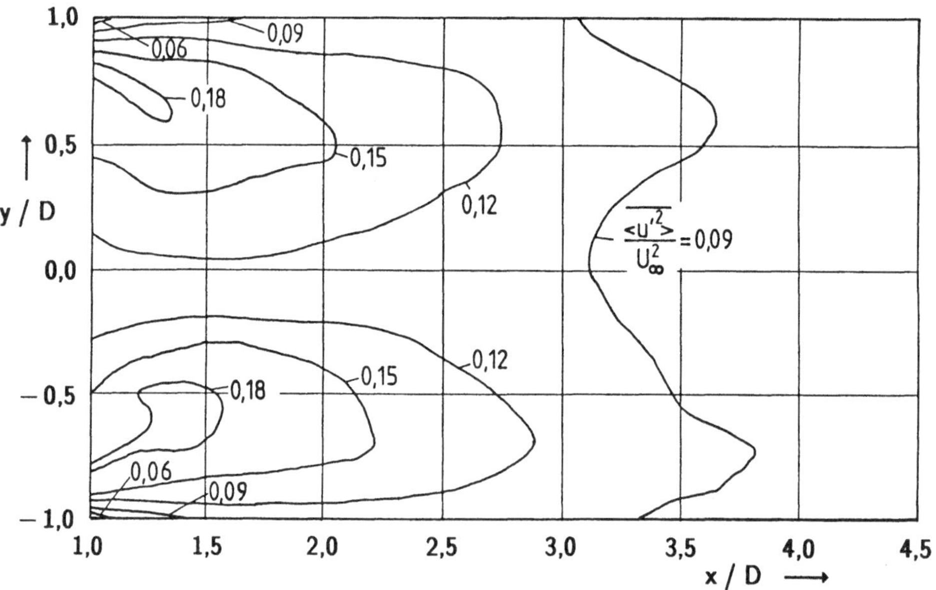

Bild 9.28: Verteilung der zeitlich gemittelten Normalspannung $\overline{<u'^2>}/U_\infty^2$ im Ablösegebiet und Nachlauf der Platte bei Re $= 2{,}8 \cdot 10^4$.

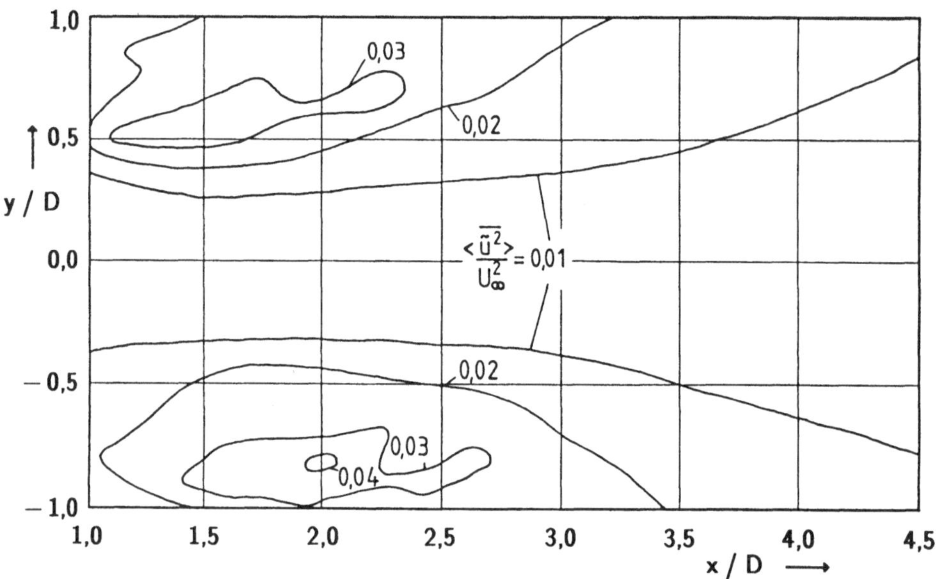

Bild 9.29: Verteilung des zeitlich gemittelten periodischen Terms $\overline{<\tilde{u}^2>}/U_\infty^2$ im Ablösegebiet und Nachlauf der Platte bei Re $= 2{,}8 \cdot 10^4$.

Die Addition der in Bild 9.28 und Bild 9.29 aufgeführten Meßwerte ergibt den Summenterm für die Normalspannung in longitudinaler Richtung. Ihre Verteilung wurde in Abschnitt 6.2 anhand von Bild 6.15 diskutiert.

Sowohl die in Bild 9.28 als auch die in Bild 9.29 dargestellten Isolinien-Diagramme weisen eine im Rahmen der Experimentiergenauigkeit liegende Symmetrie auf. Maximalwerte treten in den oberhalb und unterhalb der Achse $y/D = 0{,}0$ sich ausbildenden Scherschichten auf. Der Vergleich beider Meßwertverläufe zeigt, daß die stochastische Komponente ihren zeitlich gemittelten Maximalwert im Bereich von $x/D = 1{,}0$ bis zu $x/D = 1{,}5$ erreicht, der Extremwert im zeitlich gemittelten periodischen Term liegt weiter stromab bei $x/D \approx 2{,}0$. Die Differenz zwischen den beiden Strukturen ist eine Folge der unterschiedlichen physikalischen Mechanismen, die die periodischen und stochastischen Strömungsbewegungen induzieren: die primäre Ursache stochastischer Bewegungen ist in den Strömungsinstabilitäten innerhalb der freien Scherschichten zu suchen, die in diesem Fall, bei $Re = 2{,}8 \cdot 10^4$, schon kurz nach dem Strömungsabriß von den Modellkanten in Erscheinung treten. Die periodischen Strömungsanteile gehen dagegen von dem Wechselwirkungsvorgang aus, der die Ablösung zweiter Art induziert. Da sie sich am hinteren Ende des zeitlich gemittelten Ablösegebietes vollzieht, erreicht der periodische Term seinen Extremwert weiter stromab.

Entsprechende Verteilungen für die in transversaler Richtung auftretenden Spannungen sind in Bild 9.30 und Bild 9.31 eingetragen. Die Graphiken stellen zeitliche Mittelungen der in Bild 9.15 bzw. Bild 9.20 verdeutlichten periodischen Strömungsvorgänge dar. Der aus der Summe beider Komponenten resultierende Meßwertverlauf für den Term $\overline{v^{*2}}$ konnte bereits anhand des Bildes 6.16 diskutiert werden.

Die Gegenüberstellung der zeitlich gemittelten Meßwert-Diagramme verdeutlicht die starke Ausprägung des periodischen Terms in transversaler Richtung. Er erreicht mit 0,12 die halbe Amplitude des Maximalwertes der stochastischen Komponente. Die Bilder 9.30 und 9.31 zeigen, daß beide Terme im übrigen sehr ähnliche Strukturen aufweisen. In beiden Fällen liegt das Maximum auf der Symmetrieachse, am Ende des zeitlich gemittelten Totwassers.

Die beiden Schubspannungsterme, die entsprechenden Verteilungen sind in den Bildern 9.32 und 9.33 zu sehen, nehmen ihre Extremwerte zwischen den Positionen der beiden Normalspannungen an: stromauf des Maximums der transversalen Komponente und stromab der in longitudinaler Richtung auftretenden Maximalamplitude. Die Verteilungen ergeben sich aus den zeitlichen Mittelungen der in Bild 9.17 bzw. Bild 9.21 vorgestellten sechs Einzelphasen. Die in Bild 6.17 eingetragenen Meßwerte verdeut-

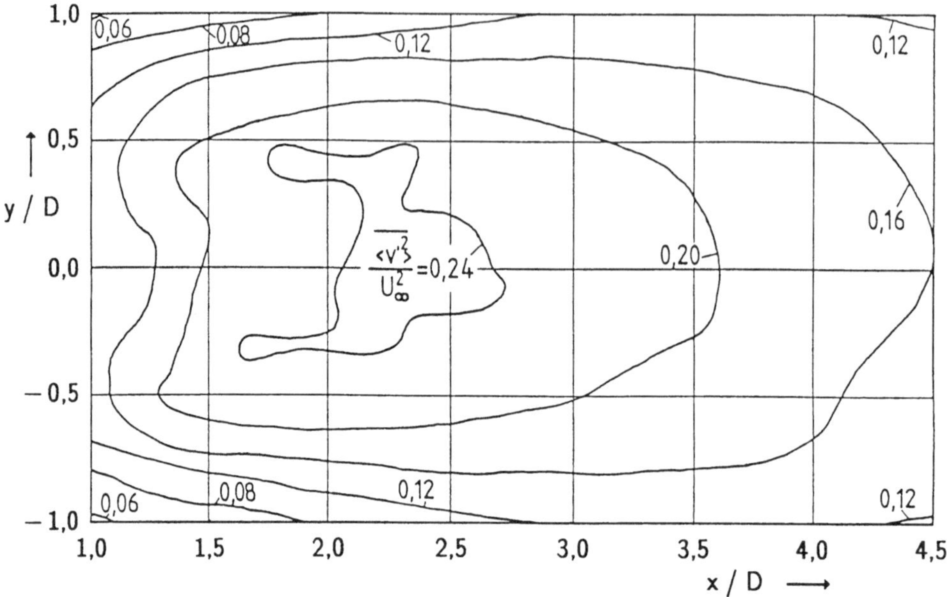

Bild 9.30: Verteilung der zeitlich gemittelten Normalspannung $<\overline{v'^2}>/U_\infty^2$ im Ablösegebiet und Nachlauf der Platte bei Re $= 2{,}8 \cdot 10^4$.

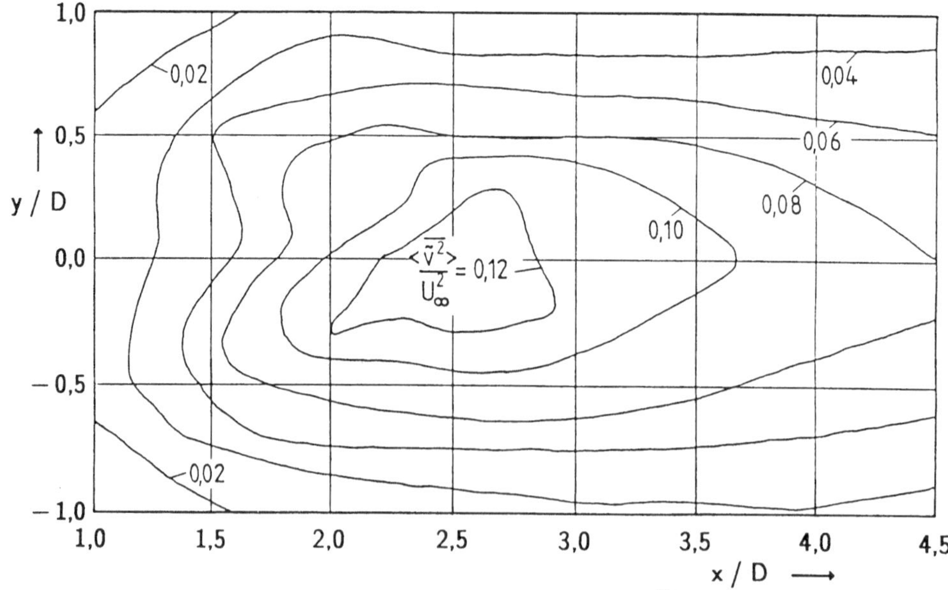

Bild 9.31: Verteilung des zeitlich gemittelten periodischen Terms $<\overline{\tilde{v}^2}>/U_\infty^2$ im Ablösegebiet und Nachlauf der Platte bei Re $= 2{,}8 \cdot 10^4$.

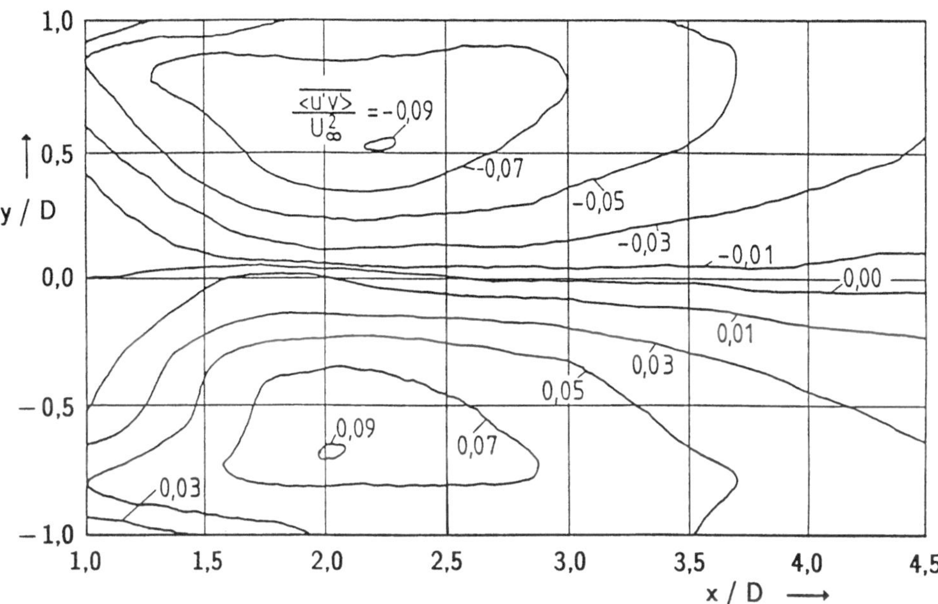

Bild 9.32: Verteilung der zeitlich gemittelten Schubspannung $<\overline{u'v'}>/U_\infty^2$ im Ablösegebiet und Nachlauf der Platte bei Re = 2,8 · 10[4].

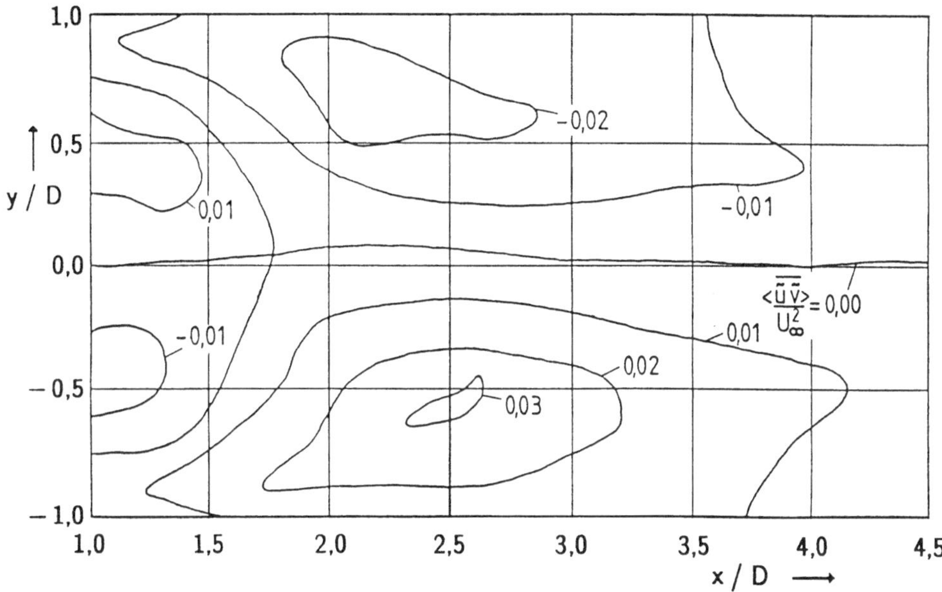

Bild 9.33: Verteilung des zeitlich gemittelten periodischen Terms $<\overline{\tilde{u}\tilde{v}}>/U_\infty^2$ im Ablösegebiet und Nachlauf der Platte bei Re = 2,8 · 10[4].

lichten bereits die Struktur des Summenterms der Schubspannung, der auf die Überlagerung periodischer und stochastischer Strömungsbewegungen zurückgeht.

Die bei axialsymmetrischer Scherschichtentwicklung auftretenden Verteilungen der ausschließlich auf stochastische Strömungsvorgänge beruhenden Spannungen wurden schon anhand der Bilder 6.9, 6.10 und 6.12 diskutiert. Die folgenden Abschnitte gehen nun näher auf die periodischen Komponenten ein.

Die mit der Anströmgeschwindigkeit normierten Terme $\langle\overline{\tilde{u}^2}\rangle$ und $\langle\overline{\tilde{v}^2}\rangle$ der zeitlich gemittelten periodischen Normalspannungen sind in den Bildern 9.34 und 9.35 dargestellt. Im Vergleich zur Strömungsklasse b weisen beide periodische Komponenten eine geringere Amplitude auf. Periodische Spannungskomponenten bei axialsymmetrischer Ablösung sind um eine Größenordnung kleiner als bei zweiseitiger Scherschichtentwicklung. Die in der Ebene $\varphi = 0°$ ermittelten Verteilungen weisen allerdings ähnliche Strukturen wie im ebenen Fall auf: Extremwerte in der axialen Komponente befinden sich ober- und unterhalb der Symmetrieachse, das Maximum der Radialkomponente erscheint am Totwasserende bei $r/D = 0{,}0$.

Bild 9.36 stellt die Verteilung des normierten periodischen Schubspannungsterms dar. Wie schon bei ebener Modellgeometrie, so treten auch bei axialsymmetrischer Modellumströmung Extremwerte in dem Bereich auf, in dem die kohärente Struktur durch die Ablösung zweiter Art von dem Totwassergebiet in den Nachlauf übergeht.

In Tabelle 1 sind die zeitlich gemittelten Extremwerte der Spannungsterme innerhalb der drei Strömungsklassen zusammengestellt. Der Aufstellung sind Anhaltswerte für die Maximalamplituden bei einseitiger, zweiseitiger und axialsymmetrischer turbulenter Scherschichtentwicklung zu entnehmen. Die Strukturen der Isolinien-Diagramme und somit auch die Positionen der Extremwerte jedes Einzelterms können den graphischen Darstellungen dieses Abschnitts und des Kapitels 6 entnommen werden. Geht man von ähnlichen Strömungsstrukturen innerhalb der einzelnen Strömungsklassen aus, diese Hypothese wird durch die Ergebnisse zahlreicher Experimente gestützt, und berücksichtigt die in Kapitel 7 angegebenen Einflüsse auf die Totwasserlänge, so sind mit Hilfe dieser Auflistung die Turbulenzstrukturen zahlreicher Ablösegebiete recht gut abschätzbar.

Aus der tabellarischen Aufstellung geht hervor, daß in Strömungsklasse b ein markanter periodischer Anteil auftritt, der die Größenordnung des stochastischen Anteils bei einseitiger und axialsymmetrischer Scherschichtentwicklung erreicht. Die periodischen Anteile in Strömungsklasse c rufen aufgrund ihrer schwachen Amplituden nur geringfügige Abweichungen zwischen den stochastischen Beiträgen und den mit

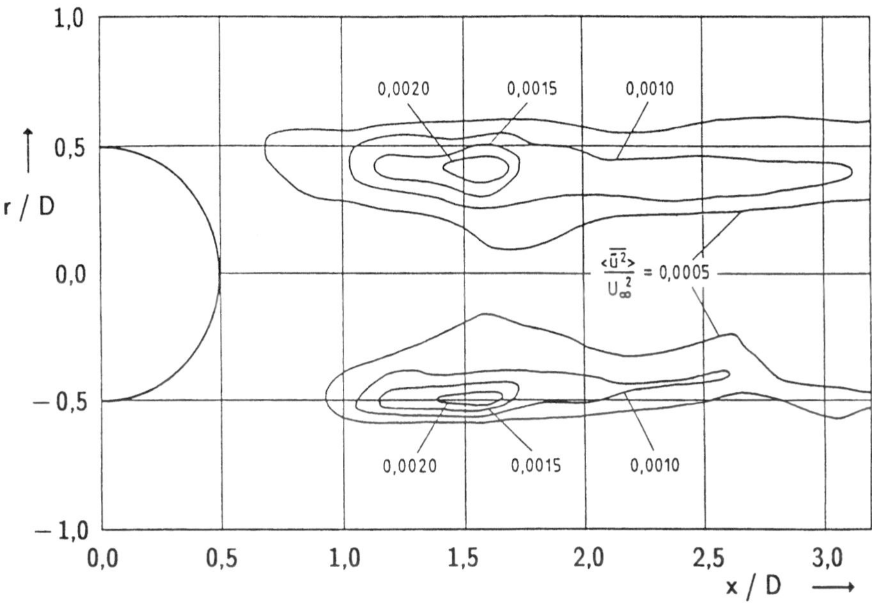

Bild 9.34: Verteilung des zeitlich gemittelten periodischen Terms $\overline{<\tilde{u}^2>}/U_\infty^2$ im Ablösegebiet und Nachlauf der Kugel bei Re = $5{,}0 \cdot 10^4$.

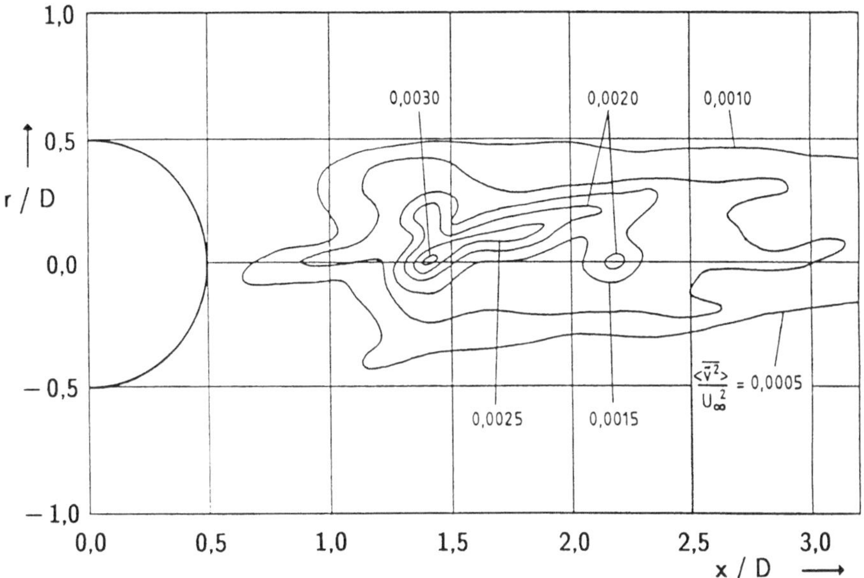

Bild 9.35: Verteilung des zeitlich gemittelten periodischen Terms $\overline{<\tilde{v}^2>}/U_\infty^2$ im Ablösegebiet und Nachlauf der Kugel bei Re = $5{,}0 \cdot 10^4$.

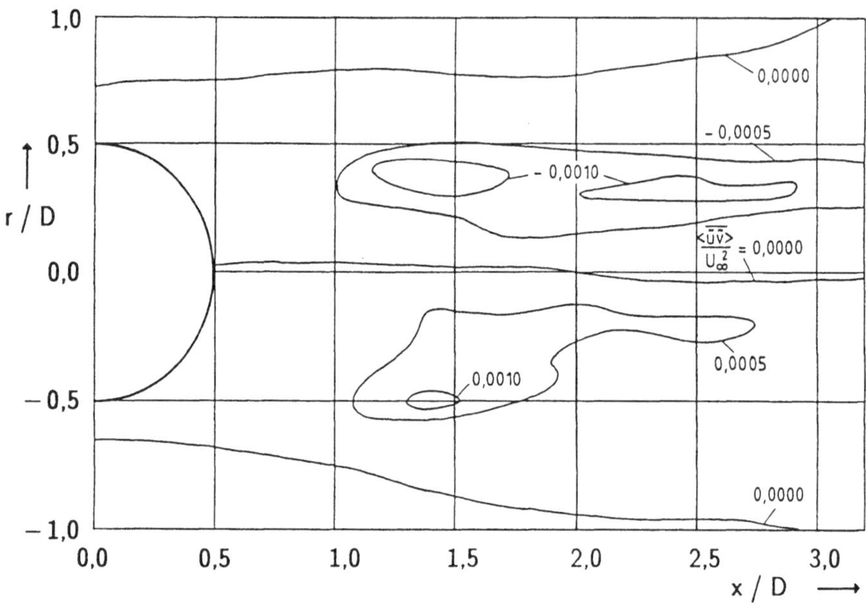

Bild 9.36: Verteilung des zeitlich gemittelten periodischen Terms $\overline{<\tilde{u}\tilde{v}>}/U_\infty^2$ im Ablösegebiet und Nachlauf der Kugel bei $Re = 5{,}0 \cdot 10^4$.

einem "*" gekennzeichneten Summentermen hervor. Die Maximalwerte der periodischen Komponenten in Strömungsklasse a sind aufgrund fehlender Meßwerte bisher nur abschätzbar, siehe hierzu auch die der Tabelle 1 angefügten Anmerkungen.

Tabelle 1: Anhaltswerte für die Maximalamplituden der Spannungsterme in Ablösegebieten bei einseitiger, zweiseitiger und axialsymmetrischer turbulenter Scherschichtentwicklung.

Spannungsterm	Scherschichtentwicklung		
	einseitig (Klasse a)	zweiseitig (Klasse b)	axialsymmetrisch (Klasse c)
$(\overline{u^{*2}}/U_\infty^2)_{max}$	0,09 [a)]	0,23 [c)]	0,09 [d)]
$<\overline{u'^2}/U_\infty^2>_{max}$	0,09	0,18	0,09
$<\overline{\tilde{u}^2}/U_\infty^2>_{max}$	<0,001 [b)]	0,04	0,002
$(\overline{v^{*2}}/U_\infty^2)_{max}$	0,07 [a)]	0,35 [c)]	0,09 [d)]
$<\overline{v'^2}/U_\infty^2>_{max}$	0,07	0,24	0,09
$<\overline{\tilde{v}^2}/U_\infty^2>_{max}$	<0,001 [b)]	0,12	0,003
$\lvert(\overline{u^*v^*}/U_\infty^2)_{max}\rvert$	0,03 [a)]	0,11 [c)]	0,04 [d)]
$\lvert<\overline{u'v'}/U_\infty^2>_{max}\rvert$	0,03	0,09	0,035
$\lvert<\overline{\tilde{u}\tilde{v}}/U_\infty^2>_{max}\rvert$	<0,001 [b)]	0,03	0,001

[a)] Nach Messungen von Castro und Haque (1986) an einer senkrecht angestellten Platte mit Totwasser–Trennplatte. [b)] Bei einseitiger Scherschichtentwicklung wurden bisher noch keine Messungen zur Bestimmung der periodischen Amplituden durchgeführt. Es ist daher auch nicht sicher, ob überhaupt periodische Anteile auftreten, siehe Abschnitt 2.6. Ergebnisse von Frequenzanalysen in der Nachlaufströmung deuten darauf hin, daß die Amplituden der periodischen Terme, falls diese existieren, bedeutend schwächer ausgeprägt sind als bei axialsymmetrischer Scherschichtentwicklung. [c)] Die angegebenen Meßwerte leiten sich aus Untersuchungen an Kreiszylindern, senkrecht angestellten ebenen Platten und Keilzylindern ab. [d)] Die Meßwerte beruhen auf Untersuchungen an Kugel–, Kegel– und Scheibenmodellen.

9.4 Zeitabhängiger Verlauf der Turbulenzenergie-Produktion

Die in Ablösegebieten generierten Turbulenzbewegungen führen zur Dissipation von Strömungsenergie. Nach Gleichung (4.15) besteht der Produktionsterm $<P>$ in einer ebenen Strömung aus der Summe dreier Anteile, die sich als Produkte von Reynoldsspannungen und Geschwindigkeitsgradienten darstellen. Im folgenden werden die drei Terme separat bewertet, um Aussagen hinsichtlich ihrer Einflüsse auf die Energieumsetzung ableiten zu können.

Den von der Schubspannung hervorgerufenen Anteil $<P_{uv}>$ an der Produktion $<P>$ beschreibt Gleichung (9.1):

$$<P_{uv}> = -<u'v'> \cdot (\partial<v>/\partial x + \partial<u>/\partial y) \cdot D/U_\infty^3 \; . \tag{9.1}$$

Die Multiplikation der in Bild 9.17 dargestellten Verteilungen des $<u'v'>$-Terms mit der Summe der Geschwindigkeitsgradienten $(\partial<v>/\partial x + \partial<u>/\partial y)$ ergibt die von der Schubspannung verursachte Turbulenzproduktion $<P_{uv}>$. Die Normierung der Produktionsterme erfolgt mit der Modellabmessung D und der Anströmgeschwindigkeit U_∞.

Im Fall der senkrecht angestellten ebenen Platte ergibt sich zu Phase 1 für den Geschwindigkeitsgradienten die in Bild 9.37 dargestellte Verteilung. Maximale Beträge der unter Verwendung der Anströmgeschwindigkeit und Modellabmessung dimensionslos aufgetragenen Isolinien treten erwartungsgemäß im Bereich der beiden freien Scherschichten auf. Die Multiplikation dieses Feldes mit der zum Zeitpunkt von Phase 1 sich ausbildenden Schubspannungsverteilung, siehe Bild 9.17, liefert den in Bild 9.38 wiedergegebenen Anteil $<P_{uv}>$.

Die Graphik verdeutlicht, daß in Phase 1 in der oberen Scherschicht maximale Produktionswerte in der Größenordnung von 0,25 stromauf des Sattelpunktes auftreten. Im Nachlauf liegt die Produktion unterhalb von 0,05, mit Ausnahme eines Strömungsbereichs in der Umgebung des Punktes $x/D = 3{,}7$ und $y/D = -0{,}6$. In diesem Gebiet kommt der Einfluß des im Uhrzeigersinn drehenden Wirbels zur Geltung, der sich in Phase 6 vom Totwasser abgelöst hatte und zum Zeitpunkt von Phase 1 in diesem Bereich auftritt, was u.a. in Bild 9.4 zum Ausdruck kommt. Wechselwirkungen zwischen den von den Wirbelstrukturen induzierten Strömungsbewegungen und der Außenströmung rufen den lokalen Anstieg in $<P_{uv}>$ hervor.

Die entsprechenden Verteilungen der auf Normalspannungen beruhenden Produktionsterme $<P_u>$ und $<P_v>$ nach den Definitionen (9.2) bzw. (9.3):

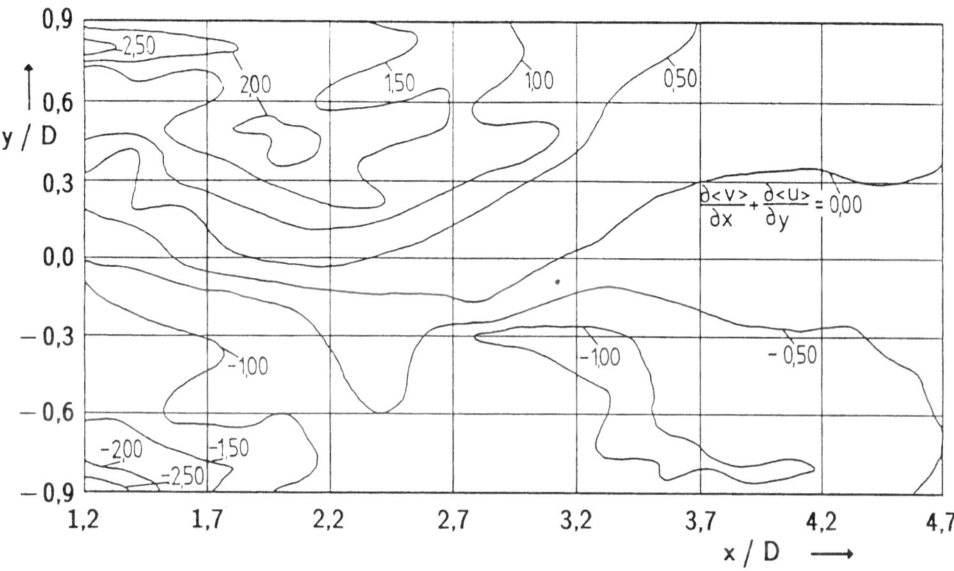

Bild 9.37: Verteilung des Summenterms der Gradienten ($\partial\langle v\rangle/\partial x + \partial\langle u\rangle/\partial y$) im Plattennachlauf bei Re = $2{,}8 \cdot 10^4$ zum Zeitpunkt von Phase 1/6.

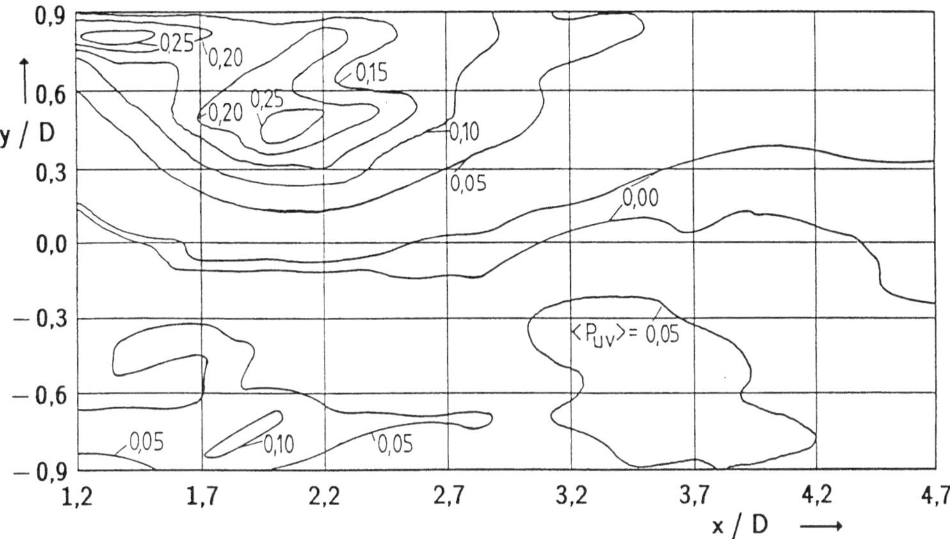

Bild 9.38: Verteilung der von der Schubspannung hervorgerufenen Turbulenzproduktion $\langle P_{uv}\rangle$ im Plattennachlauf bei Re = $2{,}8 \cdot 10^4$ zum Zeitpunkt von Phase 1/6.

$$<P_u> = -(<u'^2> \cdot \partial<u>/\partial x) \cdot D/U_\infty^3 \tag{9.2}$$

und:

$$<P_v> = -(<v'^2> \cdot \partial<v>/\partial y) \cdot D/U_\infty^3 \tag{9.3}$$

sind in den Bildern 9.39 und 9.40 wiedergegeben.

Da die Produktionsterme $<P_u>$ und $<P_v>$ aufgrund der Kontinuitätsgleichung, siehe Gleichung (4.2), an gleichen Feldpunkten im zweidimensionalen Strömungsfall unterschiedliche Vorzeichen erhalten, kompensieren sich in erster Näherung die Beiträge der Normalspannungen zur Gesamtproduktion $<P>$. Somit ist hauptsächlich der von der Schubspannung induzierte Term $<P_{uv}>$ für die Produktion von Turbulenzenergie verantwortlich.

Bild 9.41 stellt die aus der Summe von $<P_u>$, $<P_v>$ und $<P_{uv}>$ gebildete Gesamtproduktion $<P>$ der Turbulenzenergie dar. Offensichtlich weist die Isolinienverteilung von $<P>$ zur Phase 1 eine ähnliche Struktur auf wie der in Bild 9.38 dargestellte Term $<P_{uv}>$.

Der dynamische Vorgang bei der Entstehung von Turbulenzenergie kann anhand der graphischen Darstellung näher erläutert werden: zum Zeitpunkt von Phase 1 erreicht $<P>$ in der oberen Scherschicht eine Maximalamplitude von 0,25. Der Ort erhöhter Produktion von Turbulenzenergie liegt stromauf des Sattelpunktes in dem Bereich verzögerter Strömung, siehe hierzu auch die Ausführungen von Abschnitt 9.1. Kurz oberhalb der Symmetrieachse $y/D = 0{,}0$ entsteht im Ablösegebiet ein Bereich mit negativer Produktion $<P>$. Hier geht ein geringer Teil der Turbulenzenergie in geordnete Strömungsbewegungen über. In Phase 2, 20 ms später, verschiebt sich der Bereich maximaler Produktion unter gleichzeitiger Abschwächung auf den Wert $<P> = 0{,}20$ stromabwärts, das Gebiet mit negativem $<P>$ orientiert sich nahezu symmetrisch zur Achse $y/D = 0{,}0$. In der unteren Scherschicht erhöht sich zu diesem Zeitpunkt die Produktion, um in Phase 3 einen absoluten Extremwert von $<P> = 0{,}40$ zu erreichen. Isolinien mit negativem Vorzeichen ordnen sich nun unterhalb der Symmetrieachse an. Der Sattelpunkt innerhalb der unteren Scherschicht verlagert sich beim Übergang von Phase 3 nach Phase 4 stromabwärts, was in Bild 9.2 zu erkennen ist. Eine entsprechende Bewegung führt auch der Strömungsbereich mit erhöhter Turbulenzproduktion aus. Über Phasen 5 und 6 nimmt $<P>$ in der unteren Scherschicht stark ab, wobei das Gebiet mit negativer Produktion sich kontinuierlich in Richtung positiver y/D-Koor-

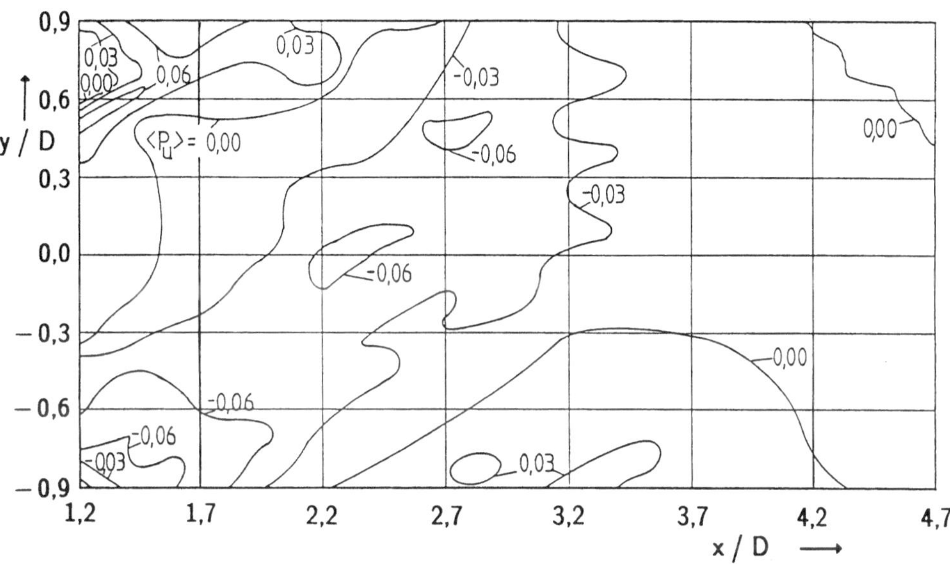

Bild 9.39: Verteilung der von der Normalspannung <u'²> hervorgerufenen Turbulenzproduktion <P_u> im Plattennachlauf bei Re = 2,8 · 10^4 zum Zeitpunkt von Phase 1/6.

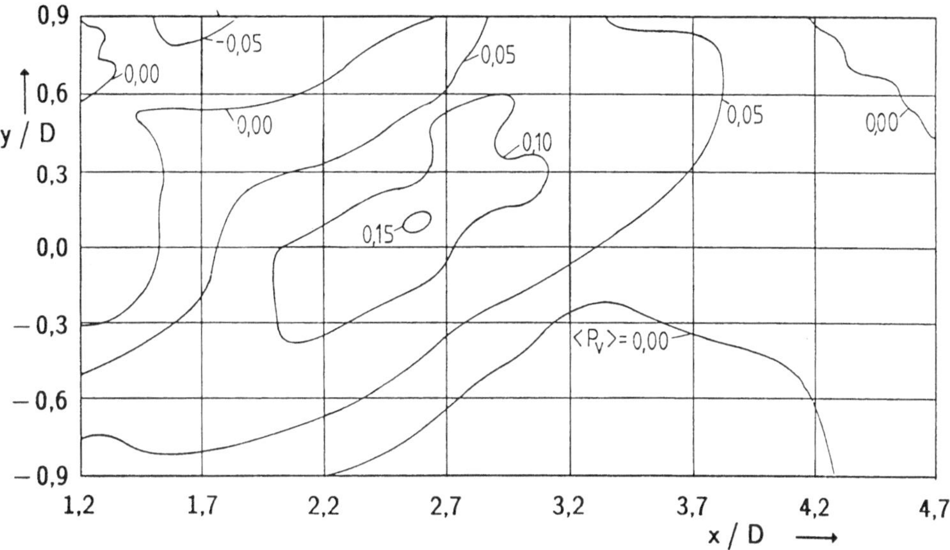

Bild 9.40: Verteilung der von der Normalspannung <v'²> hervorgerufenen Turbulenzproduktion <P_v> im Plattennachlauf bei Re = 2,8 · 10^4 zum Zeitpunkt von Phase 1/6.

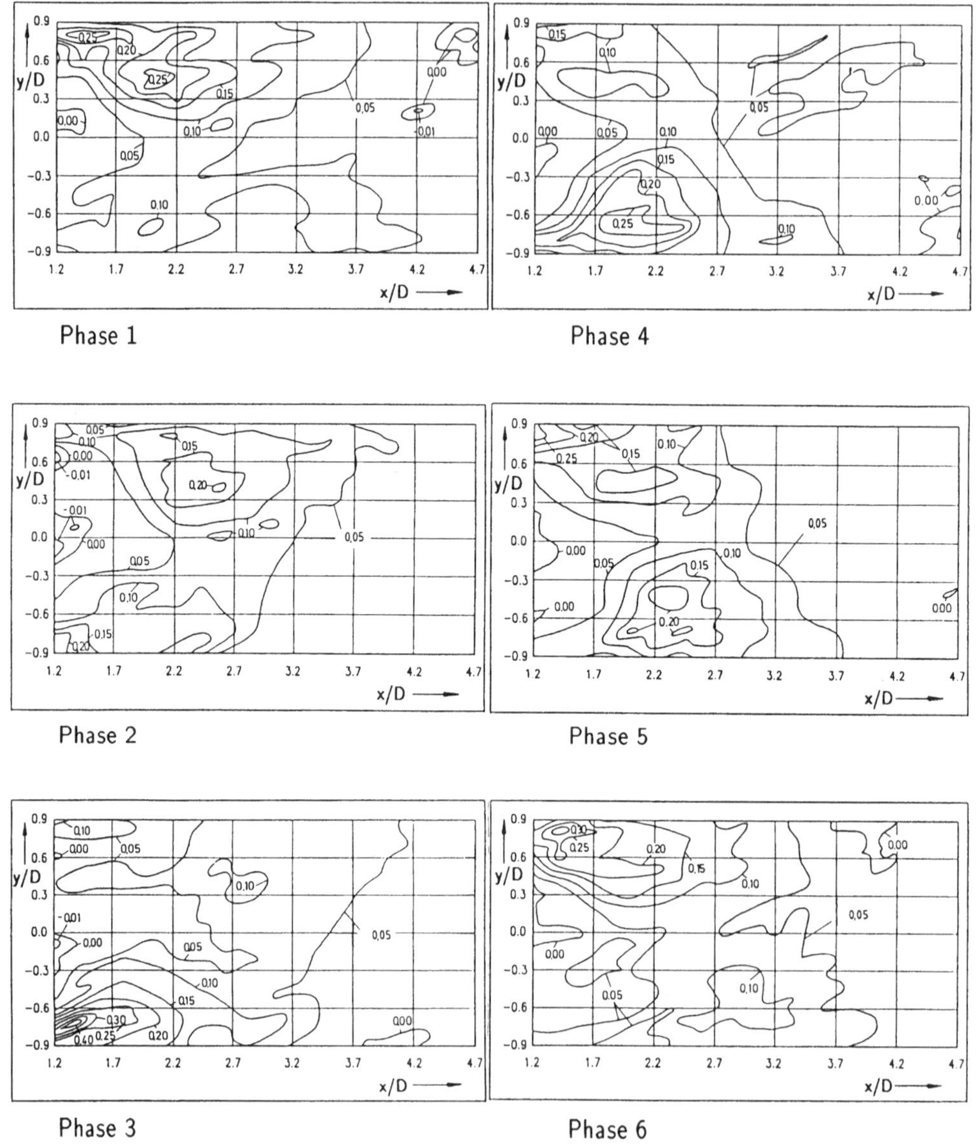

Bild 9.41: Isolinien-Diagramme zur Darstellung der Turbulenzenergie-Produktion <P> im Ablösegebiet und Nachlauf der senkrecht angestellten Platte bei Re = $2{,}8 \cdot 10^4$.

dinate verlagert. In Phase 6 erlangt <P> in der oberen Scherschicht mit 0,30 den absoluten Maximalwert. Der Produktionsvorgang wiederholt sich in den auf Phase 6 folgenden Phasen 1, 2, usw. in periodischer Weise.

Nach Untersuchungen von Leder und Geropp (1990c) treten die Maximalamplituden der zeitlich gemittelten Produktion von Turbulenzenergie $<\overline{P}>$ im Bereich der freien Scherschichten auf, was auch in Bild 9.42 zum Ausdruck kommt.

Der instationäre Ablauf des Produktionsvorgangs steht in unmittelbarem Zusammenhang mit der Ablösung zweiter Art. Es ist naheliegend, durch Eingriffe in den Strömungsablauf gezielte Maßnahmen, beispielsweise zur Reduzierung des Strömungswiderstands oder zur Erhöhung der Wärmeübertagung und des Stoffaustausches, zu ergreifen. Zur optimalen Steuerung der durch Strömungsablösungen beeinflußten Vorgänge sind weitergehende Grundlagenuntersuchungen erforderlich. Einige Hinweise zu dieser für die technische Praxis bedeutsamen Thematik sind in dem abschließenden Kapitel 10 enthalten.

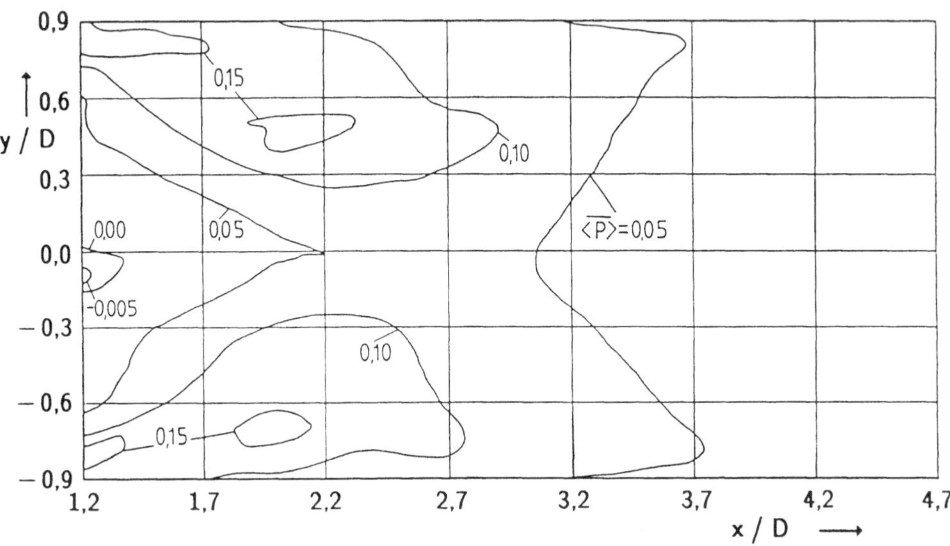

Bild 9.42: Isolinien-Diagramm der zeitlich gemittelten Produktion $<\overline{P}>$ von Turbulenzenergie im Ablösegebiet und Nachlauf der senkrecht angestellten Platte bei Re $= 2{,}8 \cdot 10^4$.

10 Ausblick und künftige Anwendungen

Die voranstehenden Kapitel belegen, daß in abgelösten Strömungen systematische Gesetzmäßigkeiten auftreten. Bei der Ausbildung charakteristischer Strömungs- und Turbulenzstrukturen kommt den Sattelpunkten eine zentrale Bedeutung zu. Nach den Ausführungen des Kapitels 9 gehen sie auf Wechselwirkungen innerhalb der Scherschichtströmungen zurück. Da dynamische Strömungsvorgänge die Turbulenzstrukturen der Ablösegebiete beeinflussen, wirkt insbesondere der Entwicklungsprozeß für die Sattelpunkte unmittelbar auf dissipative Vorgänge innerhalb der Totwasser- und Nachlaufbereiche ein.

Der erste Abschnitt dieses Kapitels beschreibt eine Methodik zur gezielten Steuerung von Totwassereigenschaften. Sie beruht auf dem Prinzip, die Scherschicht-Wechselwirkungen unmittelbar zu beeinflussen. In diesem Zusammenhang wird der Aspekt zur Reduzierung des Strömungswiderstands näher betrachtet.

Es ist absehbar, daß vertiefende Erkenntnisse über physikalische Vorgänge in abgelösten Strömungen für zahlreiche technische Anwendungen zu neuen und verbesserten Lösungen beitragen werden. Die abschließenden Bemerkungen im zweiten Abschnitt enthalten einige Hinweise auf vordringliche Zielrichtungen künftiger Forschungsarbeiten auf dem Gebiet abgelöster Strömungen.

10.1 Methodik zur Beeinflussung von Totwasserströmungen

Die Strömungsvorgänge in den das Ablösegebiet berandenden Scherschichten bestimmen weitgehend die physikalischen Eigenschaften der Totwassergebiete. Somit ist der Schlüssel zur Beeinflussung des Strömungswiderstands von Fahrzeugen, der Wärmeübertragung in Wärmetauschern oder beispielsweise des Mischverhaltens unterschiedlicher Fluide in Brennkammern bei den technischen Möglichkeiten zu suchen, direkten Einfluß auf den Entwicklungsvorgang der Sattelpunkte zu nehmen.

Bereits in Abschnitt 3.3 kam zum Ausdruck, daß die Wärmeübertragungs-Eigenschaften sich verbessern und die Mischvorgänge der Fluide sich intensivieren, wenn statt einer einseitigen eine zweiseitige Scherschichtentwicklung mit ausgeprägten Sattelpunkten vorliegt. Die Gründe für dieses Verhalten wurden in Kapitel 9 offensichtlich: Sattelpunkte induzieren in den Ablösegebieten erhöhte Amplituden für die Terme des Reynoldsschen Spannungstensors.

Andererseits rufen Sattelpunkte eine verstärkte Produktion von Turbulenzenergie hervor. In diesem Zusammenhang zeigt der Abschnitt 9.4, daß lediglich ein geringfügig kleiner Anteil der in Turbulenzbewegungen umgewandelten Strömungsenergie an die geordnete Hauptströmung zurückfließt: die Bereiche mit negativer Produktion $<P>$ in Bild 9.41 sind vernachlässigbar klein. Um die Energiedissipation gering zu halten, beispielsweise bei der Umströmung von Fahrzeugen, ist es erforderlich, direkt auf den Entstehungsprozeß von Turbulenzenergie einzuwirken.

In Bild 10.1 sind drei Möglichkeiten zur Einflußnahme anhand des senkrecht angestellten Plattenmodells dargestellt. Die Wechselwirkungen zwischen den nach dem Strömungsabriß sich entwickelnden Scherschichten werden durch die Anordnung verschiedener Trennplatten-Elemente unterschiedlich stark gestört. Dies kommt in den Meßwert-Verläufen für den Widerstandsbeiwerts c_w zum Ausdruck. Der Strömungswiderstand ergibt sich bei diesen Experimenten aus der Integration des Druckverlaufs entlang der Oberfläche des Plattenmodells. Die Messungen erfolgten bei der Reynolds-Zahl von $Re = 4 \cdot 10^4$. Nach den Ausführungen von Abschnitt 7.2 läuft die Entwicklung der freien Scherschichten im turbulenten Bereich ab.

Als erstes sei die Konfiguration mit einer auf der Symmetrieachse angeordneten Trennplatte betrachtet. Die entsprechende Skizze befindet sich in der Mitte der oberen Hälfte des Bildes 10.1. Meßwerte für unterschiedlich lange Trennplatten sind als Kreuz-Symbole dargestellt. Bei der geringen Trennplattenlänge von 1,0 D bleibt die Auswirkung auf den c_w-Wert klein: von $c_w \simeq 1{,}90$ im ungestörten Fall, sinkt der Meßwert lediglich auf $c_w \simeq 1{,}87$ ab. Mit wachsender Länge der Trennplatte tritt anschließend jedoch eine deutliche Reduzierung des Strömungswiderstands auf. Bei einer Ausdehnung des Störkörpers von 3,5 D ist eine Abnahme im Widerstand um ca. 30 % zu beobachten. Bei weiterer Verlängerung der Trennplatte läßt sich keine wesentliche Absenkung des c_w-Wertes mehr erreichen.

Ruft man sich den in Bild 9.2 dargestellten dynamischen Strömungsverlauf in Erinnerung, so ist ein Zusammenhang zwischen dem c_w-Wert und der Intensität der Wechselwirkung erkennbar: der Strömungswiderstand und entsprechend die Energiedissipation nehmen mit sinkender Ausdehnung des Wechselwirkungs-Bereichs ab. Die Diskussionen in Abschnitt 9.1 heben hervor, daß am stromab liegenden Ende des Rezirkulationsgebiets sich die Ablösung zweiter Art vollzieht. Vor allem in diesem Bereich können die freien Scherschichten sich gegenseitig stark beeinflussen. Der mit Kreuz-Symbolen gekennzeichnete Meßwertverlauf in Bild 10.1 macht deutlich, daß eine starke

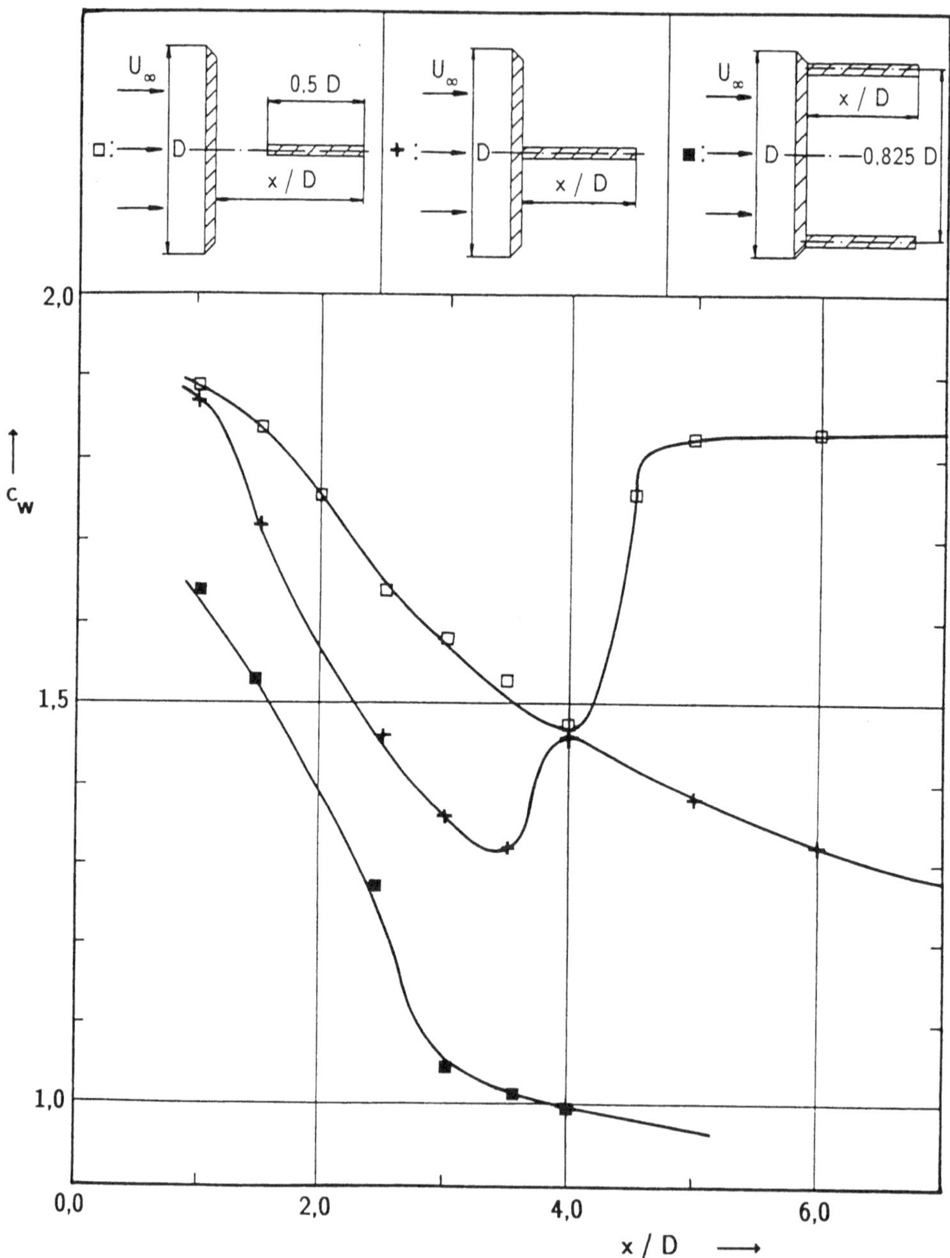

Bild 10.1: Die Abhängigkeit des Widerstandsbeiwertes c_W der senkrecht angestellten Platte bei drei verschiedenen Arten zur Beeinflussung der Scherschicht-Wechselwirkung, $Re = 4 \cdot 10^4$.

Absenkung des c_w-Wertes erst dann auftritt, wenn der Störkörper in die Wechselwirkungs-Zone eindringt. Durchquert die Trennplatte diese Zone gänzlich, stellt sich bei weiterer Verlängerung der Trennplatte keine wesentliche zusätzliche Widerstandsänderung mehr ein.

Die lokale Begrenzung des Wechselwirkungs-Bereichs wird offensichtlich, wenn lediglich ein Trennplatten-Element mit einer Länge von 0,5 D längs der Symmetrieachse des Plattenmodells verschoben wird. Die Konfiguration ist in der linken oberen Ecke des Bildes 10.1 dargestellt. Die aus den Druckmeßwerten ermittelten c_w-Werte für unterschiedliche Abstände x/D des Störkörpers sind in dem Diagramm als offene Viereck-Symbole eingetragen.

Die Meßwert-Kurve dieser Konfiguration befindet sich erwartungsgemäß oberhalb des für die vollständige Trennplatte ermittelten Widerstandsverlaufs: die beiden freien Scherschichten werden von dem kleinen Störelement nicht vollkommen voneinander abgeschirmt. Es ist jedoch erstaunlich, welch starken Einfluß das kleine Trennplatten-Element auf die Energiedissipation hat, wenn es in die Wechselwirkungs-Zone gelangt. Unmittelbar stromab des Rezirkulationsbereichs, in dem Bereich $x/D = 3{,}0$ bis 4,0, bewirkt es eine ähnlich starke Reduzierung im c_w-Wert wie die vollständige Trennplatte. Die den Strömungswiderstand mitbestimmende Einflußzone reicht bei dieser Modellanordnung bis etwa $x/D \simeq 4{,}0$. Befindet sich der Störkörper stromab dieses "Grenzwertes", nimmt der Beiwert zu. Der Anstieg erfolgt bis zu $x/D \simeq 5{,}0$ nahezu sprungartig, anschließend vollzieht sich ein asymptotischer Übergang zum Ausgangswert von $c_W \simeq 1{,}9$.

Nach Experimenten von Roshko (1955) treten bei Kreiszylindern analoge Verhaltensweisen auf. Die publizierten Meßwerte zum Druckbeiwert c_p stimmen qualitativ mit den beiden anhand des Bildes 10.1 diskutierten Kurvenverläufen für den c_w-Wert überein.

Eine wirkungsvollere Reduzierung des Strömungswiderstandes läßt sich bei direkter Einflußnahme auf die Entwicklung der Sattelpunkte erzielen. Die Konfiguration eines entsprechenden Demonstrations-Versuches ist in der oberen rechten Ecke des Bildes 10.1 dargestellt. Zwei im Bereich der freien Scherschichten angeordnete Platten stören die ober- und unterhalb der Symmetrieachse sich ausbildenden Strömungsverläufe in der Umgebung der Sattelpunkte, siehe hierzu auch die Vektordiagramme zu den Zeitpunkten von Phase 2 und Phase 5 in Bild 9.2.

Der mit schwarzen Viereck-Symbolen markierte Meßwertverlauf weist in diesem Fall eine Reduzierung des Strömungswiderstandes in der Größenordnung von etwa 50% auf. Der Hauptanteil der Reduktion stellt sich bereits bei einer Störkörperlänge von 3 D ein. Längere Anordnungen bewirken nur noch geringfügige Änderungen im c_w-Wert.

Die anhand des Bildes 10.1 erläuterten Modellversuche zeigen, daß aus den Analysen der physikalischen Zusammenhänge sich direkte Hinweise für aerodynamische Maßnahmen ergeben. Stehen beispielsweise Ziele zur Optimierung des Strömungswiderstands im Vordergrund, sind die in Scherschichten auftretenden Sattelpunkte aufgrund der dissipativen Folgeerscheinungen zu vermeiden. Zur Steuerung der Strömungsabläufe sind weitaus elegantere Methoden anwendbar als die in Bild 10.1 veranschaulichten. So lassen sich durch das Ausblasen von Freistrahlen ähnliche Wirkungen wie mit mechanischen Störkörpern erzielen. Da die Ausdehnungen der dissipativen Strömungsstrukturen nach Abschnitt 7.1 von der Breite der Totwassergebiete abhängt, lassen sich zudem mit der Methode der Grenzschicht-Absaugung Maßnahmen zur Verringerung des Ablösewinkels freier Scherschichten vorsehen. Gute Erfolgsperspektiven bieten daher kombinierte Verfahren, die sowohl mit Absaugung als auch mit Ausblasen arbeiten.

Aspekte bezüglich des Umweltschutzes erhalten zunehmende Bedeutung. Es ist absehbar, daß die Toleranzgrenzen für Schadstoffemissionen, u.a. für Fahrzeuge, vom Gesetzgeber weiter herabgesetzt werden. Allein bei Berücksichtigung dieses Gesichtspunktes wird weiteren Forschungsarbeiten auf dem Gebiet der abgelösten Strömungen, sowohl in Form von Grundlagenuntersuchungen als auch auf dem Sektor technischer Anwendungen, auch in Zukunft hohe Priorität zukommen.

10.2 Zusammenfassende Bemerkungen

Die experimentellen Ergebnisse verdeutlichen, daß hochturbulente Strömungen in Ablösegebieten physikalischen Ordnungsprinzipien unterliegen. So sind sowohl in den Geschwindigkeitsfeldern als auch in den Verteilungen der Reynoldsschen Spannungsterme systematische Gesetzmäßigkeiten erkennbar.

Durch die scherschichtorientierte Betrachtungsweise ergibt sich ein Klassifizierungsschema für Ablösegebiete. Es beruht auf der geometrischen Anordnung der freien Scherschichten und dem Zustand der Strömung. Innerhalb einer Strömungsklasse bilden sich ähnliche Strukturen im Geschwindigkeitsfeld und in den Verteilungen der Spannungsterme aus.

Bei der Entwicklung der freien Scherschichten treten komplexe Strömungen auf. Mit der Kenntnis der physikalischen Vorgänge und der auftretenden Wechselwirkungen lassen sich die Einflüsse verschiedener Parameter auf die Strömungsstruktur überschauen. Somit sind Auswirkungen der Körpergeometrie, der Reynolds-Zahl, des Druckgradienten und der Außenturbulenz auf die Struktur von Ablösegebieten abschätzbar.

Dynamische Strömungsabläufe im Ablösegebiet lassen sich mit einer phasengekoppelten Meßtechnik auf der Basis der Laser-Doppler-Anemometrie näher untersuchen. So führen die Wechselwirkungen der freien Scherschichten am stromabwärts liegenden Ende des Rezirkulationsgebietes zu einem Ablösevorgang zweiter Art, bei dem großräumige kohärente Strukturen mit Geschwindigkeitsdefekt und Drehung in quasi-periodischer Weise aus dem Ablösegebiet hervortreten und über konvektiven Transport in den Nachlauf gelangen. Die Ablösefrequenz ist mit der Ausbreitungsgeschwindigkeit von Störungen im Ablösegebiet verknüpft. Die Frequenz ergibt sich aus der Laufzeit der Störung zur Durchquerung des Totwassers.

In Ablösegebieten mit zweiseitiger und axialsymmetrischer Scherschichtentwicklung bilden sich in periodischer Weise Sattelpunkte aus. Sie üben einen dominanten Einfluß auf das dynamische Verhalten der Reynoldsschen Spannungsterme aus. In unmittelbarer Umgebung der Sattelpunkte erreichen die Schwankungen maximale Amplituden. Auch die Produktion von Turbulenzenergie unterliegt periodischen Änderungen mit der Ablösefrequenz.

Auf der Grundlage der Erkenntnisse über physikalische Vorgänge in Ablösegebieten lassen sich aktive aerodynamische Maßnahmen ableiten, um beispielsweise den Strömungswiderstand oder die auf Mischvorgänge beruhenden Mechanismen wie Wärmeübertragung und Stoffaustausch gezielt zu beeinflussen. Für praktische Anwendungen ist es wichtig, die Grundlagenuntersuchungen auch auf dreidimensionale Strömungsfelder auszudehnen. Dabei wird insbesondere den Ermittlungen von Gesetzmäßigkeiten bei Wechselwirkungs-Vorgängen zwischen großräumigen Wirbelstrukturen eine besondere Bedeutung zukommen. Als ein Beispiel kann die in Bild 2.3a zum Ausdruck kommende komplexe Wirbelanordnung bei der PKW-Umströmung dienen.

Signifikante Aussagen über unbekannte Strömungsfelder lassen sich bislang nur dann ableiten, wenn die Messungen in räumlich oder zumindest in flächenförmig ausgedehnten Gebieten mit einem dichten Meßpunktraster ausgeführt werden. Da bei Ablösungen den Strömungsbewegungen vielfach quasiperiodische Anteile überlagert sind, sollte bei weitergehenden Untersuchungen auch auf die zeitliche Auflösung der Strömungsvorgänge geachtet werden. Diese Daten können dann wertvolle Einblicke in die inneren Mechanismen der Strömungsabläufe liefern.

Um im experimentellen Bereich diesen Aufgaben gerecht zu werden, ist es notwendig, neue Meßtechniken und Sensoren zu entwickeln. Da die Laser-Doppler-Technik vom Wesen her ein punktförmig messendes Verfahren ist, können räumliche Strömungsstrukturen nur mit großem Zeitaufwand ermittelt werden. Alternative Techniken zeichnen sich auf der Grundlage der digitalen Bildverarbeitung ab.

Fortschritte auf dem Gebiet der numerischen Simulation sind mit Verbesserungen der Turbulenzmodelle verknüpft. Die Entwicklung neuer Sensoren, beispielsweise zur Erfassung der heute noch weitgehend unbekannten Terme der Druck-Scher-Korrelation, wird auch für Arbeiten im numerischen Bereich neue Impulse liefern können.

11 Anhang

Im Anhang sind vier Farbtafeln angefügt. Sie illustrieren charakteristische Strömungsvorgänge in zwei- und dreidimensionalen Ablösegebieten. Die Visualisierungen erfolgen mit Hilfe der Nebeldraht-Technik.

Das Drahtmaterial wird bei dieser Technik thermisch stark beansprucht. Gut bewährt hat sich bei diesen Versuchen das relativ oxidationsfeste Wolfram. Als praktikabel haben sich Drahtdurchmesser im Bereich von 100 μm bis 250 μm erwiesen.

Aufgrund der elektrischen Aufheizung des Drahtes mit einer Heizleistung von etwa 30 Watt entsteht unmittelbar oberhalb der Drahtoberfläche Öldampf. Durch Konvektion gelangt das Material in den Nachlauf des Drahtes, wo es zu feinen Tröpfchen kondensiert. Die dichten Tröpfchenfolgen treten in den Tafeln 1 bis 4 für den Betrachter als Streichlininien in Erscheinung. Günstige Eigenschaften weist hierbei Glycerin auf: es hinterläßt in der Strömung intensive weiße Streichlinien, wobei auch im aufgeheizten Zustand die Adhäsionskräfte zwischen dem vertikal gespanntem Draht und dem Nebelmittel ausreichend groß bleiben, um ein Abperlen aufgrund der Schwerkraft zu vermeiden. Durch ein Abperlen entstünden im Streichlinienbild störende Querlinien.

Zur Beobachtung von Mischvorgängen oder zur Unterscheidung von laminaren und turbulenten Strömungsbereichen können unterschiedlich eingefärbte Nebelsorten verwendet werden. Für diese Anwendungen haben sich Sudan-Farbstoffe der Fa. BASF bewährt. Bei der Kombination von Nebelmittel und Farbstoff ist darauf zu achten, daß beide Komponenten annähernd gleiche Verdampfungstemperaturen besitzen, da sie sich beim Aufheizen sonst wieder entmischen. Am optimalsten erwies sich bei den Visualisierungs-Experimenten die Mischung von Sudan-Gelb und Weißöl. Sie erzeugt intensiven Nebel mit gleichmäßiger Gelbfärbung. Ausführliche Informationen zu dieser Technik sind in der Publikation von Leder und Geropp (1988b) enthalten.

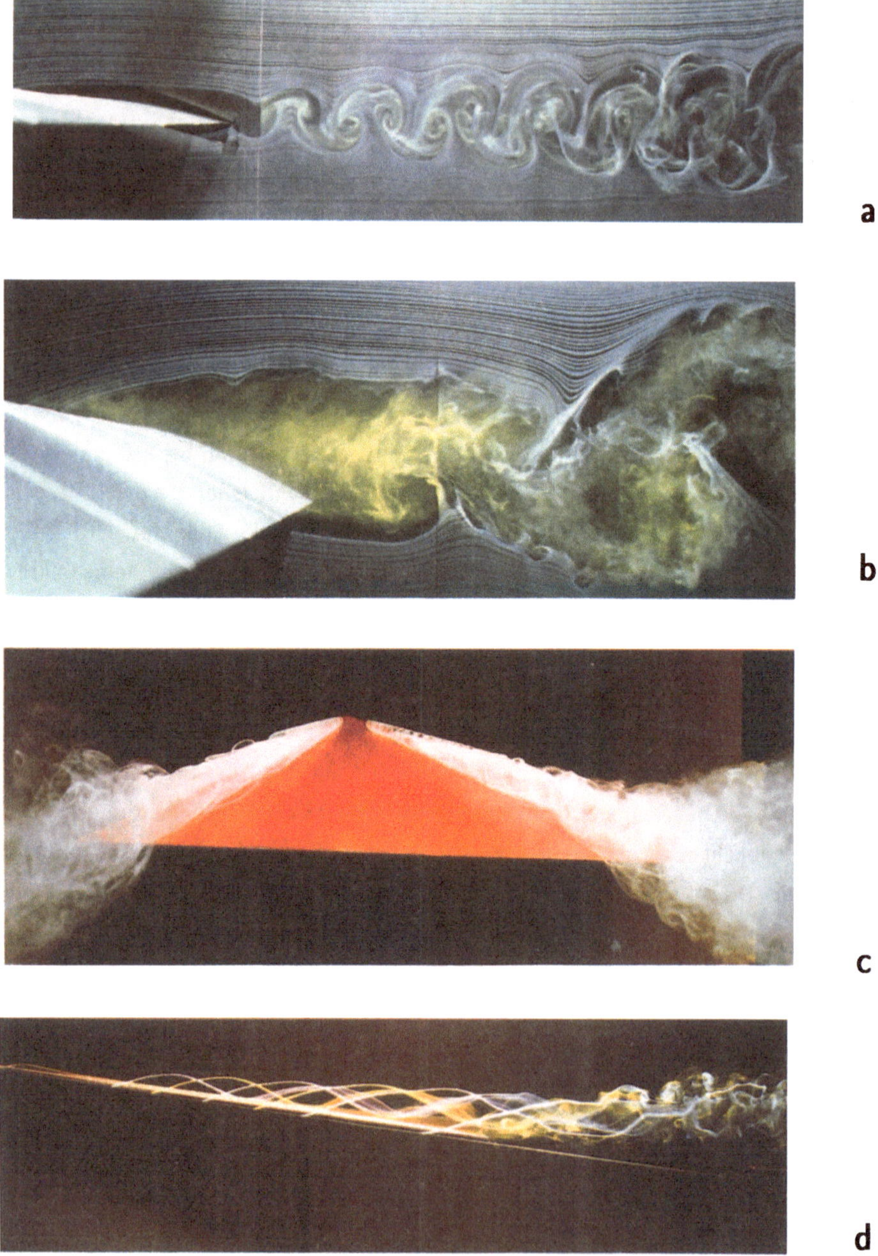

Farbtafel 1: Visualisierung von Strömungsablösungen an Tragflügeln. Umströmung eines NACA 2412-Profils bei a) $\alpha = 2°$ und b) $\alpha = 18{,}5°$ sowie eines Deltaprofils, c) Ansicht der Oberseite des Deltaprofils und d) Seitenansicht, (s. Abschnitt 2.1).

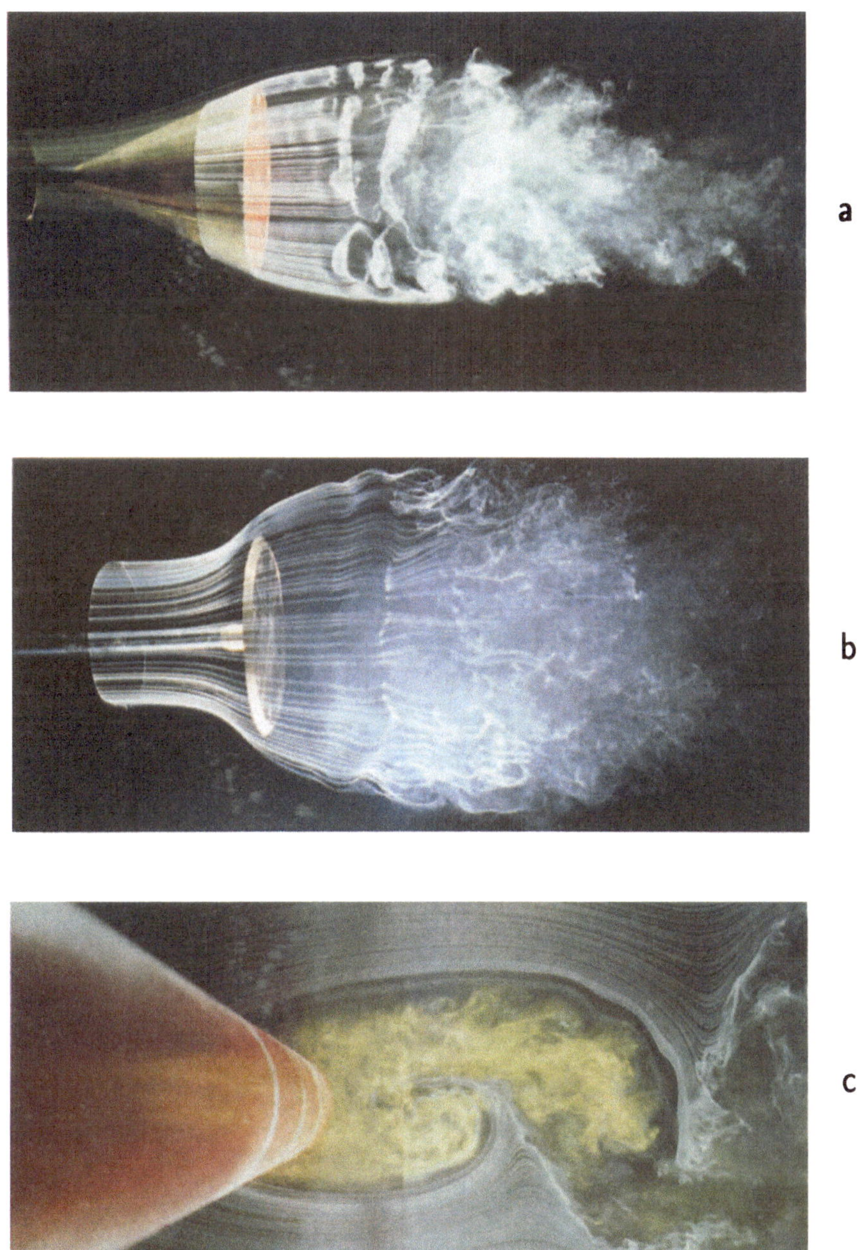

Farbtafel 2: Visualisierung von Scherschichtinstabilitäten bei axialsymmetrischer a) Kegelumströmung und b) Scheibenumströmung sowie c) bei ebener Zylinderumströmung, (s. Abschnitt 3.2).

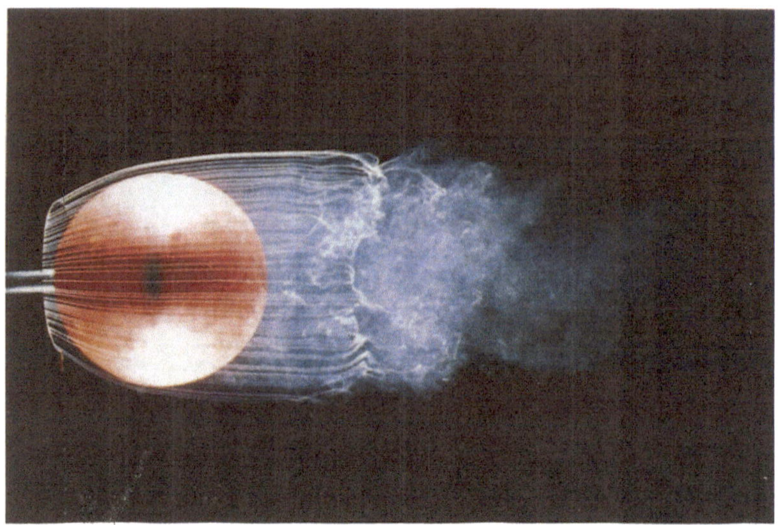

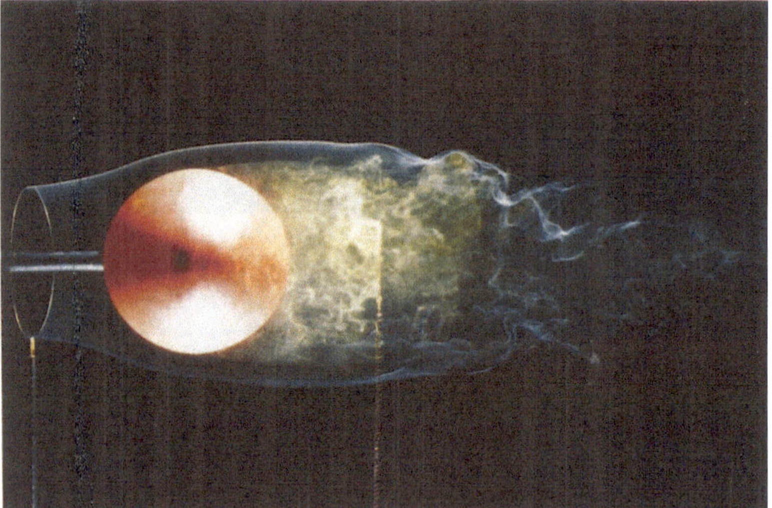

Farbtafel 3: Visualisierung der Kugelumströmung bei Re = $1{,}0 \cdot 10^4$. a) Instabilität in der freien Scherschicht, b) turbulenter Strömungsverlauf im Ablösebereich, (s. Abschnitt 6.1).

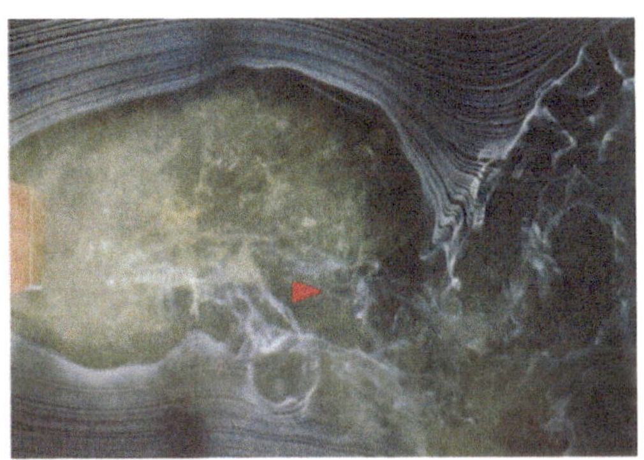

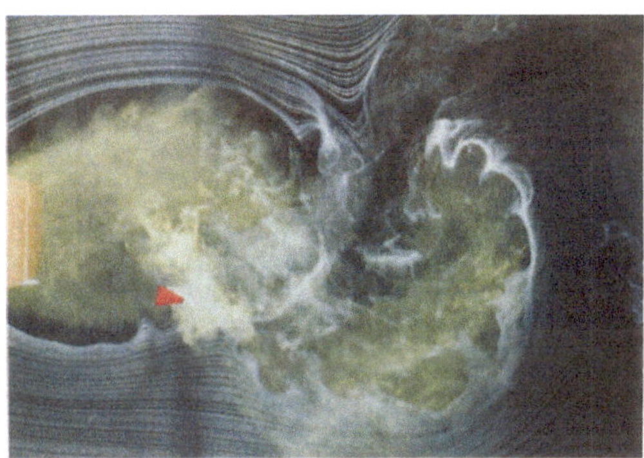

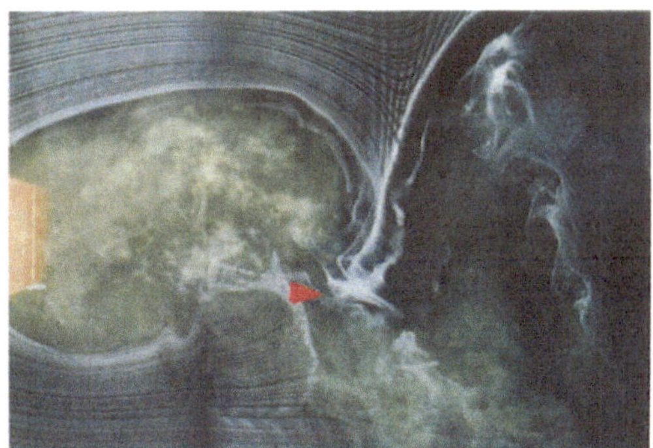

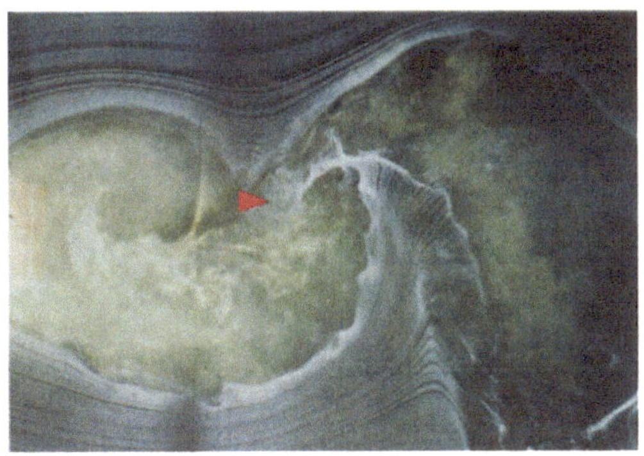

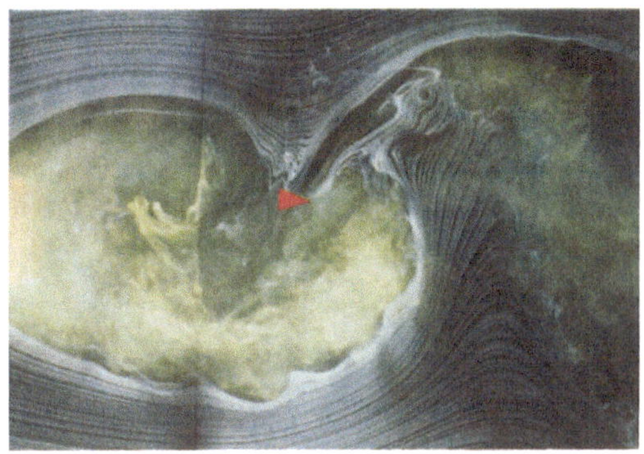

Phase 3

Phase 6

Farbtafel 4: Visualisierung instationärer Strömungsvorgänge im Ablöse- und Nachlaufbereich des senkrecht angestellten Plattenmodells bei $Re = 5{,}3 \cdot 10^3$. Die roten Dreiecke markieren Sattelpunkte, (s. Abschnitt 9.1).

Literaturverzeichnis

Achenbach, E., 1972. Experiments on the flow past spheres at very high Reynolds numbers. Journal of Fluid Mechanics, vol. 54, part 3, pp. 565-575.

Achenbach, E., 1974. Vortex shedding from spheres. Journal of Fluid Mechanics, vol. 62, part 2, pp. 209-221.

Achenbach, E.; Heinecke, E., 1981. On vortex shedding from smooth and rough cylinders in the range of Reynolds numbers $6 \cdot 10^5$ to $5 \cdot 10^6$. Journal of Fluid Mechanics, vol. 109, pp. 239-251.

Adams, E.W.; Eaton, J.K., 1988. An LDA study of the backward-facing step flow, including the effects of velocity bias. Journal of Fluids Engineering, vol. 110, pp. 275-282.

Adams, E.W.; Johnston, J.P., 1988. Flow structure in the near-wall zone of a turbulent separated flow. AIAA Journal, vol. 26, no. 8, pp. 932-939.

AG STAB, 1991. Jahresbericht 1990 der Arbeitsgemeinschaft "Strömungen mit Ablösung". Herausgeber: AG STAB, c/o DFVLR Göttingen.

Armaly, B.F.; Durst, F.; Pereira, J.C.F.; Schönung, B., 1983. Experimental and theoretical investigation of backward-facing step flow. Journal of Fluid Mechanics, vol. 127, pp. 473-496.

Bates, C.J., 1979. Laser Doppler anemometry measurements of the flow around a circular cylinder. Proceedings of the 6. Symposium on Turbulence in Liquids, Univ. of Missouri-Rolla, pp. 178-188.

Bauckhage, K., 1985. Size, velocity and flow concentration measurements in sprays by Laser-Doppler-Anemometry. International Conference on Laser Anemometry – Advances and Application, Manchester, GB, paper 15.

Bearman, P.W., 1969. On vortex shedding from a circular cylinder in the critical Reynolds number regime. Journal of Fluid Mechanics, vol. 37, pp. 577-585.

Bearman, P.W., 1980. Bluff body flows applicable to vehicle aerodynamics. Journal of Fluids Engineering, Transactions of the ASME, vol. 102, pp. 265-274.

Bearman, P.W.; Morel, T., 1983. Effect of free stream turbulence on the flow around bluff bodies. Progress in Aerospace Sciences, vol. 20, pp. 97-123.

Bellhouse, B.J.; Talbot, L., 1969. The fluid mechanics of the aortic valve. Journal of Fluid Mechanics, vol. 35, part 4, pp. 721-755.

Bergeles, G.; Athanassiadis, N., 1983. The flow past a surface-mounted obstacle. ASME Journal of Fluids Engineering, vol. 105, pp. 461-463.

Berger, E.; Wille, R., 1972. Periodic flow phenomena. Annual Review of Fluid Mechanics, Bd.4, pp. 313-340.

Boom, R.W.; Eyssa, Y.M.; McIntosh, G.E.; Abdelsalam, M.K., 1985. Magnetic suspension and balance system advanced study. NASA Contractor Report 3937.

Buchhave, P.; Saffmann, M.; Tanger, H., 1984. Simultaneous measurement of size, concentration and velocity of spherical particles by Laser Doppler method. Proceedings 2nd International Symposium on Applications of Laser Anemometry to Fluid Mechanics, Lisbon, Portugal, paper 8.1.

Cantwell, B.; Coles, D., 1983. An experimental study of entrainment and transport in the turbulent near wake of a circular cylinder. Journal of Fluid Mechanics, vol. 136, pp. 321-374.

Castro, I.P.; Haque, A., 1987. The structure of a turbulent shear layer bounding a separation region. Journal of Fluid Mechanics, vol. 179, pp. 439-468.

Castro, I.P.; Haque, A., 1988. The structure of a shear layer bounding a separation region. Part 2. Effects of free-stream turbulence. Journal of Fluid Mechanics, vol. 192, pp. 577-595.

Chang, P.K., 1970. Separation of flow. Pergamon Press.

Chang, P.K., 1976. Control of flow separation. Series in Thermal and Fluid Engineering, Hemisphere Publishing Corporation, Washington, London.

Chapman, D.R.; Kuehn, D.M.; Larson, H.K., 1958. Investigation of separated flows in supersonic and subsonic streams with emphasis on the effect of transition. NACA Report 1356.

Chopra, K.P.; Hubert, L.F., 1965. Mesoscale eddies in wake of islands. Journal of the Atmospheric Sciences, vol. 22, pp. 652-657.

Covert, E.E., 1987. Magnetic suspension and balance systems for use with wind tunnels. 12th International Congress on Instrumentation in Aerospace Simulation Facilities (ICIASF '87), Williamsburg, VA, USA, pp. 283-294.

Dean, R.C.Jr., 1961. Separation and stall. In: Streeter, V.L. (Ed.): Handbook of Fluid Dynamics, McGraw-Hill Book Company.

Devenport, W.J.; Simpson, R.L., 1988. LDV measurements in the flow past a wing-body junction. Fourth International Symposium on Applications of Laser Anenometry to Fluid Mechanics, Lisbon, Portugal, paper 2.3.

Dimaczek, G.; Tropea, C.; Wang, A.B., 1988. Turbulent flow over two-dimensional, surface-mounted obstacles: plane and axisymmetric geometries. 2nd European Turbulence Conference, Springer-Verlag, Berlin.

Driver, D.M.; Seegmiller, H.L., 1985. Features of a reattaching turbulent shear layer in divergent channel flow. AIAA Journal, vol. 23, no. 2, pp. 163-171.

Durst, F.; Zaré, M., 1975. Laser Doppler measurements in two-phase flows. Proc. LDA-Symposium Copenhagen, Technical University of Denmark, pp. 403-429.

Durst, F.; Melling, A.; Whitelaw, J.H., 1987. Theorie und Praxis der Laser-Doppler-Anemometrie. G. Braun Verlag, Karlsruhe.

Eaton, J.K.; Johnston, J.P., 1981. A review of subsonic turbulent flow reattachment. AIAA Journal, vol. 19, pp. 1093-1100.

Eck, B., 1981. Technische Strömungslehre. Bd. 2, Anwendungen. Springer Verlag, Berlin, Heidelberg, New York.

Fearn, R.M., 1988. Bifurcation of the flow over a plane sudden symmetric expansion. Fourth International Symposium on Applications of Laser Anemometry to Fluid Mechanics, Lisbon, Portugal, paper 1.3.

Flachsbart, O., 1932. Geschichte der experimentellen Hydro- und Aeromechanik, insbesondere der Widerstandsforschung. Handbuch der Experimentalphysik, Bd. 4, Akademische Verlagsgesellschaft, Leipzig, S. 1-57.

Flögel, H.H., 1987. Modifizierte Laser-Doppler-Anemometrie zur simultanen Bestimmung von Geschwindigkeit und Größe einzelner Partikel. VDI Fortschritt-Berichte Nr. 140.

Franke, R.; Rodi, W.; Schönung, B., 1989. Analysis of experimental vortex-shedding data with respect to turbulence modelling. Seventh Symposium on Turbulent Shear Flows, August 21-23, Stanford University, USA.

Geropp, D., 1977. Theoretische Voraussage des Neigungswinkels der Ablösestromlinie in Ablöseblasen. DLR-FB 77-16, S. 77-84.

Geropp, D; Leder, A., 1985. Turbulent separated flow structures behind bodies with various shapes. International Conference on Laser Anemometry – Advances and Application, December 16-18, 1985, Manchester, UK, Paper 12, pp. 219-231.

Geropp, D.; Leder, A., 1987. A study of turbulent near wake flow characteristics behind the 50°-cone using LDA and visualisation techniques. Second International Conference on Laser Anemometry – Advances and Applications, University of Strathclyde, Glasgow, Scotland, UK, 21st-23rd September 1987.

Gersten, K.; Härtl, K.; Pagendarm, H.-G., 1987. Optimierung von Diffusoren bezüglich der Diffusorströmung und der Diffusorwände. VDI Fortschritt-Berichte, Reihe 7, Nr. 133.

Gerrard, J.H., 1965. A disturbance-sensitive Reynolds number range of the flow past a circular cylinder. Journal of Fluid Mechanics, vol. 22, part 1, pp. 187-196.

Gerrard, J.H., 1978. The wakes of cylindrical bluff bodies at low Reynolds number. Philosophical Transactions, ser. A, vol. 288, no. 1354, pp. 351-382.

Gilbert, N., 1988. Numerische Simulation der Transition von der laminaren in die turbulente Kanalströmung. DFVLR-Forschungsbericht 88-56.

Graham, R., 1982. Ein Stück unberechenbarer Natur: die Turbulenz. Bild der Wissenschaft, Heft 4, S. 68-82.

Griffin, O.M.; **Ramberg, S.E.**, 1975. On vortex strength and drag in bluff boby wakes. Journal of Fluid Mechanics, vol. 69, part 4, pp. 721-728.

Hama, F.R.; **Burke, E.R.**, 1960. On the rolling-up of a vortex sheet. Institute for Fluid Dynamics and Applied Mathematics, University of Maryland, Technical Note BN-220.

Han, T., 1989. Computational analysis of three-dimensional turbulent flow around a bluff body in ground proximity. AIAA Journal, vol. 27, no. 9, pp. 1213-1219.

Helmholtz, H., 1868. Über discontinuierliche Flüssigkeitsbewegungen. Monatsberichte königl. Akademie der Wissenschaften Berlin, S. 215-228.

Herring, G.C.; **Lee, S.A.**; **She, C.Y.**, 1983. Measurements of a supersonic velocity in a nitrogen flow using inverse Raman spectroscopy, Optical Letters, vol. 8, no. 4, pp. 214-216.

Hinze, J.O., 1975. Turbulence. McGraw-Hill Series in Mechanical Engineering.

Hirsch, G.; **Ruscheweyh, H.**; **Zutt, H.**, 1975. Schadensfall an einem 140 m hohen Stahlkamin infolge winderregter Schwingungen quer zur Windrichtung. Der Stahlbau, Bd. 44, S. 33-41.

Hörner, S., 1934. Versuche mit Kugeln betreffend Kennzahl, Turbulenz, und Oberflächenbeschaffenheit. Luftfahrtforschung, Bd. 12, S. 42-54.

Hucho, W.H., 1978. The aerodynamic drag of cars; current understanding, unresolved problems, and future prospects. In: Sovran, G.; Morel, T.; Mason, W.T.Jr. (Eds.): Aerodynamic drag mechanisms of bluff bodies and road vehicles, Plenum Press, New York, London.

van Ingen, J.L., 1975. On the calculation of laminar separation bubbles in two-dimen–sioal incompressible flow. AGARD-CP-No 168, Flow Separation, pp. 11.1-11.16.

Jenny, R.J.; **Bolleter, U.**, 1980. Aerodynamic blade excitation in turbocompressors. In: IAHR/IUTAM Symposium Karlsruhe 1979, Springer-Verlag Berlin, Heidelberg, New York, pp. 256-264.

Jones, B.H., 1933. An experimental study of the stalling of wings. ARC R&M no. 1588.

Jordan; Knoche; Krenz; Laschka; Max, 1979. Memorandum über zukünftige nationale Zusammenarbeit in der Strömungsforschung, insbesondere der Aerodynamik auf dem Gebiet der Strömungen mit Ablösung. Buch- und Offsetdruckerei Richard Thierbach, Mülheim/ Ruhr.

Kiya, M.; Sasaki, K., 1983. Structure of a turbulent separation bubble. Journal of Fluid Mechanics, vol. 137, pp. 83-113.

Kiya, M.; Matsumura, M., 1988. Incoherent turbulence structure in the near wake of a normal plate. Journal of Fluid Mechanics, vol. 190, pp. 343-356.

Koch, W., 1985. Local instability characteristics and frequency determination of self-exited wake flows. Journal of Sound and Vibration, vol. 99, pp. 53-83.

Köhler, J., 1978. Dynamik künstlicher Herzklappen. Dissertation TH Aachen.

Kottke, V., 1983. Strömung, Stoff-, Wärme- und Impulsübertragung in lokalen Ablösegebieten. VDI Fortschritt-Berichte, Reihe 7, Nr. 77.

Launder, B.E.; Spalding, D.B., 1974. Numerical computation of turbulent flows. Computer Methods in Applied Mechanics and Engineering, vol. 3, pp. 269-289.

Leder, A., 1983. Laser-Doppler Untersuchungen und einige theoretische Überlegungen zur Struktur von Totwasserströmungen. VDI Fortschritt-Berichte, Reihe 7, Nr. 78.

Leder, A., 1985. Physical properties of separated flows behind two-dimensional bluff bodies in uniform flows. International Symposium on Laser Anemometry, The American Society of Mechanical Engineers, Miami Beach, Florida, USA, November 17-22, 1985, FED-Vol. 33, pp. 273-280.

Leder, A.; Geropp, D., 1987. An active model support to investigate turbulent near wake flow characteristics of axisymmetric bluff bodies. 12th International Congress on Instrumentation in Aerospace Simulation Facilities (12th ICIASF), June 22-25, 1987, Williamsburg, Virginia, USA, pp. 33-40.

Leder, A.; Geropp, D., 1988a. Phase-averaged LDA measurements in turbulent separated flows. Fourth International Symposium on Applications of Laser-Anemometry to Fluid Mechanics, July 11-14, 1988, Lisbon, Portugal, paper 3.3.

Leder, A.; Geropp, D., 1988b. Visualisierung von Gasstömungen mit der Rauchdraht-Technik. Workshop der Deutschen Gesellschaft für Luft- und Raumfahrt (DGLR) über 2D-Meßtechnik, Markdorf, 18.-19.10.1988, veröffentlicht als DGLR-Bericht 88-04, S. 67-78.

Leder, A.; Geropp, D., 1988c. Ermittlung von kohärenten Strömungsstrukturen in hochturbulenten Ablösegebieten mit dem Laser-Doppler-Anenometer. DGLR-Jahrbuch 1988 I, S. 345-353.

Leder, A.; Geropp, D.; Wahl, H.J., 1990a. Einfluß des Bodenabstandes auf die Strömung im Ablösegebiet und Nachlauf einer senkrecht angestellten Platte. Zwischenbericht im Projekt "Untersuchungen zur Minimierung des Strömungswiderstandes im Heckbereich von Personenkraftwagen", Universität-GH-Siegen, Februar 1990.

Leder, A., 1990b. Windkanalmessungen mit LDA-Systemen. In: Ruck, B. (Hrsg.): Lasermethoden in der Strömungsmeßtechnik, AT-Fachverlag GmbH, Stuttgart, S. 319-365.

Leder, A.; Geropp, D., 1990c. Dynamics of turbulent energy production in separated flows. Proceedings of the International Symposium on Engineering Turbulence Modelling and Measurements, Dubrovnik, Yugoslavia.

Lehmann, B.; Mante, J., 1988. Rapid measurement of velocity profiles with a Doppler shift controlled interferometer. Fourth International Symposium on Applications of Laser-Anemometry to Fluid Mechanics, July 11-14, 1988, Lisbon, Portugal, paper 3.2.

Leipertz, A., 1983. Laserinduzierte Methoden zur berührungslosen lokalen Bestimmung von Dichte, Konzentration und Temperatur in Gasen. Technisches Messen Bd. 50, Heft 1, S. 21-25; Heft 2, S. 55-60.

Magarvey, R.H.; MacLatchy, C.S., 1965. Vortices in sphere wakes. Canadian Journal of Physics, vol. 43, pp. 1649-1656.

McCullough, G.B.; Gault, D.E., 1951. Examples of three representative types of aerofoil-section stall at low speed. NACA Technical Note 2502.

McCroskey, W.J., 1978. Introduction to unsteady aspects of separation in subsonic and transsonic flow. AGARD Lecture series no. 94, three dimensional and unsteady separation at high Reynolds numbers, pp. 6.1-6.8.

Merzkirch, W., 1990. Laser-Speckle-Velocimetrie. In: Ruck, B. (Hrsg.): Lasermethoden in der Strömungsmeßtechnik, AT-Fachverlag GmbH, Stuttgart, S. 71-97.

Michalke, A., 1965. Vortex formation in a free boundary layer according to stability theory. Journal of Fluid Mechanics, vol. 22, part 2, pp. 371-383.

Millikan, C.B.; Klein, A.L., 1933. The effect of turbulence. An investigation of maximum lift coefficient and turbulence in wind tunnels and in flight. Aircraft Engineering, vol. 5, pp. 169-174.

Nasseri, M.; Nitsche, W., 1991. Druckschwankungsmessungen in turbulenten Strömungen. In: Nitsche, W. (Hrsg.): Experimentelle Methoden in abgelösten Strömungen. ILR Mitt. 260, S. 30-43.

Nakatani, N.; Tokita, M.; Maegawa, A.; Yamada, T., 1985. Simultaneous measurement of flow velocity variations at several points with the multi-point LDV. International Conference on Laser Anemometry – Advances and Application, December 16-18, 1985, Manchester, UK, paper 26, pp. 401-410.

Naudascher, E.; Rockwell, D., 1980 (Eds.). Practical experiences with flow-induced vibrations. IAHR/IUTAM Symposium Karlsruhe 1979, Springer-Verlag Berlin, Heidelberg, New-York.

Naumann, A., 1953. Luftwiderstand der Kugel bei hohen Unterschallgeschwindigkeiten. Allgemeine Wärmetechnik, Bd. 4, S. 217-221.

Oertel, H. sen.; Oertel, H. jun., 1989. Optische Strömungsmeßtechnik. G. Braun, Karlsruhe.

Oler, J.W.; Goldschmidt, V.W., 1984. Coherent structures in the similarity region of two-dimensional turbulent jets. ASME Journal of Fluid Engineering, vol. 106, pp. 187-192.

Pao, H.P.; Kao, T.W., 1977. Vortex structure in the wake of a sphere. The Physics of Fluids, vol. 20, no. 2.

Parekh, D.E.; Reynolds, W.C., 1987. Bifurcating air jets at higher subsonic speeds. Sixth Symposium on Turbulent Shear Flows, Sep. 7-9, 1987, Toulouse, F.

Peltzer, R.D.; Rooney, D.M., 1985. Near wake properties of a strumming marine cable: an experimental study. ASME Journal of Fluids Engineering, vol. 107, pp. 86-107.

Prandtl, L., 1914. Der Luftwiderstand von Kugeln. Zeitschrift für Flugtechnik und Motorluftschiffahrt, Heft 9, S. 140-145.

Prandtl, L., 1924. The mechanics of viscous fluids, aerodynamic theory, vol. 3, Springer Verlag, Berlin, Durand, W.F. (Ed.).

Remke, K., 1968. Vergleich des Ähnlichkeitsverhaltens rotationssymmetrischer, turbulenter, stationärer und pulsierender Freistrahlen. Chem. Tech., 20. Jg., Heft 8.

Reynolds, W.; Hussain, A., 1972. The mechanics of an organized wave in turbulent shear flow. Part 3. Theoretical models and comparisons with experiments. Journal of Fluid Mechanics, vol. 54, part 2, pp. 263-288.

Rodi, W., 1980. Turbulence models and their application in hydraulics – a state of the art review. International Association for Hydraulic Research, Delft, The Netherlands.

Rosenhead, L., 1931. The formation of vortices from a surface of discontinuity. Proc. Royal Society (A), vol. 134, pp. 170-192.

Roshko, A., 1954. On the drag and shedding frequency of two-dimensional bluff bodies. NACA Technical Note 3169.

Roshko, A., 1955. On the wake and drag of bluff bodies. Journal of Aerospace Sciences, vol. 22, pp. 124-132.

Roshko, A., 1961. Experiments on the flow past a circular cylinder at very high Reynolds number. Journal of Fluid Mechanics, vol. 10, pp. 245-356.

Roshko, A.; **Lau, J.C.**, 1965. Some observations on transition and reattachment of a free shear layer in incompressible flow. Proceedings of the 1965 Heat Transfer and Fluid Mechanics Inst., pp. 157–157.

Roshko, A., 1976. Structure of turbulent shear flows: a new look. AIAA Journal, vol. 14, no. 10,pp. 1349-1357.

Rotta, J.C., 1972. Turbulente Strömungen. B.G. Teubner, Stuttgart.

Ruck, B., 1987. Laser-Doppler-Anemometrie. AT-Fachverlag GmbH Stuttgart.

Ruck, B.; **Makiola, B.**, 1989. Flow over a single-sided backward-facing step with angle variations. 3rd International Conference on Laser Anemometry – Advances and Applications, Swansea. Proceedings Sec. C, pp. 40.1-40.10.

Ruderich, R.; **Fernholz, H.W.**, 1986. An experimental investigation of a turbulent shear flow with separation, reverse flow, and reattachment. Journal of Fluid Mechanics, vol. 163, pp. 283-322.

Ruscheweyh, H., 1978. Maßnahmen zur Verhinderung gefährlicher Schwingungen von Kaminen. In: Aeroelastische Probleme außerhalb der Luft- und Raumfahrt, Mitteilungen des Curt-Risch Institutes der TU Hannover, Bd. 1, S. 519-537.

Sarpkaya, T.; **Kline, H.K.**, 1982. Impulsively-started flow about four types of bluff bodies. Journal of Fluids Engineering, Transactions of the ASME, vol. 104, pp. 207-213.

Sato, H.; **Okada, O.**, 1966. The stability and transition of an axisymmetric wake. Journal of Fluid Mechanics, vol. 26, pp. 237-253.

Schade, H.; **Michalke, A.**, 1962. Zur Entstehung von Wirbeln in einer freien Grenzschicht. Zeitschrift für Flugwissenschaften, Bd. 10, S. 147-154.

Schewe, G., 1983. On the force fluctuations acting on a circular cylinder in crossflow from subcritical up to transcritical Reynolds numbers. Journal of Fluid Mechanics, vol. 133, pp. 265-285.

Schiller, L.; **Linke, W.**, 1933. Druck- und Reibungswiderstand des Zylinders bei Re-Zahlen 5000 bis 40000. Zeitschrift Flugtechnik Motorluft. Jahrgang 24, Nr. 7, S. 193-198.

Schmitt, F., 1987. Untersuchung der turbulenten Stufenströmung bei hohen Reynolds-Zahlen. VDI Fortschritt-Berichte, Reihe 7, Nr. 117.

Schneider, P.E.M., 1982. Turbulenzstruktur: Ergebnis einer Phasenumwandlung? Enzyklopädie der Naturwissenschaft und Technik, Jahresband 1982, S. 558-580.

Schneider, P.E.M., 1983. Wirbel als Element der Selbstorganisation der Materie. Enzyklopädie der Naturwissenschaft und Technik, Jahresband 1983, pp. 588-602.

Scholz, D., 1986. Kohärente Wirbelstrukturen im Nachlauf einer ruhenden und einer schwingungserregten Kreisscheibe. DFVLR-Forschungsbericht 86-04.

Schumann, G., 1988. Turbulenzmodellierung für abgelöste Strömungen hinter stumpfen Körpern. In: Workshop zur Turbulenzmodellierung im DFG-Schwerpunktprogramm "Physik abgelöster Strömungen" am 7.6.1988, DFG, Bad Godesberg, S. 81-88.

Schumann, G., 1991. Untersuchungen zur Turbulenzmodellierung in ebenen Strömungen mit großräumigen Ablösegebieten. Dissertation Universität-GH-Siegen.

Scruton, C., 1981. An introduction to wind effects on structures. Engineering Design Guides No. 40. Oxford University Press.

Simpson, R.L., 1981. A review of some phenomena in turbulent flow separation. Journal of Fluids Engineering, Transactions of the ASME, vol. 103, pp. 520-533.

Sirieix, M., 1973. Traînée et décollement. AGARD-CP-124, Aerodynamic drag, pp. 11.1-11.23.

Sirieix, M., 1975. Décollement turbulent en écoulement bidimensionnel. AGARD-CP-168, Flow separation, pp. 12.1-12.27.

Smits, A.J., 1982. Scaling parameters for a time-averaged separation bubble. Transactions of the ASME, vol. 104, pp. 178-184.

Spalart, P.P., 1988. Direct simulation of a turbulent boundary layer up to $R_\theta = 1410$. Journal of Fluid Mechanics, vol. 187, pp. 61-98.

Sparrow, E.M.; Molki, M.; Chastain, S.R., 1981. Turbulent heat transfer coefficients and fluid flow patterns on the faces of a centrally positioned blockage in a duct. International Journal Heat and Mass Transfer, vol. 24, pp. 507-519.

Strunck, V., 1987. Untersuchung großräumiger Strukturen im Nachlauf einer längsangeströmten ebenen Platte. DFVLR-FB 87-31.

Taneda, S., 1978. Visual observations of the flow past a sphere at Reynolds numbers between 10^4 and 10^6. Journal of Fluid Mechanics, vol. 85, pp. 187-192.

Telionis, D.P., 1981. Unsteady viscous flows. Springer-Verlag, New York, Heidelberg, Berlin.

Tropea, C.D.; Gackstatter, R., 1985. The flow over two-dimensional surface-mounted obstacles at low Reynolds numbers. Journal of Fluids Engineering, Transactions of the ASME, vol. 107, pp. 489-494.

Unal, M.F.; Rockwell,D., 1987. On vortex formation from a cylinder. Part 2. Control by splitterplate interference. Journal of Fluid Mechanics, vol. 190, pp. 513-529.

Unal, M.F.; Rockwell, D., 1988. On vortex formation from a cylinder. Part 1. The initial instability. Journal of Fluid Mechanics, vol. 190, pp. 491-512.

Walz, A., 1940. Berechnung der Druckverteilung an Klappenprofilen mit Totwasser, Jahrbuch der deutschen Luftfahrtforschung I, S. 265-277.

Weiser, N.; Nitsche, W., 1987. Experimentelle und numerische Untersuchungen zur abgelösten Strömung an einer Rohrstufe mit variablem Öffnungswinkel. ILR Mitteilung 177.

Weiser, N.; Nitsche, W., 1988. Zur rotationssymmetrischen Innenströmung mit Ablösung an Querschnittserweiterung. ILR Mitteilung 193.

Wieselsberger, C.; Betz, A.; Prandtl, L., 1923. Ergebnisse der Aerodynamischen Versuchsanstalt zu Göttingen. Oldenbourg Verlag, München, Berlin.

Wille, R., 1961. Kármánsche Wirbelstraßen. Zeitschrift für Flugwissenschaften, Heft 4/5, S. 150-155.

Wille, R., 1963. Beiträge zur Phänomenologie der Freistrahlen. Zeitschrift für Flugwissenschaften, Bd. 11, Heft 6, S. 222-233.

Yokuda, S.; Ramaprian, B.R., 1990. The dynamics of flow around a cylinder at subcritical Reynolds numbers. Physics of Fluids A, vol. 5, pp. 784-791.

Zaman, K.B.M.Q.; McKinzie, D.J.; Rumsey, C.L., 1989. A natural low-frequency oscillation of the flow over an airfoil near stalling conditions. Journal of Fluid Mechanics, vol. 202, pp. 403-442.

Zdravkovich, M.M., 1982. Modification of vortex shedding in the synchronization range. ASME Journal of Fluids Engineering, vol. 104, no. 4, pp. 513-517.

Sachwortverzeichnis

Einführung in die Strömungsmechanik

von Klaus Gersten

6., überarbeitete Auflage 1991. 200 Seiten mit 96 Abbildungen, 10 Tabellen und 20 durchgerechneten Beispielen. Kartoniert.
ISBN 3-528-33344-8

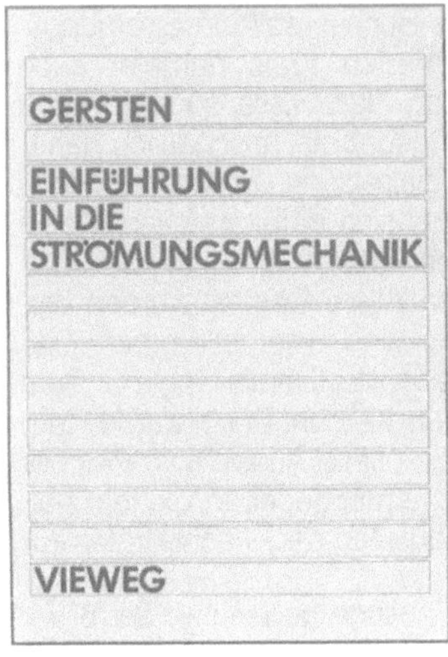

Aus dem Vorwort:
(...) Das Buch behandelt die Grundlagen der Strömungsmechanik und umfaßt etwa den Lehrstoff, der zum Studium in den Fächern Maschinenbau, Bauingenieurwesen, Verfahrenstechnik und Flugtechnik mindestens erforderlich ist.
Von den 18 Kapiteln des Buches befassen sich die ersten vier Kapitel mit der Statik der Fluide, die restlichen mit der Dynamik der Fluide. Zur Dynamik gehört vor allem die Behandlung der Erhaltungssätze für Masse, Energie und Impuls. Diese werden zunächst als Integralsätze und dann in Form von Differentialgleichungen hergeleitet und in ihren Anwendungen studiert. (...)
Obwohl es sich um eine Einführung in die Strömungsmechanik handelt, wird im Gegensatz zu einigen vorhandenen Lehrbüchern auch die Kompressibilität der Fluide wegen ihrer großen technischen Bedeutung berücksichtigt, jedoch in der einfachsten Form, so daß nur wenige Grundbegriffe aus der Thermodynamik verwendet werden. Im allgemeinen werden stationäre, d. h. zeitunabhängige Strömungen vorausgesetzt. Den instationären Strömungen ist ein gesondertes Kapitel am Ende des Buches gewidmet. In diesem Kapitel sind außerdem die wichtigsten Sätze übersichtlich zusammengestellt.
Es werden geringe mathematische Kenntnisse vorausgesetzt. Bei Vektorgleichungen sind meistens auch die Komponentengleichungen angegeben. Zur Vereinfachung werden fast nur Strömungen in Stromröhren und ebene Strömungen behandelt.